教育部职业教育与成人教育司推荐教材
职业教育改革与创新规划教材

建筑识图与 AutoCAD 绘图

（配 习 题 集）

主编　汤建新

参编　吴　婕　邱培彪　傅文清

机械工业出版社

本书依据国家最新标准 GB/T 50001—2010《房屋建筑制图统一标准》和教育部 2009 年发布的《中等职业学校土木工程识图教学大纲》进行编写，以 AutoCAD2010 为绘图工具，介绍建筑识图与绘图的基本原理和方法。全书分为四个部分，共十二个项目，内容包括 AutoCAD 绘制建筑工程图的基本技能（图形绘制和编辑基础），形体的表达与绘制（投影原理），建筑工程图识读及绘制，图纸打印与图形输出以及本书配套使用的习题集。在"建筑工程图识读及绘制"部分，以一栋住宅楼为例，图文并茂地介绍了识读与绘制建筑施工图所需掌握的内容及绘制的方法和步骤，内容清晰、易懂，可操作性强。

本书可作为中等和高等职业学校土木与建筑类专业建筑识图与 CAD 制图的教材或参考资料，也可作为土木、建筑工程从业人员使用 AutoCAD 的参考书籍及培训教材。

为方便教学，本书配有电子课件、电子教学资源及习题答案，凡选用本书作为授课教材的老师均可登录 www.cmpedu.com 以教师身份免费注册下载。编辑热线：010-88379865；机工社建筑教材交流 QQ 群：221010660。

图书在版编目（CIP）数据

建筑识图与 AutoCAD 绘图：配习题集/汤建新主编. —北京：机械工业出版社，2012. 8
教育部职业教育与成人教育司推荐教材　职业教育改革与创新规划教材
ISBN 978-7-111-39524-9

Ⅰ. ①建… Ⅱ. ①汤… Ⅲ. ①建筑制图-识别-高等职业教育-教材②建筑制图-计算机辅助设计-AutoCAD 软件-高等职业教育-教材　Ⅳ. ①TU204

中国版本图书馆 CIP 数据核字（2012）第 197298 号

机械工业出版社（北京市百万庄大街 22 号　邮政编码 100037）
策划编辑：王莹莹　责任编辑：王莹莹　王 一　版式设计：霍永明
责任校对：张晓蓉　封面设计：马精明　责任印制：李　妍
北京振兴源印务有限公司印刷
2012 年 10 月第 1 版第 1 次印刷
184mm×260mm · 23 印张 · 566 千字
0001—3000 册
标准书号：ISBN 978-7-111-39524-9
定价：48.00 元

教育部职业教育与成人教育司推荐教材
职业教育改革与创新规划教材

编 委 会 名 单

主 任 委 员　谢国斌　中国建设教育协会中等职业教育专业委员会
　　　　　　　　　　　北京城市建设学校

副主任委员　黄志良　江苏省常州建设高等职业技术学校
　　　　　　　　陈晓军　辽宁省城市建设职业技术学院
　　　　　　　　杨秀方　上海市建筑工程学校
　　　　　　　　李宏魁　河南建筑职业技术学院
　　　　　　　　廖春洪　云南建设学校
　　　　　　　　杨　庚　天津市建筑工程学校
　　　　　　　　苏铁岳　河北省城乡建设学校
　　　　　　　　崔玉杰　北京市城建职业技术学校
　　　　　　　　蔡宗松　福州建筑工程职业中专学校
　　　　　　　　吴建伟　攀枝花市建筑工程学校
　　　　　　　　汤万龙　新疆建设职业技术学院
　　　　　　　　陈培江　嘉兴市建筑工业学校
　　　　　　　　张荣胜　南京高等职业技术学校
　　　　　　　　杨培春　上海市城市建设工程学校
　　　　　　　　廖德斌　成都市工业职业技术学校

委　　　员（排名不分先后）

王和生	张文华	汤建新	李明庚	李春年	孙　岩
张　洁	金忠盛	张裕洁	朱　平	戴　黎	卢秀梅
白　燕	张福成	肖建平	孟繁华	包　茹	顾香君
毛　苹	崔东方	赵肖丹	杨　茜	陈　永	沈忠于
王东萍	陈秀英	周明月	王莹莹（常务）		

出 版 说 明

2004 年 10 月，教育部、建设部发布了《关于实施职业院校建设行业技能型紧缺人才培养培训的通知》，并组织制定了《中等职业学校建设行业技能型紧缺人才培养培训指导方案》（以下简称《指导方案》），对建筑施工、建筑装饰、建筑设备和建筑智能化四个专业的培养目标与规格、教学与训练项目、实验实习设备等提出了具体要求。

为了配合《指导方案》的实施，受教育部委托，在中国建设教育协会中等职业教育专业委员会的大力支持和协助下，机械工业出版社专门组织召开了全国中等职业学校建设行业技能型紧缺人才培养教学研讨和教材建设工作会议，并于 2006 年起陆续出版了建筑施工、建筑装饰两个专业的系列教材，该系列教材被列为教育部职业教育与成人教育司推荐教材。

该套教材出版后，受到广大职业院校师生的一致好评，为职业院校建筑类专业的发展提供了动力。近年来，随着教学改革的不断深入，建筑施工和建筑装饰专业的教学体系、课程设置已经发生了很大变化。同时，鉴于本系列教材出版的时间已较长，教材涉及的专业设备、技术、标准等诸多方面也已发生了较大变化。为适应科技进步及职业教育的当前需要，机械工业出版社在中国建设教育协会中等职业教育专业委员会的支持下，于 2011 年 5 月组织召开了该系列教材的修订工作会议，对当前职业教育中建筑施工和建筑装饰专业的课程设置、教学大纲进行了认真的研讨。会议根据教育部关于"中等职业教育改革创新行动计划（2010~2012）"和 2010 年新颁布的《中等职业学校专业目录》，结合当前教学改革的现状，以实现"五个对接"为原则，将以前的课程体系进行了较大的调整，重新确定了课程名称，修订了教材体系和内容。

由于教学改革在不断推进，各个学校在实施过程中也在不断摸索、总结、调整，我们会密切关注各院校的教学改革情况，及时收集反馈信息，并不断补充、修订、完成本系列教材，也恳请各用书院校及时将本系列教材的意见和建议反馈给我们，以便进一步完善。

本系列教材编委会

前　言

随着计算机应用技术的普及，在建筑行业，绘制建筑工程图的方式已经由传统的利用尺规手工绘图转变为使用计算机软件绘图。AutoCAD 是由美国 Autodesk 公司开发的一个计算机绘图软件，是目前世界上应用最广的 CAD 软件之一，在城市规划、建筑、测绘、机械、电子等行业得到了广泛应用。

本书根据任务引领的职业教育理念，以形成识读与绘制建筑施工图的能力为主线，本着"够用、实用"的原则，以项目化、任务驱动展开知识、技能的学习和训练。同时，本书将 AutoCAD 软件作为绘图工具，直接应用于投影原理的学习及绘制建筑施工图的能力形成过程中，避免目前 CAD 绘图软件应用与建筑制图两门课程的简单叠加。

全书以 AutoCAD2010 为平台，内容包括四部分：AutoCAD 绘制建筑工程图的基本技能、形体的表达与绘制（投影作图）、建筑施工图识读与绘制、图纸打印与图形输出，在掌握基本的软件应用能力和投影原理知识的基础上，依据国家最新标准 GB/T 50001—2010《房屋建筑制图统一标准》，以建筑物为载体，详细介绍了建筑工程图的识读及平面图、立面图、剖面图及详图的绘制方法。为便于学习，本书还配有相应习题册及电子资源。

本书内容精炼实用，讲解清晰，可作为中、高等职业院校的建筑识图与 AutoCAD 绘图课程的教材，也可作为建筑制图人员的学材，还可供有兴趣的读者自学。

本书编写人员均具有多年的建筑设计经验和 AutoCAD 教学经验。本书由高级讲师、国家一级注册结构工程师汤建新（上海市城市建设工程学校）担任主编。参编人员有吴婕（上海市城市建设工程学校，讲师）、邱培彪（天津建筑工程学校，讲师）、傅文清（石家庄市城乡建设学校，讲师）。具体编写分工如下：项目二、项目四、项目十、项目十一（任务1、任务2）由汤建新编写，项目三、项目五、项目九、项目十一（任务3）由吴婕编写，项目八、项目十一（任务5）由邱培彪编写，项目六、项目十一（任务4）、项目十二由傅文清编写，项目一由傅文清、汤建新共同编写，项目七由邱培彪、汤建新共同编写。本书习题册由上海市城市建设工程学校汤建新编写，天津建筑工程学校邱培彪提供了项目七、项目八、项目九的部分习题。

限于编者水平及经验，书中难免有不当之处，恳请广大读者提出宝贵意见。

编　者

目　　录

出版说明

前言

第一部分　AutoCAD 绘制建筑工程图的基本技能

项目一　AutoCAD 的基本操作 ·· 2

任务 1　AutoCAD 2010 启动与退出 ··· 2

任务 2　选择及认识 AutoCAD 2010 工作界面 ······························ 6

任务 3　AutoCAD 2010 文件管理的基本操作 ······························· 10

任务 4　命令输入方式 ··· 14

任务 5　绘图环境的设置 ·· 18

任务 6　精确绘图工具的使用 ··· 21

任务 7　图形显示控制 ··· 28

任务 8　目标对象的选择 ·· 30

项目二　基本图形的绘制 ·· 32

任务 1　AutoCAD 2010 坐标系的认识和坐标输入 ························· 32

任务 2　用直线命令绘制图形 ··· 36

任务 3　用圆命令绘制图形 ·· 39

任务 4　用椭圆命令绘制图形 ··· 42

任务 5　用圆弧命令绘制图形 ··· 44

任务 6　用矩形命令、圆环命令绘制图形 ····································· 48

任务 7　用多边形命令绘制图形 ··· 51

任务 8　用多段线命令绘制图形 ··· 53

任务 9　用多线命令绘制和编辑图形 ·· 56

任务 10　用点的绘制命令绘制图形 ··· 62

任务 11　用图案填充命令绘制图形 ··· 65

项目三　基本图形的编辑 ·· 73

任务 1　改变图形位置 ··· 73

任务 2　复制图形 ··· 76

任务 3　改变图形形状 ··· 83

任务 4　改变图形大小 ··· 91

项目四　创建文字（数字）和表格 ·· 95

任务 1　创建文字样式 ··· 95

任务 2　单行文字输入 ··· 100

任务 3　多行文字输入 ··· 104

任务 4　编辑文字 ··· 109
任务 5　创建表格 ··· 114
项目五　尺寸标注 ··· 124
任务 1　创建尺寸标注样式 ····································· 124
任务 2　线性尺寸标注 ··· 131
任务 3　径向尺寸标注 ··· 136
任务 4　角度和弧长标注 ······································· 142
任务 5　引线标注 ··· 148
任务 6　尺寸标注的编辑 ······································· 152
项目六　线型、线宽、颜色及图层设置 ··························· 156
任务 1　线型、线宽、颜色的设置和修改 ························· 156
任务 2　图层的设置和管理 ····································· 163

第二部分　形体的表达与绘制

项目七　投影的基本知识 ··· 172
任务 1　投影的概念和分类 ····································· 172
任务 2　点的投影 ··· 178
任务 3　直线的投影 ··· 184
任务 4　平面的投影 ··· 191
项目八　组合体投影图的绘制 ····································· 197
任务 1　组合体三面投影的绘制 ································· 197
任务 2　组合体的尺寸标注 ····································· 206
任务 3　组合体投影图的识读 ··································· 210
项目九　剖面图和断面图的识读与绘制 ····························· 215
任务 1　剖面图的识读与绘制 ··································· 215
任务 2　断面图的识读 ··· 220

第三部分　建筑工程图识读及绘制

项目十　建筑绘图环境设置 ······································· 224
任务 1　将建筑图样常用符号创建成块 ··························· 224
任务 2　建筑绘图环境的设置 ··································· 236
项目十一　建筑施工图的识读与绘制 ······························· 245
任务 1　施工总说明、建筑总平面图识读 ························· 247
任务 2　建筑平面图识读与绘制 ································· 252
任务 3　建筑立面图识读与绘制 ································· 267
任务 4　建筑剖面图识读与绘制 ································· 277
任务 5　建筑详图识读与绘制 ··································· 284

第四部分　图纸打印与图形输出

项目十二　图纸打印……………………………………………………………296
　任务 1　配置打印设备………………………………………………………296
　任务 2　模型空间打印出图…………………………………………………298
　任务 3　图纸空间（布局）打印出图………………………………………302

附录………………………………………………………………………………311
参考文献…………………………………………………………………………312

第一部分　AutoCAD 绘制建筑工程图的基本技能

项目一 AutoCAD 的基本操作

【项目概述】

AutoCAD 是由美国 Autodesk 公司开发研制的计算机辅助绘图软件，经过不断地完善，现已成为国际上广泛使用的绘图工具之一。本项目将对 AutoCAD 2010 的基本操作进行系统的学习。

本项目的任务：

- AutoCAD 2010 启动与退出。
- 选择及认识 Auto CAD 2010 工作界面。
- Auto CAD 2010 文件管理的基本操作。
- 命令输入方式。
- 绘图环境的设置。
- 精确绘图工具的使用。
- 图形显示控制。
- 目标对象的选择。

任务 1   AutoCAD 2010 启动与退出

【任务描述】

AutoCAD 2010 与其他应用程序一样，为用户提供了多种启动与退出软件的方法，通过这些方法可以非常方便地打开与关闭 AutoCAD 2010 的工作环境。

学习情境 1   启动 AutoCAD 2010

【学习目标】

（1）熟练掌握双击桌面的快捷方式图标来启动 AutoCAD 2010 的方法。

（2）了解其他启动方法。

【情境描述】

采用多种方法，启动 AutoCAD 2010。

【任务实施】

AutoCAD 2010 为用户提供了以下几种启动软件的方法和技巧。

方法一：双击桌面上 AutoCAD 2010 的快捷方式图标。

图 1-1　快捷方式启动图标

（1）在计算机上成功安装 AutoCAD 2010 软件后，系统会自动在计算机的桌面上创建一个快捷方式启动图标，如图 1-1 所示。双击该图标，即可启动 AutoCAD 2010。

（2）启动后，即可进入 AutoCAD 2010 界面，如图 1-2 所示，并自动打开一张名为"Drawing1. dwg"的新图，这时就可以在这张图上进行各种绘图工作了，并可在随后的操作中使用"文件"菜单中的"保存"或"另存为"命令，将这张新图保存成图形文件。

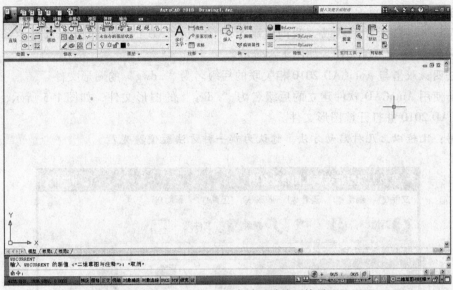

图 1-2 AutoCAD 2010 启动后默认环境界面

方法二：在"开始"菜单中选择程序子菜单中的 AutoCAD 2010 程序项。

单击"开始"菜单，然后选择"程序"→"Autodesk"→"AutoCAD 2010-Simplified Chinese"→"AutoCAD 2010"选项，如图 1-3 所示，启动 AutoCAD 2010。

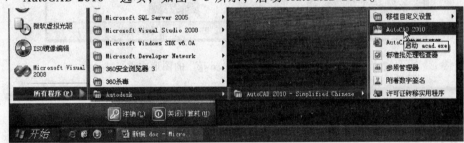

图 1-3 通过"开始"菜单启动 Auto CAD2010

图 1-4 安装目录文件

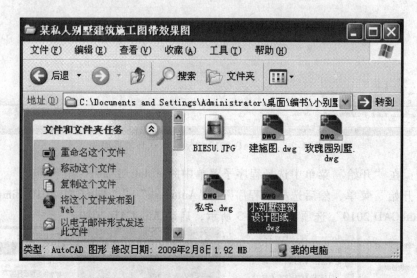

方法三：双击 AutoCAD 2010 安装目录下的"acad. exe"文件。

在 Windows 资源管理器或"我的电脑"中的 AutoCAD 的安装目录下双击"acad. exe"文件，来启动 AutoCAD 2010，如图 1-4 所示。

方法四：双击与 AutoCAD 2010 相关联的后缀名为".dwg"的图形文件。

双击使用 AutoCAD 软件建立的后缀名为".dwg"的图形文件，如图 1-5 所示，可以启动 AutoCAD 2010 并打开该图形文件。

思考：比较以上几种启动方法，你认为哪一种方法最便捷呢？

图 1-5　双击后缀名为".dwg"的图形文件

学习情境 2　退出 AutoCAD 2010

【学习目标】

（1）熟练掌握一种退出 AutoCAD 2010 的方法。

（2）了解其他退出方法。

【情境描述】

在完成绘图工作并保存文件后，还需要退出 AutoCAD 应用程序。本情境中，将采用 AutoCAD 2010 提供的多种方法和技巧，学习退出 AutoCAD 2010。

【任务实施】

方法一：单击"关闭"按钮 ✕ 。

（1）在 AutoCAD 2010 的工作界面标题栏右侧，单击"关闭"按钮 ✕ ，或者在命令行中输入"Quit"或者"Exit"，然后按 Enter 键。

（2）在退出 AutoCAD 2010 应用程序之前，系统首先会将各图形文件退出，如果有未保存的文件，AutoCAD 2010 将弹出如图 1-6 所示的提示对话框。

（3）若选择"是"按钮或直接按 Enter 键，系统弹出"图形另存为"对话框，在该对话框中用户可以设置保存图形文件的文件名称和路径，如图 1-7 所示，单击"保存"按钮，文件存盘后退出 AutoCAD 2010。

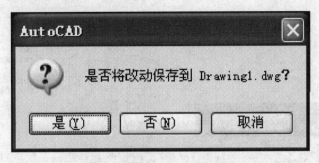

图 1-6　AutoCAD 提示对话框

图 1-7　"图形另存为"对话框

提示：如果用户只是对先前保存过的图形进行了修改，而不是绘制新的图形，将不会弹出"图形另存为"对话框。

若在提示对话框中单击"否"按钮，将放弃存盘，并退出 AutoCAD；若单击"取消"按钮，将返回到原 AutoCAD 的绘图界面。

方法二：执行"文件"菜单的"退出"命令或者按〈Ctrl + Q〉键，退出 AutoCAD 2010。若用户没有保存当前的图形文件，系统仍会给出如图 1-6 所示的提示（以下方法同）。

方法三：双击工作界面标题栏左侧的"菜单浏览器"按钮▲，或者按〈Alt + F4〉键，同样可将 AutoCAD 2010 安全退出，如图 1-8 所示。

方法四：单击▲按钮，弹出下拉菜单，如图 1-9 所示，依次选择"关闭"→"当前图形"（或所有图形）。

思考：比较以上几种退出方法，你认为哪一种方法最便捷呢？

【任务小结】

AutoCAD 2010 提供的多种启动和退出方法，增加了软件操作的灵活性。要熟练掌握一种启动和退出 AutoCAD 2010 的方法，并了解其他启动和退出软件的方法。

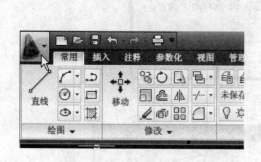

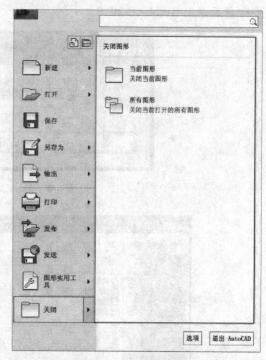

图 1-8 双击控制图标退出程序

图 1-9 菜单浏览器 下拉菜单

任务 2 选择及认识 AutoCAD 2010 工作界面

【任务描述】

AutoCAD 2010 为用户提供了"二维草图与注释"、"AutoCAD 经典"和"三维建模"3 种工作空间界面,用户可根据不同任务设置工作空间以创建符合要求的工作界面。

【任务实施前准备】

一、AutoCAD 2010 的工作空间

AutoCAD 2010 为用户提供了"二维草图与注释"、"AutoCAD 经典"和"三维建模"3 种工作空间界面。默认状态下打开的是"二维草图与注释"工作空间,如图 1-2 所示;"AutoCAD 经典"工作空间为传统工作界面;"三维建模"工作空间主要用于三维建模与渲染等操作,并提供相关的三维操作工具。

切换工作界面的方法:单击状态栏上右下角的"切换工作空间"按钮 ,AutoCAD 会弹出对应的菜单,如图 1-10 所示,从中选择所需的绘图工作空间。

二、AutoCAD 2010 的经典工作界面

对于习惯于 AutoCAD 传统界面的用户来说,可以使用"AutoCAD 经典"工作空间,其界面主要由"菜单浏览器"按钮、快速访问工具栏、菜单栏、工具栏、文本窗口与命令行、状态栏等元素组成,如图 1-11 所示。

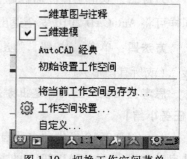

图 1-10 切换工作空间菜单

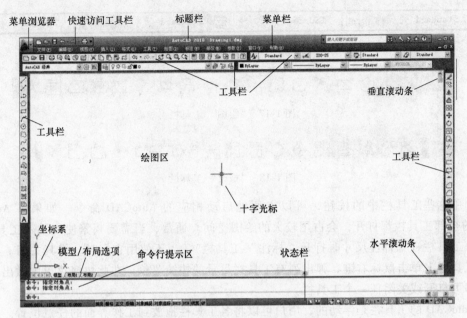

图 1-11　AutoCAD 2010 经典工作界面

1. 标题栏

标题栏位于工作界面的最上方，用来显示 AutoCAD 2010 的程序图标以及当前正在运行文件的名字等信息。如果是 AutoCAD 默认的图形文件，其名称为 Drawing$N$. dwg（N 随着打开文件的数目递增，依次显示为 1、2、3 等）。单击位于标题栏右侧的 ▬ 🗗 ✖ 按钮，可分别实现窗口的最小化、还原（或最大化）及关闭 AutoCAD 2010 的操作。

2. 菜单栏

菜单栏是 AutoCAD 的主菜单，单击主菜单会弹出该菜单对应的下拉菜单，下拉菜单中几乎包含了 AutoCAD 的所有命令，单击需要执行操作的相应命令，就会执行该项命令。

3. 工具栏

AutoCAD 2010 提供了 40 余个工具栏，每个工具栏上有一些工具按钮。默认状态下，显示 7 个工具栏，如图 1-12 ~ 图 1-18 所示，依次是"标准"、"图层"、"特性"、"工作空间"、"样式"、"绘图"、"修改"工具栏。

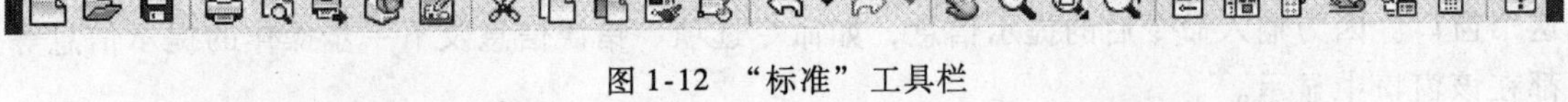

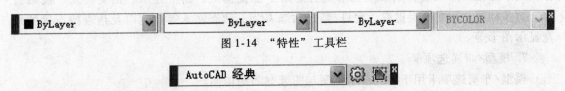

图 1-12　"标准"工具栏

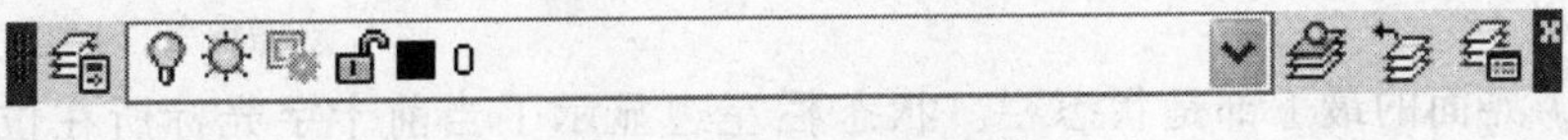

图 1-13　"图层"工具栏

图 1-14　"特性"工具栏

图 1-15　"工作空间"工具栏

图 1-16 "样式"工具栏

图 1-17 "绘图"工具栏

图 1-18 "修改"工具栏

利用这些工具栏中的按钮，可以方便地启动相应的 AutoCAD 命令。如果将 AutoCAD 2010 的全部工具栏都打开，会占用较大的绘图空间。通常，当需要频繁使用某一工具栏时，打开该工具栏（如标注尺寸时打开"标注"工具栏），当不使用它们时，将其关闭。在已打开的工具栏上单击鼠标右键，弹出列有工具栏目录的快捷菜单，在此快捷菜单中做出相应选择，即可打开或关闭任一个工具栏。

AutoCAD 的工具栏是浮动的，用户可以将各工具栏拖放到工作界面的任意位置。

4. 绘图区

绘图区类似于手工绘图时的图纸，是绘制与编辑图形的工作区域，在绘图区中有十字光标、坐标系图标、滚动条。

当光标位于绘图区时为十字形状，十字线的交点为光标的当前位置。AutoCAD 的光标用于绘图、选择对象等操作。

坐标系图标通常位于绘图区的左下角，表示当前绘图使用的坐标系的形式以及坐标方向等。AutoCAD 提供了世界坐标系和用户坐标系。世界坐标系为默认坐标系，且默认时水平向右为 X 轴的正方向，垂直向上为 Y 轴的正方向。

利用水平和垂直滚动条，可以使图纸沿水平或垂直方向移动，即平移绘图窗口中所显示的内容。

5. 命令行提示区

命令行提示区显示用户从键盘、菜单或工具栏按钮中输入的命令内容。命令行中含有 AutoCAD 启动后所用过的命令及提示信息。用户可通过按 F2 键来打开它。

命令行及命令窗口是用户和 AutoCAD 进行对话的窗口。对于初学者来说，应特别注意这个窗口。因为输入命令后的提示信息，如命令选项、错误信息及下一步操作的提示信息等都在该窗口中显示。

6. 状态栏

AutoCAD 界面的最下部是状态栏。状态栏左边显示了当前十字光标所在位置的三维坐标。其余按钮从左到右分别表示当前是否启用了捕捉模式、栅格显示、正交模式、极轴追踪、对象捕捉、对象捕捉追踪、允许/禁止动态 UCS、动态输入等功能以及是否按设置的线宽显示图形等。

7. 模型/布局选项卡

模型/布局选项卡用于实现模型空间与图纸空间的切换。

8. 快速访问工具栏

快速访问工具栏包含最常用操作的快捷按钮以方便用户使用。系统默认提供"新建"、"打开"、"保存"、"放弃"、"重做"和"打印"6 个快捷按钮。

如果想在快速访问工具栏中添加或删除其他按钮，可以单击鼠标右键快速访问工具栏，在弹出的快捷菜单中选择"自定义快速访问工具栏"命令，在弹出的"自定义用户界面"对话框中进行设置即可。

学习情境　认识并个性化设置 AutoCAD 2010 的经典工作界面

【学习目标】

（1）熟练掌握 3 种工作空间之间的切换方法。

（2）熟练掌握 AutoCAD 2010 的经典工作界面的组成元素及其主要功能。

【情境描述】

本学习情境学习如何切换到经典工作界面，显示或隐藏工具栏，以浮动或固定方式显示工具栏，调整工具栏大小以及关闭工具栏。

【任务实施】

一、切换工作空间

（1）在状态栏上单击"切换工作空间"按钮，弹出如图 1-10 所示的菜单。

（2）从工作空间列表中选择要切换到的"AutoCAD 经典"工作空间。

二、设置工具栏

1. 显示或隐藏工具栏

方法一：右键单击任何工具栏，然后单击快捷菜单上的某个工具栏。

方法二：依次单击"工具"→"工具栏"→"AutoCAD"，然后单击要显示的工具栏。

2. 固定工具栏

1）将光标定位在工具栏的名称上或任意空白区，然后按下鼠标左键不放。

2）将工具栏拖到绘图区域的顶部、底部或两侧的固定位置。

3）当固定区域中显示工具栏的轮廓时，松开鼠标左键。

要将工具栏放置到固定区域中而不固定它，在拖动时按住 Ctrl 键即可。

3. 浮动工具栏

1）将光标定位在工具栏结尾处的双条上，然后按下鼠标左键不放。

2）将工具栏从固定位置拖开并松开鼠标左键。

4. 调整工具栏大小

1）将光标定位在浮动工具栏的边上，直到光标变成水平或垂直的双箭头为止。

2）按住鼠标左键并移动光标，直到工具栏变成需要的形状为止。

5. 关闭工具栏

1）如果工具栏是固定的，使其浮动。

2）单击工具栏右上角的"关闭"按钮即可关闭工具栏。

【任务小结】

AutoCAD 2010 的经典工作界面是进行建筑制图时使用的传统工作界面。认识并掌握 AutoCAD 2010 的经典工作界面的组成元素及其主要功能，并能够对经典工作界面进行个性化设置，可以有效提高绘图效率。

【技能提高】

AutoCAD 2010 的"二维草图与注释"和"三维建模"工作空间："二维草图与注释"空间界面与"经典工作空间"界面相比，只是布局发生了较大变化，各种功能还是一样的；使用"三维建模"空间，可以更加方便地绘制三维图。有不同任务要求及感兴趣者，可参考有关介绍 AutoCAD 2010 软件的书籍。

任务 3　AutoCAD 2010 文件管理的基本操作

【任务描述】

在 AutoCAD 中，绘图成果都是以图形文件的形式存在的。图形文件的基本操作一般包括创建新文件、打开已有的图形文件及保存文件等。

学习情境 1　创建新图

【学习目标】

熟练创建新图形文件的操作。

【情境描述】

创建一个新的图形文件。

【技能准备】

在启动 AutoCAD 2010 时，系统会自动创建一个名为 Drawing1. dwg 的文件，用户可在此基础上进行各项设置，以达到自己的要求。如果用户需要自己创建新的图形文件，可调用"新建"（New）命令，调用该命令的方式有 4 种。

- 下拉菜单：选择"文件"→"新建"。
- 工具栏：单击"快速访问"工具栏或"标准"工具栏中的"新建"图标 。
- 命令行：键盘输入"new"（输入命令后按"回车"键，下同）。
- 快捷键：Ctrl + N。

【任务实施】

（1）调用"新建"命令后，弹出如图 1-19 所示的"选择样板"对话框。

图 1-19　"选择样板"对话框

（2）在"名称"栏中选择某一样板文件，后缀名为 . dwt ，这时在右侧的"预览"框中将显示出该样板的预览图像，单击"打开"按钮，可以将选中的样板文件作为样板来创建新图形。样板文件中通常包含与绘图相关的一些通用设置，如图层、线型、文字样式等，使用样板创建新图形不仅提高了绘图的效率，而且保证了图形的一致性。如果不需要样板，单击右下角 打开(O) ▼ 按钮右边的小三角按钮，在展开的菜单中选择"无样板打开-公制"选项，对话框将关闭并回到绘图状态。

学习情境 2　打开已有图形文件

【学习目标】

熟练打开已有的图形文件。

【情境描述】

打开一个已有的图形文件。

【技能准备】

用户可使用"打开"命令在 AutoCAD 中打开已有的图形文件，调用"打开"命令的方式有 4 种。

- 下拉菜单：选择"文件"→"打开"命令。
- 工具栏：单击"标准"工具栏中的"打开"图标 。
- 命令行：键盘输入"Open"。
- 快捷键：Ctrl + O。

【任务实施】

调用"打开"命令后，弹出"选择文件"对话框，如图 1-20 所示。

图 1-20 "选择文件"对话框

方法一：在"查找范围"下拉列框表中选择配套电子资源中的"图形文件/项目二/图 2-8"。此时，在"文件名"下拉列表中显示已选定需要打开的文件名，单击 打开(O) ▼ 按钮，打开该文件。

方法二：在"名称"栏中直接双击"窗平面图 . dwg"，打开该文件。

若单击 打开(O) ▼ 按钮右边的小三角按钮，在展开的菜单中选择"以只读方式打开"，则打开后的文件不能被修改，但在对其操作后可另存为一个文件。

　　方法三：打开配套电子资源中的"图形文件/项目二/图 2-8"。在不启动 AutoCAD 2010 的情况下，直接双击该文件，系统将自动启动 AutoCAD 2010 并打开该文件。

【技能提高】

　　利用图 1-20 所示对话框还可同时打开多个 AutoCAD 图形文件，并且可同时对其进行操作，从而可大大提高绘图的效率。如图 1-21 所示，在"选择文件"对话框的"名称"栏中，按住 Ctrl 键（连续选择可按住 Shift 键）同时选择图示 4 个文件后，单击 打开(O) ▼ 按钮，可同时打开 4 个文件。

　　打开多个文件后，如图 1-22 所示，选择"窗口"下拉菜单中的"层叠"、"水平平铺"或"垂直平铺"命令，可以控制多个图形的排列方式。图 1-23 所示为打开的 4 个文件且窗口水平平铺时的效果。

图 1-21　打开多个文件

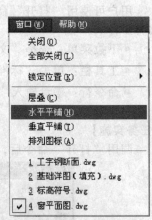

图 1-22　"窗口"下拉菜单

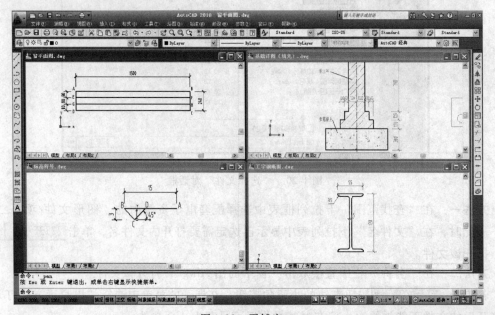

图 1-23　平铺窗口

学习情境 3　保存图形文件

【学习目标】

熟练掌握图形文件的保存。

【情境描述】

将本任务学习情境 2 中打开的"窗平面图 . dwg"以文件名"窗"保存在桌面上。

【任务实施前准备】

对于绘制的或修改的图形，要将其以一定的文件格式保存在磁盘中。AutoCAD 2010 提供了多种方法和格式来保存图形文件。图形文件可以保存为 AutoCAD 的格式，也可保存为其他格式。保存为其他格式后，可利用其他程序进行进一步的绘图工作。AutoCAD 默认的图形文件格式扩展名为". dwg"。

1. 调用"保存"命令

调用"保存"命令的方式有 4 种。

● 下拉菜单：选择"文件"→"保存"命令。

● 工具栏：单击"标准"工具栏中的"保存"图标 。

● 命令行：键盘输入"Qsave"。

● 快捷键：Ctrl + S。

执行"保存"命令后，对新建的文件在第一次保存时，系统会弹出"图形另存为"对话框，如图 1-24 所示，要求用户指定文件的保存文件名称、类型和路径。一旦保存，以后的保存将直接覆盖此文件，不再弹出对话框。

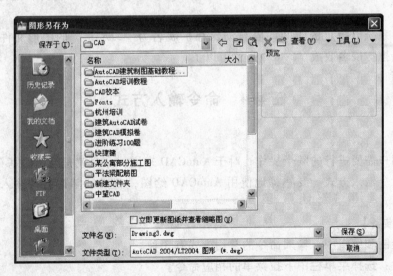

图 1-24　"图形另存为"对话框

2. 调用"另存为"命令

若当前图形文件已经命名存盘，但想更改文件名或保存路径（即保存为一个新的文件），可以调用"另存为"命令，调用方式有 2 种。

● 下拉菜单：选择"文件"→"另存为"。

● 命令行：键盘输入"Saveas"。

执行"另存为"命令后，系统同样会弹出如图 1-24 所示的"图形另存为"对话框，保存方式同"保存"命令。

3. 自动保存

系统还提供了自动保存功能，使 AutoCAD 可以按照设置好的间隔时间自动保存文件，系统默认保存文件的后缀名（或称扩展名）为".ac ＄"。文件默认保存在 C：\Documents and Settings \（机器名） \local settings \ temp \ 。

特别提示：在绘制图形过程中，难免会因为意外断电、死机或程序出现致命错误等问题而导致文件突然关闭，因此用户必须养成随时存盘的良好习惯，以减小损失。

【任务实施】

（1）按本任务学习情境 2 中的方法打开"窗平面图 . dwg"文件。

（2）单击"菜单浏览器"按钮 ▉，在弹出的菜单中选择"另存为"→"AutoCAD 图形"，打开"图形另存为"对话框，在"保存于"下拉列表框中选择保存路径"桌面"，并在"文件名"下拉列表框中设置文件名为"窗"。

【任务小结】

在 AutoCAD 中，绘图成果都是以图形文件的形式存在的，对于图形文件的创建、打开、关闭、保存等基本操作应十分熟练。

【技能提高】

恢复备份文件：每次保存 DWG 图形文件后，可以发现在文件夹里还有一个名称相同、以"·bak"为后缀名的文件，该文件为存盘前图形文件的备份，以便于错误修改后的还原。还原方法是将其后缀名"·bak"改为"·dwg"，再用 AutoCAD 打开，便得到上一次保存的图形。

AutoCAD 系统以指定的时间间隔自动保存扩展名为".ac ＄"的图形文件，需要恢复时，只要直接把扩展名改成"·dwg"就可以了。

任务 4　命令输入方式

【任务描述】

命令是用户需要进行的某个操作，对于 AutoCAD 来说，命令就是绘图的基石。AutoCAD 提供了多种命令输入方式，要熟练地使用 AutoCAD 绘图，就必须掌握各种输入命令的方式和方法。

【任务实施前准备】

在图形绘制和编辑中，输入命令的常用方式有 3 种。

● 菜单栏：选择菜单栏中下拉菜单的相应命令。

● 工具栏：单击工具栏中的相应图标按钮。

● 命令行：键盘输入命令。

命令的输入方法有鼠标输入和键盘输入，绘图时一般都是结合两种设备共同进行的，利用键盘输入命令和参数，利用鼠标执行菜单栏和工具栏中的命令。

1. 菜单命令输入

通过选择下拉菜单中的相应命令来执行命令。在选择执行某个命令时，将光标移动到屏幕顶部相应的菜单栏区域（此时光标由"十"字形变成箭头状），例如单击"绘图"菜单，此时则会弹出一个下拉式菜单，如图 1-25 所示的是"绘图"下拉菜单，在该下拉菜单中选择"直线（L）"，即可执行绘制直线命令，命令行提示如下：

命令：_line 指定第一点：

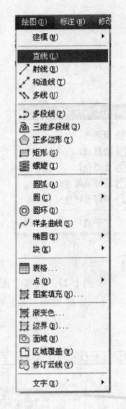

在使用 AutoCAD 菜单中的命令时，应注意以下几点：

（1）下拉菜单中，右边有小三角按钮的菜单项，表示它有子菜单，将光标移动到该菜单选项上，然后单击鼠标左键选择相应选项。图 1-26 所示为菜单项"圆"的子菜单。

（2）下拉菜单中，右边有省略标记的菜单项，表示选择该命令，即可打开一个对话框，如图 1-27 所示；命令呈现灰色，表示该命令在当前状态下不可使用。

（3）另外，AutoCAD 还提供了上下文跟踪菜单，即右键菜单，利用这些菜单可以快捷地完成绘图操作。在某一命令结束后，在绘图区单击单键就可显示快捷菜单，从中可以快速选择一些与当前操作相关的命令，如图 1-28 所示，显示的快捷菜单及提供的命令取决于光标的位置、对象是否被选中以及是否处于命令执行之中。

2. 工具栏图标按钮输入

工具栏由若干图标按钮组成，每个图标按钮分别代表一个命令。用户直接单击工具栏上的图标按钮可以执行相应的命令。例如单击"绘图"工具栏上的"直线"按钮 ⁄ ，执行绘制直线命

图 1-25　"绘图"下拉菜单

令，命令行同样提示如下：

命令：_line 指定第一点：

AutoCAD 2010 具有"工具提示"功能，即将光标放到图标按钮上稍作停留，AutoCAD 会弹出工具指示（即文字提示标签），以说明该按钮的功能及对应的绘图命令。图 1-29 所示为绘图工具栏 □ 按钮对应的工具提示，将光标放到工具栏按钮上，并在显示出工具提示后再停留一段时间（约 2 秒），又会显示扩展的工具提示，如图 1-30 所示，扩展的工具提示对于该按钮对应的绘图命令给出了更为详细的说明。

3. 键盘输入

命令窗口的底部行称为命令行，可以直接在命令行中的"命令："提示符下，通过键盘输入命令名（英文名），并按 Enter 键或空格键来执行。例如"命令："提示符下输入"line"，按 Enter 键或空格键，命令行提示如下：

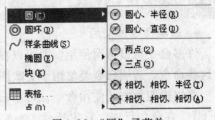

图 1-26　"圆"子菜单

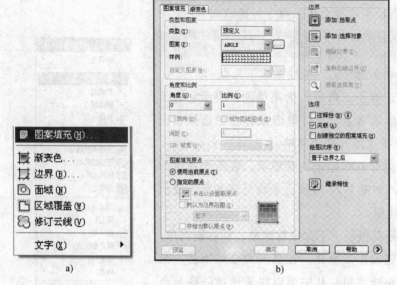

图 1-27　选择"图案填充（H）…"菜单后弹出的对话框　　　　　图 1-28　鼠标右键快捷菜单

a）单击"图案填充（H）…"　　b）"图案填充"选项卡

图 1-29　"绘图"工具栏及显示出的绘图功能　　　　　　图 1-30　扩展的工具提示

命令：line
指定第一点：

4. 透明命令的使用

许多命令可以透明使用，即可以在使用另一个命令时，在命令行中输入或单击工具栏中的这些命令。透明命令经常用于更改图形设置或显示，例如 GRID 或 ZOOM。

要以透明的方式使用命令，可单击其工具栏按钮或在任何提示下输入命令之前输入单引号（'）。在命令行中，双尖括号（≫）置于命令前，提示显示透明命令。完成透明命令后，将恢复执行原命令。例如，在绘制直线时打开点栅格并将其设置为一个单位间隔，然后继续绘制直线。

> 命令：line
> 指定第一点：'grid
> ＞＞指定栅格间距（X）或［开（ON）/关（OFF）/捕捉（S）/纵横向间距（A）］〈0.000〉：1
> 正在恢复执行 LINE 命令。
> 指定第一点：

5. 命令的重复、终止与撤销

（1）如果在一个命令执行完毕后欲再次重复执行该命令，可在命令行中的"命令"提示下直接按 Enter 键或空格键。也可在绘图区中单击鼠标右键，在弹出的快捷菜单中选择重复执行上一个命令，如图 1-31 所示。

（2）用 undo 命令（u 命令）或放弃按钮 ⟲，或快捷键〈Ctrl + Z〉撤销前面执行的一条或多条命令。撤销前面执行的命令后，还可以通过 redo 或 mredo 命令或重做按钮 ⟳、快捷键〈Ctrl + Y〉等操作来恢复前面执行的命令。

（3）在命令执行的任何时刻都可以用 Esc 键取消和终止命令的执行。

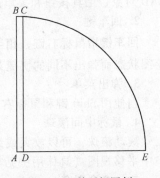

图 1-31　右键快捷菜单

学习情境　绘制"单开门"图例

【学习目标】

（1）掌握命令的三种输入方式。

（2）了解有关命令执行的相关操作。

【情境描述】

应用命令的输入方式及命令的有关操作，绘制如图 1-32 所示的单开门图例。

【任务实施】

1. 菜单栏输入命令

图 1-32　单开门图例

> 命令：_rectang　　　　　　　　　　　（鼠标左键单击菜单栏"绘图"→"矩形"）
> 指定第一个角点或［倒角（C）/标高（E）/圆角（F）/厚度（T）/宽度（W）］：
> 　　　　　　（在绘图区空白区域任意位置单击鼠标左键确定矩形的第一点）
> 指定另一个角点或［面积（A）/尺寸（D）/旋转（R）］：@40,800
> （在命令行用键盘输入矩形另一角点的相对坐标@40,800。"相对坐标"用法见后文"项目二"）

2. 工具栏输入命令

命令：_arc 指定圆弧的起点或 ［圆心（C）］：_c 指定圆弧的圆心：

（鼠标左键单击"绘图"工具栏图标 ✐，调用"圆弧"命令，输入 c，打开"对象捕捉"，用鼠标捕捉圆心 *A*）

指定圆弧的起点：　　　　　　　　　　　　　　　　　　　　　　（用鼠标捕捉 *B* 点）

指定圆弧的端点或 ［角度（A）/弦长（L）］：_a 指定包含角：-90

　　　　　　　　　　　　　　　　　（输入 a，输入顺时针旋转角度值 -90）

3. 命令行输入命令

命令：line　　　　　　　　　　　　（在命令行用键盘输入直线命令 line）

指定第一点：　　　　　　　　　　　（用鼠标捕捉圆弧端点 *E* 点）

指定下一点或 ［放弃（U）］：　　　（捕捉 *D* 点，完成图形绘制）

提示：在绘制过程中，还可以单击"标准"工具栏图标 🔍，或在命令行中输入'zoom，来透明使用"实时缩放"命令以改变视图的显示比例。

【任务小结】

在 AutoCAD 中，菜单命令、工具栏按钮、键盘命令都是相互对应的。可以选择某一菜单命令，或单击某个工具按钮，或在命令行中输入命令来执行相应命令。命令是 AutoCAD 绘制与编辑图形的核心。为了练习命令的使用方法，案例使用了后面将学习的相关命令"矩形 rectang"、"圆弧 arc"命令，命令的具体用法详见项目二。

【技能提高】

一、AutoCAD 中鼠标键的定义

1. 拾取键

拾取键通常指鼠标左键，用于指定屏幕上的点，也可以用来选择 Windows 对象、Auto-CAD 对象、工具按钮和菜单命令等。

2. 回车键

回车键指鼠标右键，相当于 Enter 键，用于结束当前使用的命令，此时系统将根据当前绘图状态而弹出不同的快捷菜单。

3. 弹出菜单

当使用 Shift 键和鼠标右键的组合时，系统将弹出一个快捷菜单，用于设置捕捉点。

4. 鼠标中间滚珠

滚动滚珠，可以放大或缩小当前视图的显示比例；按住滚珠，光标变成 ✋，可以在视口中平移视图（具体用法见本项目任务 7）。

二、命令别名

AutoCAD 为很多命令都提供了缩写名称（又称命令别名），在命令行中也可直接输入缩写名称。附录 A 列出了常用的部分命令别名，熟练掌握它们，可以大大提高输入效率。

任务 5　绘图环境的设置

【任务描述】

在使用 AutoCAD 新建了一个图形文件后，绘图之前首先应该对绘图界限、绘图单位等进行合理设置，以方便绘图，通常将此过程称为"设置绘图环境"。绘图环境的正确设置是工程图样绘制的前提和基础。

学习情境1　设置图形界限

【学习目标】

根据实际的绘图需要，熟练设置图形界限。

【情境描述】

将绘图区域大小设定为 A4 图纸尺寸（210mm×297mm）。

【任务实施前准备】

设置图形界限即设置绘图区域的大小，相当于手工制图时选择图纸大小。图形界限可以用"limits"命令进行设置，调用方式有 2 种。

- 下拉菜单：单击菜单栏中的"格式"→"图形界限"。
- 命令行：输入"limits"。

【任务实施】

命令：limits　　　　　　　　　　　　　　　　　　　（调用图形界限命令）
重新设置模型空间界限：
指定左下角点或［开（ON）/关（OFF）］〈0.0000,0.0000〉：
　　　　　　　（设置绘图区域左下角坐标,通常直接按"回车"键默认尖括号内的坐标）
指定右上角点〈420.0000,297.0000〉： 297,210　　　　（键盘输入绘图区域右上角坐标）
命令：z　　　　　　　　　　　　　　　　　　（键盘输入 zoom 命令的缩写名）
ZOOM
指定窗口的角点,输入比例因子（nX 或 nXP),或者
［全部(A)/中心(C)/动态(D)/范围(E)/上一个(P)/比例(S)/窗口(W)/对象(O)］
〈实时〉：a

　　　　　　　　　　　　　　　　　　　　　　　　　（输入 a 选项）

正在重生成模型。

注意：

（1）在用 limits 命令进行设定后，别忘了在命令行输入 ZOOM 命令（缩写名称为 Z），再输入 a。选择"全部（A）"选项，全屏居中显示绘图界限。

（2）当命令行中提示"指定左下角点或［开（ON）/关（OFF）］〈0.0000，0.0000〉："时，若选择"on"，表示打开图纸界限检查开关，此时如果输入的点超过了绘图界限，系统会自动拒绝；若选择"off"（默认设置），则关闭图纸界限检查，绘制图形不受图形界限的限制。

学习情境2　设置图形单位

【学习目标】

熟练设置图形的长度单位、角度单位、角度的方向以及精度等参数。

【情境描述】

设置建筑制图的图形单位。

【任务实施前准备】

在 AutoCAD 中，可以使用各种标准单位进行绘图，在绘图时只能以图形单位计算绘图尺寸。建筑制图中通常长度以毫米（mm）为单位，角度以度（°）为单位。同时对于所有的线性和角度单位，还要设置显示精度等级。

设置绘图单位可以利用"units"命令，调用方式通常有两种。

• 下拉菜单：单击菜单栏中的"格式"→"单位"。

• 命令行：输入"units"（或"un"）。

【任务实施】

（1）选择上述任一方式输入命令，弹出"图形单位"对话框，如图 1-33 所示。

（2）在"长度"选项组的"类型"下拉列表框中，可以设置长度单位的格式类型；在"精度"下拉列表框中，可以设置长度单位的显示精度。

通常在建筑制图中，长度的类型选择"小数"，精度为 0，即绘图精确到毫米。

（3）在"角度"选项组的"类型"下拉列表框中，可以设置角度单位的格式类型；"精度"下拉列表框中，可以设置角度单位的显示精度；"顺

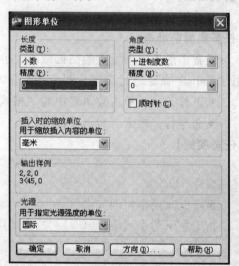

图 1-33　图形单位设置

时针"复选框可以设置角度测量方向是否为顺时针，选中时为顺时针，不选则为逆时针，默认设置为逆时针。

通常在建筑制图中，角度的类型设置为"十进制度数"，精度按照实际绘图需要进行设置；角度测量方向为逆时针，即不选"顺时针"复选框。

（4）单击"方向"按钮，弹出"方向控制"对话框，可以设置起始角度的方向。

建筑制图中采用 AutoCAD 的默认设置，即用正东方向为起始角度方向，逆时针方向为角度增加的正方向。

（5）在"用于缩放插入内容的单位"下拉列表中选择"毫米"。

说明：建筑制图中，最小单位为 mm，设实际尺寸的 1mm 对应 AutoCAD 中的一个图形单位。在这种假设下，插入比例中用于缩放插入内容的单位为 mm。

在新建文件选择模板文件时，如果选择了 ISO 类的模板，其默认的单位就是 mm，而选择其他的模板文件有时默认单位是 in（英寸），所以一般绘图单位是不用设置的（只要选择合适的模板文件）。当然在命令栏中直接输入 Units 命令然后按"回车"键，也可以查看或更改绘图单位。

【任务小结】

图形界限和图形单位设置是绘图前的准备工作，合理设置才能保证后续任务的正确进行。通过图形界限设置可以对所绘制的图形进行区域限定；通过"图形单位"对话框可以设置图形的长度单位、角度单位、角度的方向以及精度等参数。

任务 6　精确绘图工具的使用

【任务描述】

AutoCAD 提供了多种绘图工具，灵活运用这些辅助工具，可以满足准确、快捷的绘图要求。本任务通过绘制简单图形，掌握对象捕捉、对象捕捉追踪、极轴跟踪及正交等精确绘图工具的使用。

【任务实施前准备】

常用的精确绘图工具按钮位于状态栏中，包括"捕捉"、"栅格"、"对象捕捉"、"对象追踪"等，可以设置为图标或文字两种形式，如图 1-34 所示。在状态栏中单击图标或文字按钮，即可启用或关闭相应绘图功能。

a)　　　　　　　　　　　　b)

图 1-34　状态栏上的精确绘图辅助工具按钮

a）图标按钮　b）文字按钮

一、正交绘图

在绘图的过程中，经常需要绘制水平直线和垂直直线。启用"正交"功能时，画线或移动对象只能沿水平方向或垂直方向移动光标，因此只能画平行于坐标轴的正交线段。

启用或关闭"正交"功能的方法如下。

- 状态栏：单击 正交 或 ⌐ 按钮。
- 功能键：F8。
- 命令行：输入"ORTHO"。

二、对象捕捉

在利用 AutoCAD 画图时经常要利用一些特殊的点，如圆心、切点、线段或圆弧的端点、中点、垂足等。在绘图过程中，启用"对象捕捉"功能后，当执行某个绘图命令，系统提示输入点时，光标移动到对象的某个几何特征点附近，可以自动精确地定位到这些点上，同时系统会显示标记和提示，从而迅速且准确地绘制图形。

对象捕捉有自动对象捕捉和临时对象捕捉两种方式。

1. 自动对象捕捉模式

启用或关闭"对象捕捉"功能的方法如下。

- 状态栏：单击"对象捕捉"按钮 □。
- 功能键：F3。

启用"对象捕捉"后，自动捕捉方式可以通过以下几种方法进行设置。

- 单击下拉菜单"工具"→"草图设置"。
- 在状态栏任一按钮上单击鼠标右键，在弹出的快捷菜单中选择"设置"选项。

在弹出的"草图设置"对话框中，选择"对象捕捉"选项卡，如图 1-35 所示。在"对象捕捉模式"选区中列出 13 种模式，用户可以设置一种或多种捕捉模式；单击某项的复选框，显示符号☑，表示该项被选中（再单击该项，即放弃选择）。 全部选择 和 全部清除 两个按钮分别用于选取所有模式或清除所有已选择的模式。

设置完毕后，所设置的捕捉模式在绘图中始终起作用，直至关闭"对象捕捉"模式。

2. 临时对象捕捉模式

当执行某个绘图命令，系统提示输入点时，也可以通过临时对象捕捉模式，捕捉对象上某个几何特征点。

临时对象捕捉的启动有以下 3 种方法：

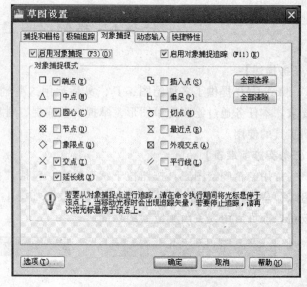

图 1-35　"对象捕捉"选项卡

● 单击"对象捕捉"工具栏上的按钮。在任意一个工具栏上单击鼠标右键，在弹出的快捷菜单里选择"对象捕捉"命令，将弹出浮动的"对象捕捉"工具栏，如图 1-36 所示，可根据需要从中选取某项捕捉方式。

图 1-36　"对象捕捉"工具栏

● 从快捷菜单中选取。按住 Shift 键或 Ctrl 键，同时在绘图区内单击鼠标右键，弹出对象捕捉快捷菜单，如图 1-37 所示，从中选择需要的捕捉方式，再把光标移到要捕捉对象的特征点附近，即可捕捉到相应的对象特征点。

● 在绘图过程中，从命令行输入捕捉模式的前三个字母。各种对象捕捉方式的前三个字母见表 1-1。

表 1-1　捕捉选项的缩写字母

端点	中点	圆心	节点	象限点	交点	延伸	插入点	垂足	切点	最近点	外观交点	平行
END	MID	CEN	NOD	QUA	INT	EXT	INS	PER	TAN	NEA	APP	PAR

说明： 临时捕捉功能每使用一次对象捕捉，都必须重新启动捕捉功能，一旦在图形中选择了一个点，该对象捕捉模式将会关闭。

三、栅格和捕捉

"捕捉"用于设定鼠标指针移动的间距。"栅格"是在屏幕上显示的点状图案，是一些定位置的小点，其作用如同坐标纸，可以提供直观的距离和位置参照，但是它不能被打印输出；"捕捉"可以限制十字光标按预定义的间距移动。

启用或关闭"栅格"功能的方法如下。

● 状态栏：单击"栅格"按钮▦。

● 功能键：F7。

启用或关闭"捕捉"功能的方法如下。

● 状态栏：单击"捕捉"按钮 。

● 功能键：F9。

启用"捕捉"和"栅格"后，在"草图设置"对话框中选择"捕捉和栅格"选项卡，如图 1-38 所示，可以对"捕捉"和"栅格"的间距和类型进行设置。

注意：捕捉与对象捕捉的不同之处在于，捕捉是将绘图光标锁定在栅格点上，无论是否执行绘图命令，启用"捕捉"功能后捕捉将一直有效；对象捕捉只能在绘图命令执行中有效，捕捉点为已绘图形上的特殊点。

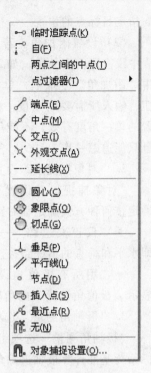

图 1-37　"对象捕捉"
快捷菜单

四、极轴追踪

"极轴追踪"是按事先给定的角度增量，通过临时的对齐路径进行追踪，用于绘制指定的角度图线。

启用或关闭"极轴追踪"功能的方法如下。

● 状态栏：单击"极轴追踪"按钮 。

● 功能键：F10。

图 1-38　"捕捉和栅格"选项卡

启用"极轴追踪"功能后，在"草图设置"对话框中选择"极轴追踪"选项卡，可以进行极轴角的设置，如图 1-39 所示。

1．"极轴角设置"选项组

（1）设置增量角。在增量角的列表框中选择一个增量角后，系统将沿与增量角呈整倍数的方向上指定点的位置。例如，增量角设为 45°，系统将沿着 0°、45°、90°、135°……方向指定目标点的位置。

（2）设置附加角。若"增量角"列表中没有所需要的角，如27°，则可以选中"附加角"复选框，单击"新建"按钮，输入所需要的角度。附加角只对设置的单一角度有效，不能呈整数倍增量，且只能追踪一次。

2. "对象捕捉追踪设置"选项组

"对象捕捉追踪设置"选项组用来确定按何种方式确定临时路径进行追踪。

● "仅正交追踪"——只显示正交即水平和垂直的追踪路径。

● "用所有极值角设置追踪"——显示"极值角设置"的角度追踪路径。

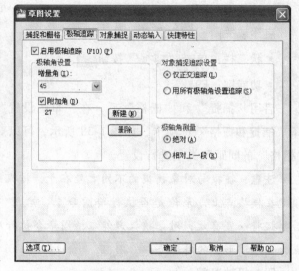

图 1-39 "极轴追踪"选项卡

3. "极轴角测量"选项组

"极轴角测量"选项组用来确定极值角测量方式。选择"绝对"单选按钮，就以当前坐标系为基准计算极轴追踪角；选择"相对上一段"，就会按照相对上一个绘制对象测量极轴追踪角。

注意：正交模式和极轴追踪模式不能同时打开，若一个打开，另一个会自动关闭。

五、对象捕捉追踪

对象捕捉追踪根据与对象的某种特定关系来追踪，这种特定的关系确定了一个用户事先并不知道的角度。也就是说，如果事先知道要追踪的方向（角度），则使用极轴追踪；如果事先不知道具体的追踪方向（角度），但知道与其他对象的某种关系（如相交），则用对象捕捉追踪。极轴追踪和对象捕捉追踪可以同时使用。

注意：对象追踪必须与对象捕捉同时工作。也就是在追踪对象捕捉到点之前，必须先打开对象捕捉功能。

六、动态输入

"动态输入"在光标附近提供了一个命令界面，以帮助用户专注于绘图区域。

启用或关闭"动态输入"功能的方法如下。

● 状态栏：单击"动态输入"按钮 ┗ 。

● 功能键：F12。

启用"动态输入"功能后，默认状态下，键盘输入的内容将会显示在十字光标附近，如图 1-40 所示。

"动态输入"模式可以在"草图设置"对话框中的"动态输入"选项卡中进行设置，如图 1-41 所示。

选中"启用指针输入"复选框可以启用指针输入功能；选中"可能时启用标注输入"复选框可以启用标注输入功能；选中"动态提示"选项区域中的"在十字光标附近显示命令提示和命令输入"复选框，可以在光标附近显示命令提示，如图 1-42 所示。

图 1-40　动态输入命令界面

a）动态输入"line"命令　b）输入"line"命令按"回车"键后显示信息

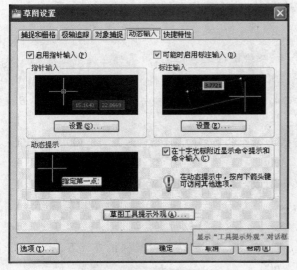

图 1-41　"动态输入"选项卡

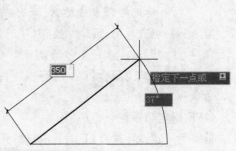

图 1-42　指针输入、标注输入和命令提示

学习情境　绘制梯形钢屋架

【学习目标】

（1）熟练掌握对象捕捉、对象捕捉追踪、极轴跟踪及正交等精确绘图工具的使用。

（2）熟练掌握动态输入、快捷菜单的使用方法。

【情境描述】

应用端点捕捉、中点捕捉、交点捕捉、正交、极轴追踪与对象捕捉追踪等功能绘制图 1-43 所示梯形钢屋架。

【任务实施】

1. 设置绘图界限

● 调用"limits"命令，根据命令行提示设置图形界限为"1500×1500"。

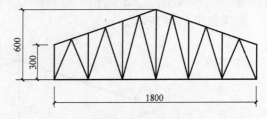

图 1-43　梯形钢屋架

● 命令行中输入 ZOOM 命令，按"回车"键后选择"全部（A）"选项，显示图形界限。

2. 设置捕捉模式

● 调出"草图设置"对话框，选择"对象捕捉"选项卡。

- 选择"端点"、"交点"和"延伸"3 种捕捉模式。
- 选中"启用对象捕捉"复选框和"启用对象捕捉追踪"复选框。
- 单击"确定"按钮。

3. 设置极轴追踪

- 调出"草图设置"对话框，选择"极轴追踪"选项卡。
- 在"极轴角设置"选项区中将"增量角"设置为 90。
- 单击"确定"按钮。

4. 绘制轮廓线

单击"绘图"工具栏中的"直线"按钮 ，命令行提示如下：

> 命令：_line 指定第一点：
>
> （移动十字光标，在绘图区适当位置，用鼠标左键单击确定 A 点）
>
> 指定下一点或 [放弃(U)]：〈正交 开〉300
>
> （启用"正交"功能，移动光标到 A 点下方，此时光标只能沿垂直方向移动，输入 300，确定 B 点）
>
> 指定下一点或 [放弃(U)]：1800
>
> （移动光标到 B 点右方，此时光标只能沿水平方向移动，输入距离 1800，确定 C 点）
>
> 指定下一点或 [闭合(C)/放弃(U)]：300
>
> （移动光标到 C 点上方，沿垂直向上方向输入距离 300，确定 D 点）
>
> 指定下一点或 [闭合(C)/放弃(U)]： （回车，结束命令）
>
> 命令： （回车，重复调用上一次"直线"命令）
>
> LINE 指定第一点： （捕捉直线 BC 的中点 E）
>
> 指定下一点或 [放弃(U)]：〈极轴 开〉600
>
> （启用"极轴追踪"功能，垂直向上移动光标，当出现 90°追踪路径时，输入距离 600，确定 F 点）
>
> 指定下一点或 [放弃(U)] （回车，结束命令）
>
> 命令： （回车，重复调用上一次"直线"命令）
>
> LINE 指定第一点： （捕捉端点 A 点）
>
> 指定下一点或 [放弃(U)]： （捕捉端点 F 点）
>
> 指定下一点或 [放弃(U)]： （捕捉端点 D 点）
>
> 指定下一点或 [闭合(C)/放弃(U)]： （回车，结束命令）

结果如图 1-44 所示。

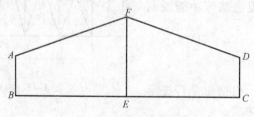

图 1-44　绘制轮廓线

5. 绘制左半部分内部结构线条

单击"绘图"工具栏中的"直线"按钮 ，命令行提示如下：

命令：_line

指定第一点：300

（将鼠标悬停在 B 点上，出现端点捕捉框，水平向右移动光标，当出现0°追踪路径时，输入300，确定 G 点）

指定下一点或［放弃(U)］：　　　　　　　　　　　　　　（沿垂直向上方向捕捉交点 H）

指定下一点或［放弃(U)］：　　　　　　　　　　　　　　　　　（回车，结束命令）

命令：_line　　　　　　　　　　　　　　　（回车，重复调用上一次"直线"命令）

指定第一点：300

（将鼠标悬停在 G 点上，出现端点捕捉框，水平向右移动光标，当出现0°追踪路径时，输入300，确定 Z 点）

指定下一点或［放弃(U)］：　　　　　　　　　　　　　　（沿垂直向上方向捕捉交点 K）

指定下一点或［放弃(U)］：　　　　　　　　　　　　　　　　　（回车，结束命令）

命令：　　　　　　　　　　　　　　　　（回车，重复调用上一次"直线"命令）

命令：_line

指定第一点：　　　　　　　　　　　　　　　　　　　　　　（捕捉端点 B 点）

指定下一点或［放弃(U)］：

指定下一点或［放弃(U)］：_m2p 中点的第一点：中点的第二点：

（按下 Shift + 鼠标右键，出现快捷菜单，选择"两点之间的中点"命令，分别捕捉 A 点和 H 点，此时实际捕捉到了 AH 的中点）

指定下一点或［放弃(U)］：　　　　　　　　　　　　　　　　（捕捉端点 G 点）

　　　　　　　　　　　　　　　　　　　　　　（同样方法绘制其他斜线，结束命令）

结果如图 1-45 所示。

6. 镜像图形

使用"镜像"命令复制图形右半部分内部结构线条，此处略。结果如图 1-46 所示。

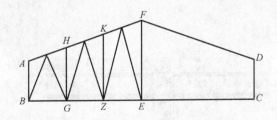

图 1-45　绘制左半部分内部结构线条　　　　　　图 1-46　镜像后效果

7. 保存文件

以 gwj. dwg 为文件名保存文件。

【任务小结】

本实例综合应用正交、极轴追踪、对象捕捉及对象捕捉追踪等功能，在练习中可灵活运用。

任务 7   图形显示控制

【任务描述】

图形显示控制是为了方便地查看和绘制图形。对于较为复杂的图样，如果要使整个图样显示在屏幕内，就要使视图缩小；如果要更加详细地观察或绘制图形的局部细节，就要使视图放大；要在屏幕上显示当前视图不同区域的对象，就要移动视图。为此，AutoCAD 提供了"缩放"和"平移"视图的功能，利用这些功能，可以任意地改变图形的显示比例与显示位置，以便观察和绘制图形。

说明：图形显示控制只是对图形在屏幕上的视图进行缩放和平移，并不改变图形的实际大小和相对位置。

学习情境   对打开的图形文件进行显示控制

【学习目标】

（1）熟练掌握运用鼠标对图形平移和缩放的灵活控制。

（2）熟练掌握 ZOOM 命令和 pan 命令。

（3）熟练掌握工具栏中的缩放和平移工具。

【情境描述】

打开任一图形文件，对图形进行平移和缩放控制，比较各种平移和缩放方法的异同。

【任务实施】

一、缩放视图

缩放视图可以通过缩放命令"ZOOM"来实现。调用视图"缩放"命令的方式有 3 种。

• 下拉菜单："视图"→"缩放"→选择子菜单中某选项，如图 1-47 所示。

• 工具栏：单击某一缩放按钮。"缩放"命令包括 11 个选项，其中常用的 3 个选项放在标准工具栏，分别是实时缩放、窗口缩放、缩放上一个。在标准工具栏中，按住窗口缩放图标，即可弹出"缩放"命令其余选项的图标，如图 1-48 所示。

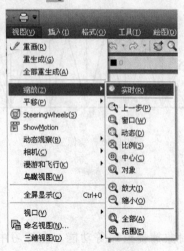

图 1-47   "缩放"子菜单

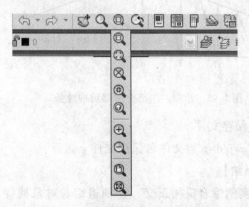

图 1-48   标准工具栏中的缩放按钮

- 命令行：输入"ZOOM"（或"z"），命令行提示如下：

命令：z

ZOOM

指定窗口的角点，输入比例因子（nX 或 nXP），或者［全部(A)/中心(C)/动态(D)/范围(E)/上一个(P)/比例(S)/窗口(W)/对象(O)］〈实时〉：

命令行中不同的选项表示相应的视图缩放功能，可根据需要选择。

视图"缩放"命令中各选项的功能如表 1-2 所示。

表 1-2 视图"缩放"命令各选项功能说明

选项类型	图标按钮	功能说明	使用频率
全部缩放		显示图形界限区域和整个图形范围（由两者中尺寸较大者决定）	常用
范围缩放		显示整个图形范围，使其最大限度地充满屏幕（与图形界限无关）	常用
比例缩放		以指定的比例因子显示图形范围。系统提供了两种缩放方式： （1）相对于当前视图的比例进行缩放，输入方式为 nX。 （2）相对于图纸空间单位的比例进行缩放。输入方式为 nXP。 例如，输入 0.5X 使屏幕上的每个对象显示为原大小的 1/2	一般
中心缩放		显示由中心点和高度（或缩放比例）所定义的范围	较少
窗口缩放		显示由两个对角点所确定的矩形窗口内的部分	常用
动态缩放		在屏幕上动态地显示一个视图框，以确定显示范围	较少
缩放上一个		显示前一个视图，最多可恢复此前的 10 个视图	常用
实时缩放		光标变成一个放大镜状，按住鼠标左键垂直向上移动放大显示，垂直向下移动缩小显示	常用
放大/缩小		相当于指定比例因子为（2×）/（0.5×）	较少

二、平移视图

当在图形窗口中不能显示所有的图形时，就需要进行图形平移操作，以便查看视图中的其他部分。

调用"平移"命令的方法有 3 种。

- 下拉菜单：单击菜单栏中的"视图"→"平移"→"实时"。
- 工具栏：单击"标准"工具栏中的"实时平移"按钮。
- 命令行：输入"Pan"（或"p"）。

执行"实时平移"命令后，光标指针变成手形，在绘图区按住左键并拖动鼠标，图形将随光标移动。按 Esc 键或 Enter 键，可退出"实时平移"模式。

三、利用鼠标操作控制图形显示

利用鼠标各键的操作可以直接对图形进行平移和缩放，主要有以下 3 种操作。

- 上下滚动鼠标滚轮可实现缩放功能。在任何状态下，鼠标滚轮向下滚动，则全图缩小；鼠标滚轮向上滚动，会使全图放大。缩放的基准点是光标当前的位置。

- 按下鼠标滚轮不松手拖动鼠标，实现"实时平移"功能。
- 双击鼠标滚轮，实现"范围缩放"功能，整个图形最大显示。

【任务小结】

图形显示控制的方式多样，认真比较不同控制方式的特点，熟练使用常用的图形显示控制方式，能为高效绘图打下坚实基础。

任务 8　目标对象的选择

【任务描述】

要编辑的对象在被选择后才能进行编辑，选择对象的方法灵活多样，常用的有单击对象选择、窗口选择及交叉窗口选择，也可采取调用某编辑命令后的栏选方式。

学习情境　运用多种选择方法选择目标对象

【学习目标】

熟练掌握单击对象选择、窗口选择、交叉窗口选择方法，以及栏选方式。

【情境描述】

打开配套电子资源中附图"图形文件/项目一/目标对象选择"（或自行任意打开一图形文件），采用多种选择方法选择对象，灵活应用各种选择方法，提高绘图效率。

【任务实施】

要编辑的对象被选择后才能进行编辑。执行编辑命令有两种方法：

（1）先输入编辑命令，在"选择对象"提示下选择要编辑的对象。

（2）先选择对象，所有选择的对象以夹点状态显示，再输入编辑命令。

AutoCAD 用虚线亮显的对象就构成选择集。选择集可以包含单个对象，也可以包含复杂的对象编组。构成选择集的方式有 3 种：单击对象选择、窗口选择和交叉窗口选择。

一、单击对象选择

在命令行提示"选择对象："时，绘图区出现矩形拾取框，将拾取框放在需选对象上，对象高亮显示后，单击鼠标左键即可选中该对象，被选中对象由实线变为虚线，表示已经被选中加入了选择集中，如图 1-49 所示，圆形被选中。用户可以选择一个对象后结束选择对象，也可以继续逐个选择多个对象。

提示：如果是先选择对象，后调用编辑命令，则被选中的对象上将出现控制点（夹点）。

此方式适合构成选择集的对象较少的情况。

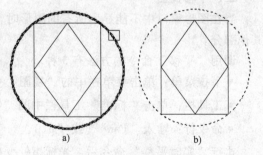

图 1-49　单击对象选择方式

a）单选对象　b）被选中的对象

二、窗口选择

当需要选择的对象较多时，可以使用窗口选择方式。操作方式如下：

单击鼠标左键选择第一对角点，将光标向右下方拖动，以左上右下的实线矩形选择框方式拉出窗口来选择图形，如图 1-50a 所示；再次单击鼠标左键，完成选择对象。

提示：只有完全包含在选择框内的对象才会被选中，如图 1-50b 所示，矩形及菱形被选中，而圆形未被选中。

三、交叉窗口选择

交叉窗口选择操作方式与窗口选择方式类似，不同之处在于光标在对象右下方选择第一角点，向左上方移动形成选择框，选择框呈虚线，如图 1-51a 所示。在交叉窗口内部及与交叉窗口相交的对象都将被加入到选择集，如图 1-51b 所示。

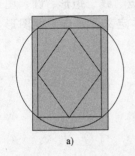
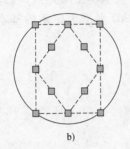

图 1-50　窗口选择方式

a）框选范围　b）被选中的对象

图 1-51　交叉窗口选择方式

a）框选范围　b）被选中的对象

四、栏选方式

调用某编辑命令后，当命令行提示"选择对象:"时，输入"F"后按"回车"键，根据命令行提示，指定若干点来创建经过要选择对象的选择栏来选择对象，如图 1-52 所示。

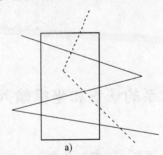
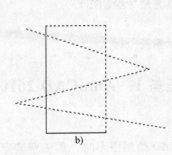

图 1-52　栏选方式

a）栏选路径　b）被选中的对象

在选择完图形对象后，有时需要从选择集中删除多选的对象，操作方式有 2 种：

- 按住 Shift 键同时单击要从选择集中删除的对象。
- 在命令行"选择对象:"提示下，输入"R"，然后选择要删除的对象。

【任务小结】

选择对象是对象操作的前提。选择对象的方法多种多样，灵活运用能事半功倍。

项目二　基本图形的绘制

【项目概述】

在建筑工程图中，任何图形都可以分解为一些基本图形元素，如点、线、矩形、圆、图案填充等。通过本项目的学习，可以掌握 AutoCAD 平面坐标系的基本定义及二维平面图形的基本绘制方法。

本项目的任务：

- AutoCAD 2010 坐标系的认识和坐标输入。
- 用直线命令绘制图形。
- 用圆命令绘制图形。
- 用椭圆命令绘制图形。
- 用圆弧命令绘制图形。
- 用矩形命令、圆环命令绘制图形。
- 用多边形命令绘制图形。
- 用多段线命令绘制图形。
- 用多线命令绘制和编辑图形。
- 用点的绘制命令绘制图形。
- 用图案填充命令绘制图形。

知识要点：

- 平面坐标系及坐标。

任务 1　AutoCAD 2010 坐标系的认识和坐标输入

【任务描述】

使用 AutoCAD 绘制图形时，需要精确定位绘制图形，一般通过在 AutoCAD 提供的坐标系统下，采用坐标输入的方法进行定位。

了解 AutoCAD 系统提供的两种坐标系：笛卡儿坐标系和极坐标系，在两种坐标系中使用绝对坐标和相对坐标形式进行数据输入。

【任务实施前准备】

一、平面坐标系

1. 笛卡尔坐标系

笛卡尔坐标系有 3 个轴，即 X 轴、Y 轴和 Z 轴。笛卡尔坐标系使用直角坐标，输入坐标值时，需要指定沿 X 轴、Y 轴和 Z 轴相对于坐标系原点（0，0，0）或者其他点的距离及其方向（正或负）。在二维平面制图中，可以省去 Z 轴的距离和方向（Z 轴坐标值始终为 0），只需指定沿 X 轴和 Y 轴的坐标值。

2. 极坐标系

极坐标系中使用极坐标，是用距离和角度确定点的位置，角度为该点与原点或前一点的

连线和 X 轴的夹角，AutoCAD 中默认以 X 轴的正方向为 0°，逆时针为角度正方向。如果距离值为正，则代表与方向相同；为负，则代表与方向相反。

二、坐标

在直角坐标和极坐标中，可分为绝对坐标和相对坐标两种形式。常用的坐标输入包括如下 4 种形式。

1. 绝对直角坐标

绝对坐标，表示以当前坐标系的原点为基点。绝对直角坐标输入使用点的坐标值（X、Y、Z）是相对于原点（0，0，0）而确定的，平面绘图中不需输入 Z 值。

例如：（20，30）表示 X 方向与原点距离为 20，Y 方向与原点距离为 30，如图 2-1 所示。

2. 相对直角坐标

相对坐标是以前一个输入点作为输入坐标的参照点，取它的位移增量。相对直角坐标输入时在输入坐标值前加一个"@"符号，即"@ ΔX，ΔY"。

例如：当上一个操作点 A 的坐标为（20，30），现输入点 B 坐标"@10，20"，则表示 B 点相对于 A 点的坐标值为（10，20），亦即 B 点相对于 A 点的 $\Delta X = 10$，$\Delta Y = 20$，B 点相对于坐标原点的坐标值为（30，50），如图 2-2 所示。

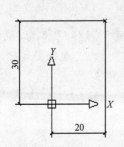

图 2-1　绝对直角坐标

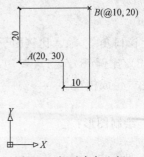

图 2-2　相对直角坐标

3. 绝对极坐标

绝对极坐标采用（长度 < 角度）的方式，如（40 < 60），表示该点到坐标原点的距离为 40，该点与原点的连线与 X 轴的正向夹角为 60°，如图 2-3 所示。

4. 相对极坐标

相对极坐标在坐标值前加一个"@"符号，即（@长度 < 角度），若输入坐标（@30 < 60），表示要输入的点 B 与前一点 A 的距离为 30，当前点 B 与前一点 A 的连线与 X 轴正向的夹角为 60°，如图 2-4 所示。

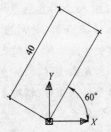

图 2-3　绝对极坐标

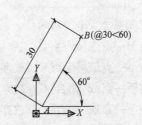

图 2-4　相对极坐标

学习情境 1　绘制矩形系

【学习目标】

（1）掌握 Auto CAD 2010 二维绘图的两种坐标系——笛卡尔坐标系和极坐标系。

（2）熟练使用绝对坐标和相对坐标形式进行数据输入。

【情境描述】

采用绝对直角坐标、相对直角坐标、绝对极坐标、相对极坐标输入方法绘制图 2-5 所示矩形图形。

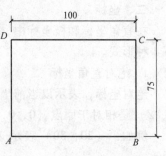

图 2-5　用坐标输入方法绘制矩形

【任务实施】

方法一： 采用绝对直角坐标。

（1）开始一张新图：

命令:limits　　　　　　　　　　　　　　　　　　（输入设置图形界线命令,回车）
指定左下角点或[开(ON)/关 OFF]⟨0.0000,0.0000⟩:（直接回车,接受尖括号中默认值）
指定右上角点⟨420.0000,297.0000⟩:　　　　　（直接回车,接受尖括号中默认值）
命令:z　　　　　　　　　　　　　　　　　　　　（输入缩放命令,回车）
Zoom
指定窗口角点,输入比例因子(nX 或 nXP),或[全部(A)/中心(C)/动态(D)/范围(E)/
上一个(P)/比例(S)/窗口(W)]⟨实时⟩:a　　　　　　　　　　（选择全部缩放方式）
正在重生成模型。

（2）绘制图形：

命令:line　　　　　　　　　　　　　　　　　　　（输入绘制直线命令,回车）
指定第一点:90,90　　　　　　　　　　　　　　　（输入 A 点坐标,回车）
指定下一点或[放弃(U)]:190,90　　　　　　　　　（输入 B 点坐标,回车）
指定下一点或[闭合(C)/放弃(U)]:190,165　　　　　（输入 C 点坐标,回车）
指定下一点或[闭合(C)/放弃(U)]:90,165　　　　　　（输入 D 点坐标,回车）
指定下一点或[闭合(C)/放弃(U)]:C　　　　（闭合图形,回车,结束命令）

方法二： 采用相对直角坐标。

命令:line　　　　　　　　　　　　　　　　　　　（输入绘制直线命令,回车）
指定第一点:90,90　　　　　　　　　　　　　（输入 A 点坐标,绝对直角坐标）
指定下一点或[放弃(U)]:@100,0　　　　　（输入 B 点相对于 A 点坐标,相对直角坐标）
指定下一点或[闭合(C)/放弃(U)]:@0,75　　　（输入 C 点相对于 B 点坐标,相对直角坐标）
指定下一点或[闭合(C)/放弃(U)]:@ -100,0　　（输入 D 点相对于 C 点坐标,相对直角坐标）
指定下一点或[闭合(C)/放弃(U)]:@0, -75　　（输入 A 点相对于 D 点坐标,相对直角坐标）

方法三：采用绝对极坐标、相对极坐标。

命令：line	（输入绘制直线命令，回车）
指定第一点：280＜19	（输入 A 点坐标，绝对极坐标）

学习情境2　绘制图2-6所示图形

【学习目标】

（1）进一步掌握 AutoCAD 2010 二维绘图的两种坐标系——笛卡尔坐标系和极坐标系。

（2）综合使用绝对坐标和相对坐标形式进行数据输入。

【情境描述】

综合采用绝对直角坐标、相对直角坐标、相对极坐标输入方法绘制图2-6所示图形。

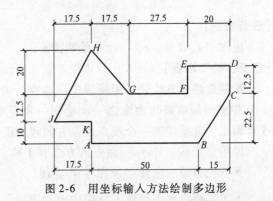

图2-6　用坐标输入方法绘制多边形

【任务实施】

1. 开始一张新图

命令：limits	（输入设置图形界线命令，回车）
指定左下角点或[开(ON)/关OFF]〈0.0000,0.0000〉	（直接回车，接受尖括号中默认值）
指定右上角点〈420.0000,297.0000〉200,100	（设置图幅 200×100，回车）
命令：z	（输入缩放命令，回车）
Zoom	
指定窗口角点，输入比例因子(nX 或 nXP)或[全部(A)/中心(C)/动态(D)/范围(E)/上一个(P)/比例(S)/窗口(W)]〈实时〉：a	（选择"全部"缩放方式）
正在重生成模型。	

2. 绘制图形

命令：line	（绘制直线）
指定第一点：45,55	（输入 A 点绝对坐标）
指定下一点或[放弃(U)]：@50＜0	（输入 B 点相对极坐标）
指定下一点或[闭合(C)/放弃(U)]：@15,22.5	（输入 C 点相对直角坐标）
指定下一点或[闭合(C)/放弃(U)]：@12.5＜90	（输入 D 点相对极坐标）
指定下一点或[闭合(C)/放弃(U)]：@20＜-180	（输入 E 点相对极坐标）
指定下一点或[闭合(C)/放弃(U)]：@12.5＜-90	（输入 F 点相对极坐标）
指定下一点或[闭合(C)/放弃(U)]：@27.5＜180	（输入 G 点相对极坐标）
指定下一点或[闭合(C)/放弃(U)]：@-17.5,20	（输入 H 点相对直角坐标）
指定下一点或[闭合(C)/放弃(U)]：@-17.5,-32.5	（输入 J 点相对直角坐标）
指定下一点或[闭合(C)/放弃(U)]：@17.5＜0	（输入 K 点相对极坐标）
指定下一点或[闭合(C)/放弃(U)]：c	（闭合图形，回车，结束命令）

【任务小结】

利用坐标定位是 AutoCAD 精确绘图的基本技能，尤其经常会利用相对坐标来确定点的位置，准确理解和熟练使用相对直角坐标和相对极坐标非常重要。

任务 2　用直线命令绘制图形

【任务描述】

运用"直线（line）"命令绘制图形。

【任务实施前准备】

绘制直线：直线是工程图形中最基本、最常见的图元，用 line 命令绘制直线也是 Auto-CAD 中使用最频繁的命令之一。绘制一条直线段时必须确定这条直线段两个端点的坐标，或者确定该直线段的一个端点以及方向和角度。

调用"直线（line）"命令的方式有 3 种。

- 下拉菜单：选择"绘图"→"直线"。
- 工具栏：单击绘图工具栏中的"直线"图标 ✎。
- 命令行：输入"line"（或"l"）。

调用绘制"直线"命令后，执行过程如下：

> 命令：line　　　　　　　　　　　　　　　　　　　　　　　（输入绘制直线命令）
> 指定第一点：　　　　　　　　　　　　（输入直线段起点坐标，或用鼠标拾取起点）
> 指定下一点或［放弃(U)］：（输入线段的终点，或用鼠标拾取终点。输入 U 表示放弃前面的输入；单击鼠标右键"确认"，或按 Enter 键，结束本步骤）
> 指定下一点或［闭合(C)/放弃(U)］：（输入线段的终点，若要闭合图形则输入 C，结束命令）

学习情境 1　绘制标高符号

【学习目标】

（1）掌握绘制直线命令 line 的操作和绘制方法。

（2）灵活运用点的坐标准确绘制图形。

【情境描述】

运用"直线（line）"命令绘制图 2-7 所示"标高符号"。

说明：本项目各任务中，图形尺寸供绘制图形用，不需注写。

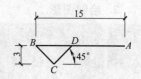

图 2-7　标高符号

【任务实施】

> 命令：line　　　　　　　　　　　　　　　　　　　　　　　（输入绘制直线命令）
> 指定第一点：100,100　　　　　　　　　　　　（输入直线段起点 A 点坐标）
> 指定下一点或［放弃(U)］：@ -15,0　　　　　　　（输入线段 AB 的终点 B 坐标）
> 指定下一点或［闭合(C)/放弃(U)］：@3,-3　　　　（输入线段 BC 的终点 C 点坐标）
> 指定下一点或［闭合(C)/放弃(U)］：@3,3
> （输入线段 CD 终点 D 点坐标，单击鼠标右键"确认"，或按 Enter 键，结束命令）

学习情境 2　绘制窗平面图

【学习目标】

（1）掌握"直线（line）"命令的操作和绘制方法。

（2）进一步熟练设置图形界限，运用点的坐标输入、对象捕捉准确绘制图形，存储文件等操作技能。

【情境描述】

运用"直线（line）"命令绘制图 2-8 所示"窗平面图"。

【任务实施前准备】

"捕捉自"工具："捕捉自"工具用来确定偏移参考点一定距离的一个特定点位置。

在执行某个绘图命令，需确定下一特定点时，调用"捕捉自"工具的方法有 2 种。

● 按住 Shift 键，同时单击鼠标右键，弹出快捷菜单，如图 2-9 所示，选择"自（F）"。

图 2-8　窗平面图

图 2-9　右键快捷菜单

● 在"对象捕捉"工具栏中单击 按钮。

调用"捕捉自"工具后，命令行提示：

_from 基点：　　　　　　　　　　　　　　（捕捉某参考点，输入相对于该点的下一点坐标）

【任务实施】

1. 设置图形界限

命令:limits
指定左下角点或[开(ON)/关(OFF)]〈0.0000,0.0000〉　　　　　　　　　　（回车）
指定右上角点〈420.0000,297.0000〉:42000,29700　　　　　　　　　　（回车）
命令:zoom　　　　　　　　　　　　　　　　　　　　　　　　　　　　　（回车）
指定窗口的角点,输入比例因子(nX 或 nXP),或者[全部(A)/中心(C)/动态(D)/范围(E)/上一个(P)/比例(S)/窗口(W)/对象(O)]〈实时〉:a　　　　　　　　　（回车）

2. 绘制图形

命令:line　　　　　　　　　　　　　　　　　　　　　　　　（输入绘制直线命令）
指定第一点:200,200　　　　　　　　　　　　　　　　　　　　（输入 A 点绝对坐标）
指定下一点或[放弃(U)]:〈正交开〉1500
(按 F8 键,打开正交绘图模式,将鼠标移至 A 点右侧,输入 1500,回车,完成线段 AB 的绘制)
指定下一点或[放弃(U)]:240
　　　　　　　　　　　　　　（将鼠标移至 B 点下方,输入 240,回车,完成线段 BC 的绘制）

指定下一点或[闭合(C)/放弃(U)]:1500
　　　　　　　　（将鼠标移至 C 点左方,输入 1500,回车,完成线段 CD 的绘制）
指定下一点或[闭合(C)/放弃(U)]:c　　　　　　　　（闭合 ABCD 图形,结束命令）
　　　　　　　　　　　（回车,重复执行上一次使用的命令,即 line 命令）
指定第一点:from
　　　　（按住 shift 键,单击鼠标右键,弹出快捷菜单,选"自(F)",如图 2-9 所示,选中 A 点）
〈偏移〉@0,-80　　　　　　　　　　　　　　　　（输入 E 点相对坐标）
指定下一点或[放弃(U)]:1500
（将鼠标移至起点右侧,输入 1500,或捕捉与右侧直线的垂足,回车,结束命令,完成线段
EF 的绘制）
　　　　　　　　　　　　　　　　（单击鼠标右键,选中"重复 line"）
指定第一点:_from　　　　　（按 shift 键,单击鼠标右键,选"自(F)",选中图形 D 点）
〈偏移〉@0,80　　　　　　　　　　　　　　　　（输入 G 点相对坐标）
指定下一点或[放弃(U)]:1500　　（将鼠标移至起点右侧,输入 1500,或捕捉与右侧直线
的垂足,回车,结束命令,完成线段 GH 的绘制）

3. 将所绘制图形存盘

单击下拉式菜单"文件"→"保存",出现"图形另存为"对话框,选择存储的目录,取名"窗平面图",单击"保存"按钮,完成存盘。

【任务小结】

在能利用坐标定位绘制直线的基本要求下,熟练利用正交模式、捕捉自、对象捕捉、极轴追踪等辅助工具和方法能大大提高绘制直线的效率。

【技能提高】

绘制构造线:构造线是在屏幕上生成的向两端无限延长的射线。其主要用作绘图时的辅助线。当绘制多视图时,为了保持投影联系,可先画出若干条构造线,再以构造线为基准线画图。利用该工具可以绘制水平线、竖直线、任意角度线、角平分线和偏移线。

调用"构造线(xline)"命令的方式有 3 种。

● 下拉菜单:选择"绘图"→"构造线"。

● 工具栏:单击绘图工具栏中的"构造线"图标 。

● 命令行:输入"xline"(或"xl")。

调用绘制"构造线"命令后,执行过程如下:

命令:xline 指定点或[水平(H)/垂直(V)/角度(A)/二等分(B)/偏移(O)]:

按照命令行的提示可通过多种方法绘制构造线。6 个选项的含义如下:

(1)"指定点"。给出构造线上的一点,系统接着提示指定通过点,过两点画出一条无限长的直线。

(2)"水平(H)"。绘制与 X 轴方向平行的构造线。

(3)"垂直(V)"。绘制与 Y 轴方向平行的构造线。

（4）"角度（A）"。绘制与水平方向呈一定角度的倾斜构造线。系统默认逆时针旋转角度为正值。

（5）"二等分（B）"。绘制一个角的角平分线。首先指定角度的定点，然后分别指定角的起始边和终止边上的两个点。

（6）"偏移（O）"。绘制平行于已知直线的构造线。该方式相当于直线的偏移操作，一次可以偏移复制出等距离的多条构造线。

任务 3　用圆命令绘制图形

【任务描述】

运用"圆（circle）"命令绘制圆形。

【任务实施前准备】

绘制圆：在建筑制图中除了大量地使用直线外，圆、圆弧、圆环及椭圆等曲线也是出现较多的几何元素。AutoCAD 提供了强大的曲线绘制功能。

调用"圆（circle）"命令的方法有 3 种。

- 下拉菜单：选择"绘图"→"圆"。
- 工具栏：单击绘图工具栏中的"圆"图标 ⊘ 。
- 命令行：输入"circle"（或"c"）。

单击绘图工具栏"圆"图标后，执行过程如下：

> 命令：_circle 指定圆的圆心或［三点(3P)/两点(2P)/相切、相切、半径(T)］：

在下拉菜单中选择"绘图"→"圆"，系统提供了 6 种绘圆方式，如图 2-10 和图 2-11所示。

图 2-10　"圆"命令子菜单

实际绘图过程中，根据给定的已知条件选择合适的方式。

（1）圆心、半径（R）——已知圆心和半径。

（2）圆心、直径（D）——已知圆心和直径。

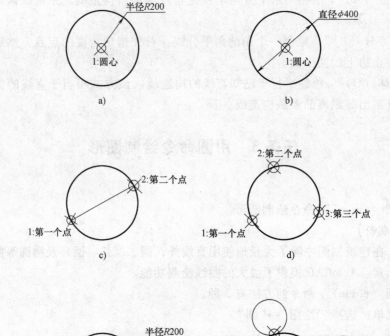

图 2-11　绘制圆的 6 种方式

a）圆心、半径法　b）圆心、直径法　c）两点法　d）三点法
e）相切、相切、半径法　f）相切、相切、相切法

（3）两点（2）—— 已知圆周上直径两端点。

（4）三点（3）—— 已知圆周上任意 3 点。

（5）相切、相切、半径（T）—— 已知与圆相切的两个圆和圆的半径。

（6）相切、相切、相切（A）—— 已知与圆相切的 3 个圆。

学习情境　绘制圆

【学习目标】

　　掌握"圆（circle）"命令的操作和圆的绘制方法。

【情境描述】

　　绘制图 2-12 所示图形，各圆之间为相切关系。

【任务实施】

　　1. 用"圆心、半径（R）"法绘制外圆

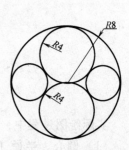

图 2-12　绘制相切圆

命令：_circle 指定圆的圆心或［三点(3P)/两点(2P)/相切、相切、半径(T)］：

（在绘图区任意取一点作为圆心）

指定圆的半径或［直径(D)］:8 （输入半径值，回车，结束命令，如图 2-13a 所示）

2. 用"两点"法绘制中圆

（再次回车，重复上一次绘制圆命令）

命令：_circle 指定圆的圆心或［三点(3P)/两点(2P)/相切、相切、半径(T)］:2p
指定圆直径的第一个端点： （拾取圆下象限点，如图 2-13b 所示）
指定圆直径的第二个端点： （拾取大圆圆心，结束命令，如图 2-13c 所示）

同样方法绘制另一个中圆，如图 2-13d 所示。

3. 用"相切、相切、半径（T）"法绘制小圆

在下拉菜单中选择"绘图"→"圆"，选择"相切、相切、相切（A）"。

命令：_circle 指定圆的圆心或［三点(3P)/两点(2P)/相切、相切、半径(T)］:3p
指定圆上的第一个点:_tan 到

将光标放在大圆切点大致位置，系统自动识别两圆相切的位置后按"回车"键确定，如图 2-13e 所示。

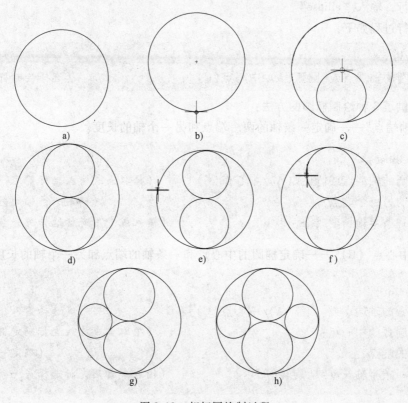

图 2-13 相切圆绘制过程

指定圆上的第二个点：_tan 到

(选择与第二个圆的切点位置，单击鼠标左键或回车确定，如图 2-13f 所示)

指定圆上的第三个点：_tan 到

(选择与第三个圆的切点位置，单击鼠标左键或回车确定，结束命令，如图 2-13g 所示)

同样方法绘制右侧小圆，完成图形绘制，如图 2-13h 所示。

【任务小结】

在 6 种绘制圆的方式中，如何利用给定的已知条件选择合适的方式，是绘制圆图形的关键。

任务4　用椭圆命令绘制图形

【任务描述】

(1) 掌握"椭圆 (ellipse)"命令的调用方式。

(2) 掌握绘制椭圆的常用方法。

【任务实施前准备】

绘制椭圆：调用"椭圆 (ellipse)"命令的方式有 3 种。

● 下拉菜单：选择"绘图"→"椭圆"。

● 工具栏：单击绘图工具栏中的"椭圆"图标 。

● 命令行：输入"ellipse"。

命令执行过程如下：

命令：_ellipse

指定椭圆的轴端点或[圆弧(A)/中心点(C)]：　　　　　　　(选择绘制椭圆的方式)

系统提供了 3 种绘制椭圆的方法：

(1) "轴端点"——确定一条轴的两个端点和另一个轴的长度。

命令：_ellipse

指定椭圆的轴端点或[圆弧(A)/中心点(C)]：　　(拾取点或输入坐标确定一条轴端点)

指定轴的另一个端点：　　　　　　　　　　　(确定一条轴的另一个端点)

指定另一条半轴长度或[旋转(R)]：　　(输入或者用光标选择另一条半轴长度)

(2) "中心点 (C)"——确定椭圆的中心点和一条轴的端点和另一个轴的长度。

命令：_ellipse

指定椭圆的轴端点或[圆弧(A)/中心点(C)]：C　　　　　(选择输入中心点方式)

指定椭圆弧的中心点：　　　　　　　(拾取点或输入坐标确定椭圆中心点)

指定轴的端点：　　　　　　　　　　　　(确定一条轴端点)

指定另一条半轴长度或[旋转(R)]：　　(输入或者用光标选择另一条半轴长度)

(3) "圆弧 (A)"——当输入"A"时，表示绘制的是圆弧。

学习情境　绘制洗面盆

【学习目标】

（1）掌握"椭圆（ellipse）"命令的操作和绘制方法。

（2）进一步熟练利用"对象捕捉"精确定点的方法。

（3）熟悉使用"动态输入"模式。

【情境描述】

用"椭圆（ellipse）"、"圆（circle）"、"直线（line）"等命令绘制图 2-14 所示洗面盆。

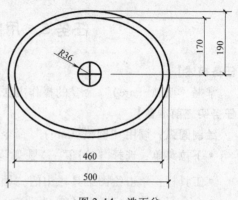

图 2-14　洗面盆

【任务实施】

1. 调用"圆"、"直线"命令，绘制洗面盆的中心漏水孔

命令：_circle 指定圆的圆心或［三点（3P）/两点（2P）/相切、相切、半径（T）］：
　　　　　　　　　　　　　　　　　（在绘图区任意取一点作为圆心）

指定圆的半径或［直径（D）］：36　　　（输入漏水孔半径，回车，结束命令）

调用绘制"直线"命令，采用"对象捕捉"方式绘制漏水孔"十字"直线，如图 2-15a 所示。

2. 调用"椭圆"命令，绘制洗面盆轮廓

命令：_ellipse
指定椭圆的轴端点或［圆弧（A）/中心点（C）］：C　　　（选择输入中心点方式）
指定椭圆弧的中心点：　　　　　　　　　　　　　（捕捉漏水孔圆心）
指定轴的端点：230

（按 F8 键打开正交绘图模式，按 F12 键打开动态输入模式，拖动鼠标向右确定椭圆长轴方向为水平方向。在命令行中输入 230，或输入端点的坐标@230，0，回车，如图 2-15b 所示）

指定另一条半轴长度或［旋转（R）］：170　　　（输入长度，回车，结束命令，如图 2-15c 所示）

同样方法绘制外侧椭圆，完成图形绘制，如图 2-14 所示。

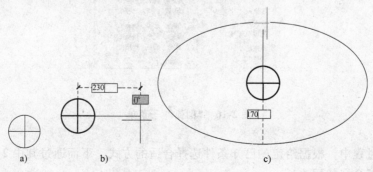

a)　　　　　　b)　　　　　　　　　　　　c)

图 2-15　洗面盆绘制过程

【任务小结】

绘制椭圆及椭圆弧都是利用"椭圆（ellipse）"命令，本任务仅设置了绘制椭圆的学习情境，在此基础上，读者可自行练习绘制椭圆弧。

任务5 用圆弧命令绘制图形

【任务描述】

掌握"圆弧（arc）"命令的操作方法。

【任务实施前准备】

绘制圆弧：调用"圆弧（arc）"命令的方式有3种。

• 下拉菜单：选择"绘图"→"圆弧"。

• 工具栏：单击绘图工具栏中的"圆弧"图标 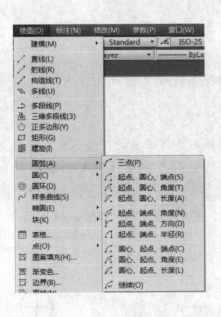。

• 命令行：输入"arc"（或"a"）。

命令执行过程如下：

> 命令：arc 指定圆弧的起点或[圆心（C）]：
> 指定圆弧的第二个点或[圆心（C）端点（E）]：
> 指定圆弧的端点：

在下拉菜单中选择"绘图"→"圆弧"，系统提供了11种绘图方式，如图2-16所示。

图2-16 "圆弧"子菜单

实际绘图过程中，根据给定的已知条件选择合适的方式。下面通过其中2种常用的绘制方式，说明圆弧命令的用法。

（1）"起点、圆心、端点（S）"——已知圆弧的起点、端点及圆心。

命令：arc 指定圆弧的起点或［圆心（C）］：C　　　　　　　　　　（选择指定圆心方式）

指定圆弧的圆心：　　　　　　　　　　　　　　　　　　　（输入圆心坐标或捕捉）

指定圆弧的起点：　　　　　　　　　　　　　　　　　　　　　（输入圆弧起点）

指定圆弧的端点或［角度（A）/弦长（L）］：　　　　　　　　　　（输入圆弧端点）

（2）"起点、端点、角度（N）"——已知圆弧的起点、端点及圆弧对应的圆心角。

命令：arc 指定圆弧的起点［圆心（C）］：　　　　　　　　　　　　（输入圆弧起点）

指定圆弧的端点：　　　　　　　　　　　　　　　　　　　　（输入圆弧的端点）

指定圆弧的圆心或［角度（A）/方向（D）/半径（R）］：a 指定包含角

　　　　　　　　　　　　　　　　　　　　　　　（输入角度值，结束命令）

学习情境 1　绘制门的平面图

【学习目标】

掌握"圆弧（arc）"命令的操作和绘制方法。

【情境描述】

用"圆弧（arc）"、"直线（line）"命令绘制图 2-17 所示"门平面图"。

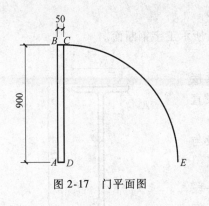

图 2-17　门平面图

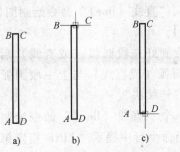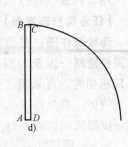

图 2-18　绘制门平面图

a）绘制矩形　b）捕捉圆弧起点

c）捕捉圆弧圆心　d）顺时针旋转 90°

【任务实施】

1. 调用"直线（line）"命令绘制矩形，如图 2-18a 所示

命令：line　　　　　　　　　　　　　　　　　　　　　　（输入绘制直线命令）

指定第一点：　　　　　　　　　（输入直线段起点坐标，或用鼠标拾取起点 A）

指定下一点或［放弃（U）］：900

　　　（打开正交模式，将鼠标向上移至垂直方向，输入长度，回车，完成线段 AB 的绘制）

指定下一点或［闭合（C）/放弃（U）］：50

　　　　　　（将鼠标向右移至水平方向，输入长度值，回车，完成线段 CD 的绘制）

指定下一点或[闭合(C)/放弃(U)]:900
　　　　　　　　　（将鼠标向下移至垂直方向,输入长度值,回车,完成线段 *CD* 的绘制）
指定下一点或[闭合(C)/放弃(U)]:C　　　　　　　　　　（闭合图形,结束命令）

2. 调用绘制"圆弧（arc）"命令绘制门开启弧线

命令: _arc 指定圆弧的起点[圆心(C)]:　　　　　　（捕捉矩形 *D* 点,如图 2-18b 所示）
指定圆弧的第二点或[圆心(C)/端点(E)]:c
指定圆弧的圆心:
　　　　　　　（选择指定圆心方式,捕捉矩形 *D* 点作为圆心,如图 2-18c 所示）
指定圆弧的端点[角度(A)/弦长(L)]:a　　　　　　　　（选定指定角度方式）
指定包含角:-90
　　　　　（输入角度值及角度方向,顺时针旋转为负值。回车,结束命令,如图 2-18d 所示）

学习情境 2　绘制工字钢断面

【学习目标】

（1）熟练使用"圆弧（arc）"、"直线（line）"命令绘制图形。

（2）掌握"连续法"的应用。

【情境描述】

用"圆弧（arc）"、"直线（line）"命令绘制图 2-19 所示工字钢断面。

【任务实施前准备】

连续法作图: 在绘制好一段圆弧（或直线）后, 紧接着需要绘制一段新的圆弧（或直线）与上一段圆弧（或直线）相切时, 可采用"连续法"。

例如: 当执行下一个"直线（line）"命令绘制一段与上一段圆弧相切时, 当命令行中提示"LINE 指定第一点:"时, 直接按 Enter 键回车, 这时, 新直线将自动捕捉上一段圆弧的端点为起点, 并以上一段圆弧终点处的切线方向为新直线的方向, 这时只需指定新直线的长度。

同样, 当执行下一个"圆弧（arc）"命令绘制一段与上一段圆弧或直线相切时, 当命令行中提示"ARC 指定圆弧的起点或 [圆心 (C)]:"时, 直接按 Enter 键回车, 这时, 新圆弧将以上一段圆弧或直线的端点为起点, 并以上一段圆弧终点处的切线方向或直线的方向为新圆弧起点处的切线方向, 这时只需指定新圆弧的终点。此功能与"菜单→绘图→圆弧→继续"命令功能相同。

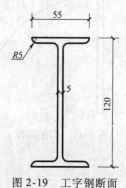

图 2-19　工字钢断面

【任务实施】

1. 设置图幅 420×297

（1）使用"limits"命令设置图形界限。

（2）使用"zoom/all"命令，重生成模型。

2. 绘制图形

（1）绘制上方的水平线，长度为27.5。

命令:line
指定第一点：　　　　　　　　　　　　　（在绘图区合适位置任意拾取一点为起点）
指定下一点或［放弃（U）］:27.5　　　　（打开正交模式画水平线，输入长度，退出命令）

（2）用"起点、圆心、角度"法绘制左侧的圆弧。

命令:_arc 指定圆弧的起点或 ［圆心（C）］:　　　　　　　（捕捉水平线段的左端点）
指定圆弧的第二个点或 ［圆心（C）/端点（E）］: c　　　（选择输入圆心方式）
指定圆弧的圆心:@5,0　　　　　　　　　（圆心在起点右侧5个长度单位）
指定圆弧的端点或 ［角度（A）/弦长（L）］: a　　　（选择输入角度方式）
指定包含角:90　　　　（输入角度值和方向，逆时针旋转角度为正值，退出命令）

（3）用连续法绘制一条长度为15的水平线，直线自动与前一段圆弧相切于端点。

命令:L
line 指定第一点：　　　（采用连续法，直接回车，系统自动捕捉上一段圆弧端点）
直线长度:15　　　　　（光标移至右侧，绘制水平线，输入直线长度）
指定下一点或［放弃（U）］:　　　　　　　　　　（回车，结束命令）

（4）用连续法绘制第2个圆弧，圆弧自动与前一段直线相切于端点。

命令:_arc
指定圆弧的起点［圆心（C）］:　　（采用连续法，直接回车，系统自动捕捉上一段直线端点）
指定圆弧的端点:@5,−5　　　　　　（输入圆弧端点坐标，回车退出命令）

（5）用连续法绘制一条长度为50的竖直线，直线自动与前一段圆弧相切于端点。

命令:L
line 指定第一点：　　　（采用连续法，直接回车，系统自动捕捉上一段圆弧端点）
直线长度:50　　　　　（光标移至下侧，绘制竖直线，输入直线长度）
指定下一点或［放弃（U）］:　　　　　　（回车，结束命令，如图2-20a所示）

（6）用"镜像"命令"mirror"复制左半部分（"镜像"命令"mirror"的详细用法见项目三）。

命令:mirror
选择对象：　　　　　　　　　　（选择全部图形，单击鼠标右键确认）
指定镜像线的第一点：　　　　　（选择图形的右上方端点，如图2-20b所示）
指定镜像线的第二点：　　　　　（在正交方式下在下侧任一点）
要删除源对象吗［是（Y）/否（N）］:⟨N⟩
　　　　　　（直接回车，选择默认状态，保留源对象。结束命令，如图2-20c所示）

（7）重复使用"镜像"命令 mirror 复制下半部分，完成图形绘制，如图 2-19 所示。

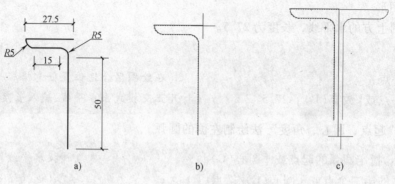

图 2-20　绘制工字钢

【任务小结】

绘制圆弧的方式较多，实际绘图过程中，准备分析给定的已知条件选择合适的方式是绘制圆弧的关键。绘图时，运用连续法作图，可提高效率。

任务 6　用矩形命令、圆环命令绘制图形

【任务描述】

掌握"矩形（rectang）"、"圆环（donut）"命令的操作方法。

【任务实施前准备】

1. 绘制矩形

调用"矩形（rectang）"命令的方式有 3 种。

- 下拉菜单：选择"绘图"→"矩形"。
- 工具栏：单击绘图工具栏中的"矩形"图标 ▭。
- 命令行：输入"rectang"（或"rec"）。

命令执行过程如下：

> 命令：rectang
> 指定第一个角点或[倒角（C）/标高（E）/圆角（F）/厚度（T）/宽度（W）]：
> 　　　　　　　　　　　　　　　　　　　　　　　　　（指定矩形角点位置）
> 指定另一个角点或[面积（A）/尺寸（D）/旋转（R）]：　（指定矩形另一个角点位置）

2. 绘制圆环

圆环是由两个半径不同的同心圆组成的封闭环状图形。创建圆环，要指定它的内外直径和圆心。通过指定不同的中心点，可以继续创建具有相同直径的多个副本。要创建实心圆，可将内径值指定为 0，如图 2-21 所示。

调用"圆环（donut）"命令的方式有 2 种。

图 2-21　圆环
a）内径 0.8，外径 1　b）内径 0，外径 1

- 下拉菜单：选择"绘图"→"圆环"。
- 命令行：输入"donut"（或"do"）。

命令执行过程如下：

命令：donut	
指定圆环的内径〈0.5000〉	（输入圆环内径）
指定圆环的外径〈0.5000〉	（输入圆环外径）
指定圆环的中心点或〈退出〉：	（输入圆环圆心）
指定圆环的中心点或〈退出〉：	（可重复上一步，回车，结束命令）

学习情境　绘制钢筋混凝土梁的断面图

【学习目标】

熟练使用"矩形（rectang）"、"圆环（donut）"命令绘制图形。

【情境描述】

用"矩形（rectang）"、"圆环（donut）"命令绘制图 2-22 所示的钢筋混凝土梁断面图。

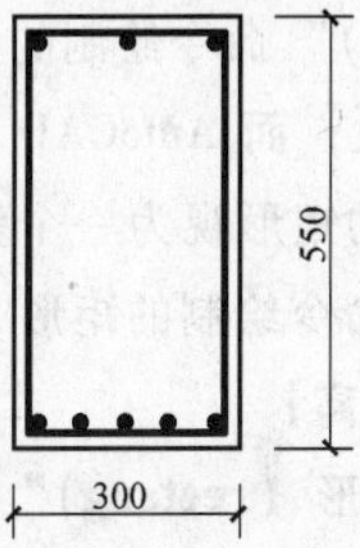

图 2-22　钢筋混凝土梁断面

【任务实施】

1. 调用"矩形（rectang）"命令绘制梁的轮廓

命令：_rectang
指定第一个角点或[倒角（C）/标高（E）/圆角（F）/厚度（T）/宽度（W）]：
（在绘图区适当位置指定矩形角点位置）
指定另一个角点或[面积（A）/尺寸（D）/旋转（R）]：@350,-550
（指定矩形另一个角点坐标，结束命令，如图 2-23a 所示）

2. 调用"矩形（rectang）"命令绘制箍筋

回车，重复调用"矩形"命令。

命令：_rectang
指定第一个角点或[倒角（C）/标高（E）/圆角（F）/厚度（T）/宽度（W）]：w
（选择设置线宽）
指定矩形的宽度〈0.0000〉:8　　　　　　　　　　　　　　　（设置线宽值）
指定第一个角点或[倒角（C）/标高（E）/圆角（F）/厚度（T）/宽度（W）]：_from 基点：〈偏移〉@20,-20
（按 shift 键，单击鼠标右键，选择"自（F）"，捕捉矩形左上角点，输入偏移点坐标）
指定另一个角点或[面积（A）/尺寸（D）/旋转（R）]：_from 基点：〈偏移〉@-20,20
（使用"捕捉自"方式，捕捉矩形右下角点，输入偏移点坐标，如图 2-23b 所示）

3. 调用"圆环（donut）"命令绘制纵筋

命令：_donut

指定圆环的内径〈0.0000〉：0 （圆环内径为 0，圆环为实心）

指定圆环的外径〈15.0000〉：20 （输入圆环外径）

指定圆环的中心点或〈退出〉： （在图形合适位置处，指定圆环的中心点）

（同样方法绘制其他纵筋，如图 2-23c 所示）

【任务小结】

用"直线（line）"命令和"矩形（rectang）"命令均可以绘制矩形，应注意两者的区别：用"直线（line）"命令绘制的矩形每条边为一个对象，共 4 个对象；而 AutoCAD 将用"矩形（rectang）"命令绘制的矩形视为一个整体，其效果与用"多段线 pline"命令绘制的矩形（见本项目任务 8）相同。

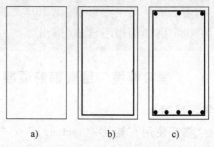

图 2-23 钢筋混凝土梁绘制过程

【技能提高】

"矩形（rectang）"命令中的选项意义：在执行"矩形"命令后，命令行显示"指定第一个角点或［倒角（C）/标高（E）/圆角（F）/厚度（T）/宽度（W）］："的提示，默认情况下，通过指定两个点作为矩形的对角点来绘制矩形。当指定了矩形的第一个角点后，命令行显示"指定另一个角点或［面积（A）/尺寸（D）/旋转（R）］："的提示，这时可直接指定另一个角点来绘制矩形，如图 2-24a 所示；也可选择"面积（A）"选项，通过指定矩形的面积和长度（或宽度）绘制矩形；也可选择"尺寸（D）"选项，通过指定矩形的长度、宽度和矩形另一个角点的方向绘制矩形。

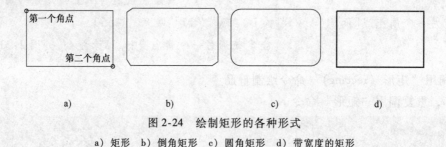

图 2-24 绘制矩形的各种形式

a）矩形 b）倒角矩形 c）圆角矩形 d）带宽度的矩形

另外，可以通过"指定第一个角点或［倒角（C）/标高（E）/圆角（F）/厚度（T）/宽度（W）］："选项绘制出倒角、圆角、有线宽的矩形等多种形式，具体意义如下。

"倒角（C）"：绘制一个带倒角的矩形。此时需要指定矩形的两个倒角距离，如图 2-24b 所示。

"圆角（F）"：绘制一个带圆角的矩形，此时需要指定矩形的圆角半径，如图 2-24c 所示。

"宽度（W）"：绘制有设定线宽的矩形，此时需要指定矩形的线宽，如图 2-24d 所示。

"标高（E）"、"厚度（T）"：这两个选项一般用于三维绘图。

任务 7　用多边形命令绘制图形

【任务描述】

掌握"正多边形（polygon）"命令的操作方法。

【任务实施前准备】

绘制正多边形：调用"正多边形（polygon）"命令的方式有 3 种。

- 下拉菜单：选择"绘图"→"正多边形"。
- 工具栏：单击绘图工具栏中的"正多边形"图标 ⬠。
- 命令行：输入"polygon"（或"pol"）。

命令执行过程如下：

> 命令：pol
> POLYGON 输入边的数目〈4〉：　　　　　　　　　　　　　　　　（输入边的数目）
> 指定正多边形的中心点或[边(E)]：　　　　　　　　　　　　　　（指定一个点）
> 输入选项[内接于圆(I)/外切于圆(C)]〈I〉：　　　　　　　　　（选择选项）
> 指定圆的半径：

系统提供了 3 种绘制正多边形的方法。

- 内接于圆：多边形的定点均位于假想圆的弧上，需要指定边数和半径，如图 2-25a 所示。
- 外切于圆：多边形的各边与假想圆相切，需要指定边数和半径，如图 2-25b 所示。
- 边长：用指定多边形任意边的起点和端点绘制多边形，如图 2-25c 所示。

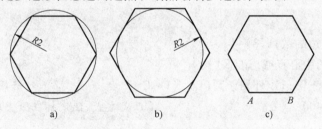

图 2-25　绘制正多边形的三种方法

a）内接于圆　b）外切于圆　c）指定边长

学习情境　绘制八角亭平面图

【学习目标】

熟练使用"正多边形（polygon）"命令绘制图形。

【情境描述】

用"正多边形（polygon）"、"直线（line）"命令绘制图 2-26 所示的八角亭平面图。

【任务实施】

1. 用 polygon 命令绘制八角亭外轮廓

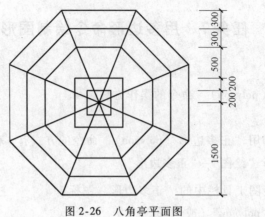

图 2-26　八角亭平面图

命令:pol

POLYGON 输入边的数目⟨4⟩:8　　　　　　　　　　　　　　　　　（输入边的数目）

指定正多边形的中心点或[边(E)]:　　　　　　　　　　（在绘图区适当位置拾取一点）

输入选项[内接于圆(I)/外切于圆(C)]⟨I⟩:C　　　　　　　（选择外切于圆的方式）

指定圆的半径:1500　　　　　（按 F8 键,打开正交方式,使鼠标在竖直方向,回车）

2. 用 line 命令绘制八边形 4 条对角线

过程略,结果如图 2-27a 所示。

3. 用 polygon 命令绘制内部图形

调用"正多边形"命令,按照步骤 1,完成内部 2 个正八边形的绘制,捕捉对角线中点为正八边形中心,半径分别输入 1200、900,如图 2-27b 所示。

绘制边长为 800 的正四边形:

命令:pol

POLYGON 输入边的数目⟨8⟩:4　　　　　　　　　　　　　　　　　（输入边的数目）

指定正多边形的中心点或[边(E)]:　　　　　　　　　　　　（捕捉对角线中点）

输入选项[内接于圆(I)/外切于圆(C)]⟨I⟩:C　　　　　　　（选择外切于圆的方式）

指定圆的半径:400　　　　　（正交方式,使鼠标在竖直或水平方向,回车）

同样方法绘制边长为 400 的正方形,完成图形,如图 2-27c 所示。

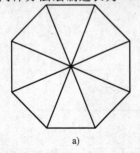
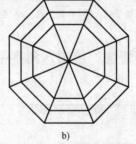

a)　　　　　　　　　　　b)　　　　　　　　　　　c)

图 2-27　八角亭绘制过程

【任务小结】

正确理解和选择"内接于圆（I）/外切于圆（C）"方式,是完成本任务的一个重点。

任务 8　用多段线命令绘制图形

【任务描述】

掌握"多段线（pline）"命令的操作方法。

【任务实施前准备】

绘制多段线：多段线由宽窄相同或不同的多段直线或圆弧组成，如图 2-28a 所示。这些直线和弧线被作为一个整体，当用鼠标单击任意一段直线或弧线时将选择整个多段线，如图 2-28b 所示。多段线的线条可以设置成不同的线宽，在建筑制图中应用很广。

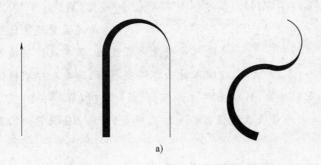

图 2-28　多段线

调用"多段线（pline）"命令的方式有 3 种。

- 下拉菜单：选择"绘图"→"多段线"。
- 工具栏：单击绘图工具栏中的"多段线"图标 。
- 命令行：输入"pline"（或"pl"）。

命令执行过程如下：

> 命令：_pline
> 指定起点：
> 当前线宽为 0.0000
> 指定下一个点或［圆弧（A）/半宽（H）/长度（L）/放弃（U）/宽度（W）］：

学习情境 1　绘制建筑图中的箭头符号

【学习目标】

熟练使用"多段线（pline）"命令绘制直线。

【情境描述】

用"多段线（pline）"命令绘制图 2-29 所示的箭头符号。

【任务实施】

1. 绘制线段（AB 段）

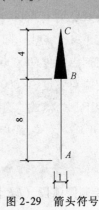

图 2-29　箭头符号

命令：_pline

指定起点： （在屏幕上合适位置指定一点 A 作为直线段起点）

当前线宽为 0.0000

指定下一个点或［圆弧(A)/半宽(H)/长度(L)/放弃(U)/宽度(W)］：8

　　（打开正交方式，鼠标移向 A 点上方，输入线段长度值，回车，完成 AB 段绘制）

2. 绘制箭头（BC 段）

指定下一点或［圆弧(A)/闭合(C)/半宽(H)/长度(L)/放弃(U)/宽度(W)］：w

（选定设置线宽选项）

指定起点宽度〈0.0000〉：1 （输入箭头尾部宽度值，回车或按空格键）

指定端点宽度〈0.0000〉：0 （输入箭头端部宽度值，回车或按空格键）

指定下一点或［圆弧(A)/闭合(C)/半宽(H)/长度(L)/放弃(U)/宽度(W)］：4

　　（鼠标移向 B 点上方，输入箭头长度值，回车，结束命令，完成 BC 段箭头绘制）

学习情境 2　绘制"门洞"图样

【学习目标】

熟练使用"多段线（pline）"命令绘制直线及圆弧。

【情境描述】

用"多段线（pline）"命令绘制图 2-30 所示的门洞图样。

【任务实施】

1. 绘制直线段（DE 段）

命令：pl

PLINE

指定起点： （在屏幕上合适位置指定一点 D 作为直线段起点）

当前线宽为 0.0000

指定下一个点或［圆弧(A)/半宽(H)/长度(L)/放弃(U)/宽度(W)］：w

指定起点宽度〈0.0000〉：1 （输入箭头尾部宽度值，回车或按空格键）

指定端点宽度〈1.0000〉： （直接回车或按空格键）

指定下一个点或［圆弧(A)/半宽(H)/长度(L)/放弃(U)/宽度(W)］：10

（打开正交方式，鼠标移向 D 点上方，输入线段长度值，回车，完成 DE 段绘制，如图 2-31a 所示）

2. 绘制圆弧段（EF 段）

指定下一点或［圆弧(A)/闭合(C)/半宽(H)/长度(L)/放弃(U)/宽度(W)］:a

（选择绘制圆弧方式）

指定圆弧的端点或

［角度(A)/圆心(CE)/闭合(CL)/方向(D)/半宽(H)/直线(L)/半径(R)/第二个点(S)/放弃(U)/宽度(W)］:w

（选择设置多段线宽度方式）

指定起点宽度〈1.0000〉:　　　　　（圆弧 E 点处宽度为1,直接回车或按空格键）

指定端点宽度〈1.0000〉:0　　　　（输入圆弧 F 点处宽度值0,回车或按空格键）

指定圆弧的端点或

［角度(A)/圆心(CE)/闭合(CL)/方向(D)/半宽(H)/直线(L)/半径(R)/第二个点(S)/放弃(U)/宽度(W)］:8

（鼠标移向 E 点右方,输入圆弧直径值8,回车,完成圆弧 EF 段绘制,如图2-31b 所示）

3. 绘制直线段（FG 段）

［角度(A)/圆心(CE)/闭合(CL)/方向(D)/半宽(H)/直线(L)/半径(R)/第二个点(S)/放弃(U)/宽度(W)］:L

（选择绘制直线方式,回车或按空格键）

指定下一点或［圆弧(A)/闭合(C)/半宽(H)/长度(L)/放弃(U)/宽度(W)］:10

（鼠标移向 F 点下方,输入直线段长10,回车,完成直线段 FG 段绘制,如图2-31c 所示）

指定下一点或［圆弧(A)/闭合(C)/半宽(H)/长度(L)/放弃(U)/宽度(W)］:

（回车结束命令）

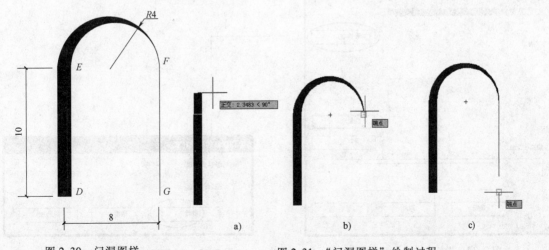

图 2-30　门洞图样　　　　图 2-31　"门洞图样"绘制过程

a）绘制直线段 DE　b）绘制圆弧段 EF 段　c）绘制直线段 FG 段

【任务小结】

多段线的应用较广，应熟练使用"多段线（pl）"的命令绘制带有宽度及宽度变化的图形。

任务 9　用多线命令绘制和编辑图形

【任务描述】

（1）掌握"多线（mline）"命令的操作和多线绘制方法。

（2）用多线编辑工具对多线进行编辑。

【任务实施前准备】

绘制与编辑多线： 多线是由多条平行线组成的组合对象。平行线之间的间距和数目均可以调整，多线内的直线线型可以相同，也可以不同。在建筑制图中，多线常用于绘制墙体、窗图例等平行线对象。在绘制多线前，需要对多线样式进行设置，然后用设置好的样式绘制多线。

1. 设置多线样式

调用"多线样式（mlstyle）"命令的方法如下。

• 下拉菜单："格式"→"多线样式"。

• 命令行：输入"mlstyle"。

系统执行该命令后，打开图 2-32 所示的"多线样式"对话框。在该对话框中单击"新建"按钮，打开"创建新的多线样式"对话框，可以创建新的多线样式，如图 2-33 所示。

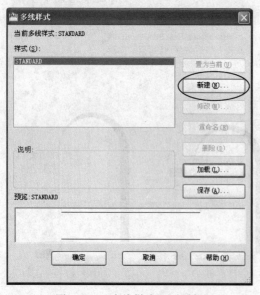

图 2-32　"多线样式"对话框

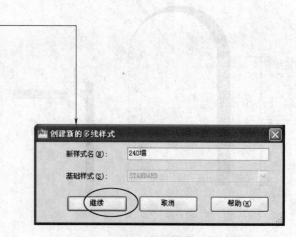

图 2-33　"创建新的多线样式"对话框

在"新样式名"栏输入新样式名，如"240墙"，然后按"继续"按钮，在打开的"新建多线样式"对话框中可设置多线样式的元素特性，如图2-34所示，包括图元（线条数目、线条颜色、线型），多线对象的特性，如连接、封口和填充等。

其中，"图元"列表框中列举了当前多线样式中，线条元素及其特性，包括线条元素相对于多线中心线的偏移量、线条颜色和线型。如果要增加多线中线条的数目，可单击"添加"按钮，在"图元"列表中将加入一个偏移量为0的新线条元素；通过"偏移"文本框设置线条元素的偏移量；在"颜色"下拉列表框中设置当前线条的颜色；单击"线型"按钮，使用打开的"线型"对话框设置线条元素的线型。如果要删除某一线条，可在"图元"列表框中选中该线条元素，然后单击"删除"按钮即可。

2. 绘制多线

调用"多线（mline）"命令的方式有3种。

图2-34　设置新建多线样式

● 下拉菜单：选择"绘图"→"多线"。

● 命令行：输入"mline"（或"ml"）。

命令执行过程如下：

命令：_mline
当前设置：对正＝上，比例＝20.00，样式＝STANDARD　　　　　　　　（说明当前多线设置）
指定起点或[对正(J)/比例(S)/样式(ST)]：　　　　　　　　　　　　（指定起点）
指定下一点：
指定下一点或[放弃(U)]：
　　　　　　　　　　（继续指定下一点或输入U放弃前一段的绘制，回车结束命令）
指定下一点或[闭合(C)/放弃(U)]：（继续指定下一点，输入C则闭合线段；回车结束命令）

在执行命令后，第一行提示"当前设置：对正 = 上，比例 = 20.00，样式 = STAND-ARD"说明当前的绘图格式是对正方式为上，比例为 20.00，多线样式为标准型（STAND-ARD）；第二行为绘制多线的三个选项"对正（J）/比例（S）/样式（ST）"，三个选项的含义分别如下。

（1）"对正（J）"：指定多线的对正方式，控制将要绘制的多线相对于十字光标的位置。当命令行出现"指定起点或［对正（J）/比例（S）/样式（ST）］："提示信息时，输入 J，则命令行将显示"输入对正类型［上（T）/无（Z）/下（B）］〈上〉："提示信息。"上（T）"选项表示当从左向右绘制多线时，多线最顶端的线将随着光标

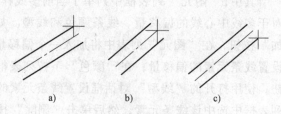

图 2-35 多线的对正类型
a) 对正"上" b) 对正"无" c) 对正"下"

移动，如图 2-35a 所示；"无（Z）"选项表示绘制多线时，多线的中心线将随着光标移动，如图 2-35b 所示；"下（B）"选项表示当从左向右绘制多线时，多线上最底端的线将随着光标移动，如图 2-35c 所示。

（2）"比例（S）"：指定所绘制的多线的宽度，控制要绘制的多线的宽度是在样式中所设定的原始宽度的多少倍。

（3）"样式（ST）"：指定绘制的多线的样式，默认为标准（STANDARD）型。当命令行显示"输入多线样式名或［?］："提示信息时。可以直接输入已有的多线样式名，也可以输入"?"，显示已定义的多线样式。

3. 编辑多线样式

调用"多线编辑"命令的方法如下。

- 下拉菜单："修改"→"对象"→"多线"，如图 2-36 所示。
- 命令行：输入"mledit"。

系统执行该命令后，弹出如图 2-37 所示的"多线编辑工具"对话框。

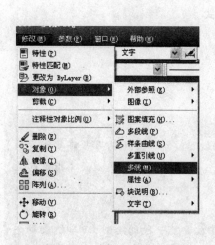

图 2-36 编辑"多线"菜单

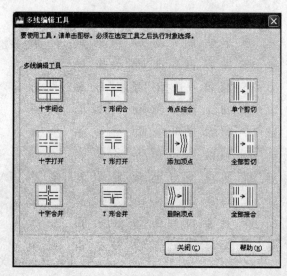

图 2-37 "多线编辑工具"对话框

该对话框列出了 12 种多线编辑工具，可以创建或修改多线模式。单击选择某个示例图形，然后单击"确定"按钮，就可以调用该项编辑功能。

学习情境　绘制某建筑平面图墙体线

【学习目标】

（1）熟练使用"多线（mline）"命令绘制图形。

（2）熟练使用"多线编辑（mledit）"命令编辑多线。

【情境描述】

用"多线样式（mlstyle）"、"多线（mline）"、"多线编辑（mledit）"、"直线（line）"命令绘制图 2-38 所示的某平面示意图。

【任务实施】

1. 设置多线样式

调用"多线样式（mlstyle）"命令，新建一个"240 墙"的多线样式，其余元素均采用默认设置。将"240 墙"的多线样式"置为当前"。

说明：采用默认设置，"图元"列表框中列举了当前多线样式中有 2 条实线，相对于多线中心偏移量分别为 0.5 和 -0.5，即由此两条实线组成的多线线宽为 1。

2. 绘制图形

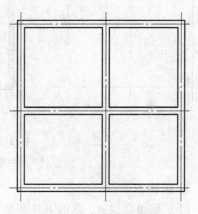

图 2-38　某平面示意图

（1）用"直线（line）"命令、"center"线型绘制图 2-39a 所示的墙的轴线。

提示：绘制墙轴线时，可利用"捕捉自"工具来确定相邻轴线的位置。较为方便的方法是使用"项目三"中将要学习的"偏移（offset）"命令来偏移复制。

说明：图中点的代号 A、B、C、D 等是为方便绘图说明所作的标注，绘图时，不必标出。

（2）调用"多线（mline）"命令，设置多线特性，绘制外墙，如图 2-39b 所示。

```
命令:_mline
当前设置:对正 = 上,比例 =20.00,样式 =240 墙                          (说明当前多线设置)
指定起点或[对正(J)/比例(S)/样式(ST)]:j                          (设置多线对正方式)
输入对正类型[上(T)/无(Z)/下(B)]〈上〉:Z                          (选择中心对正方式)
当前设置:对正 = 无,比例 =20.00,样式 =240 墙                          (说明当前多线设置)
指定起点或[对正(J)/比例(S)/样式(ST)]:s                          (设置多线线宽比例因子)
输入多线比例〈20.00〉:240          (多线样式中设置线宽为1,现绘制线宽 =1×240 =240)
当前设置:对正 = 无,比例 =240.00,样式 =240 墙                          (说明当前多线设置)
指定起点或[对正(J)/比例(S)/样式(ST)]:                          (捕捉 A 点)
```

指定下一点：	（捕捉 C 点）
指定下一点或［放弃（U）］：	（捕捉 D 点）
指定下一点或［放弃（U）］：	（捕捉 E 点）
指定下一点或［闭合（C）/放弃（U）］：	（捕捉 A 点或输入 C 闭合线段；回车结束命令）

（3）继续绘制内部横墙和纵墙。捕捉 B 点与 J 点，完成 BJ 段的绘制；捕捉 F 点与 H 点，完成 FH 段的绘制，如图 2-39c 所示。

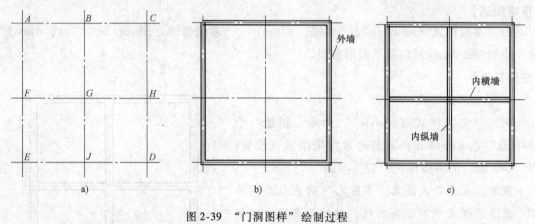

图 2-39　"门洞图样"绘制过程
a）绘制轴线　b）绘制外墙　c）绘制内墙

3. 编辑图形

（1）编辑角点 A。单击下拉菜单："修改"→"对象"→"多线"。调用"多线编辑"命令，弹出如图 2-37 所示的"多线编辑工具"对话框"。

单击"角点结合"图标 ⌊ ，命令提示行出现以下内容：

命令：_mledit	
选择第一条多线：	（选择第一条多线，如图 2-40a 所示）
选择第二条多线：	（选择第二条多线，如图 2-40b 所示）
选择第一条多线 或 ［放弃（U）］：	（回车，结束命令）

编辑效果如图 2-40c 所示。

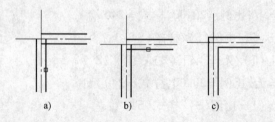

图 2-40　编辑角点 A
a）选择第一条多线　b）选择第二条多线　c）编辑效果

（2）编辑 T 型交点 B。继续调用多线编辑命令，在"多线编辑工具"对话框中单击"T

型合并"图标，命令提示行出现以下内容：

> 命令：_mledit
> 选择第一条多线：　　　　　　　　　（选择第一条多线，如图 2-41a 所示）
> 选择第二条多线：　　　　　　　　　（选择第二条多线，如图 2-41b 所示）
> 选择第一条多线或 [放弃 (U)]：　　　　　　　　　　　（回车，结束命令）

编辑效果如图 2-41c 所示。

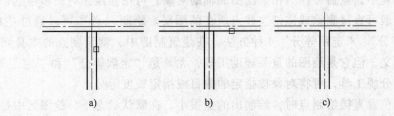

图 2-41　编辑 T 型交点 *B*
a) 选择第一条多线　b) 选择第二条多线　c) 编辑效果

同样方法编辑其他 T 型交点 *F*、*J*、*H*。

（3）编辑十字交点。继续调用多线编辑命令，在"多线编辑工具"对话框中单击"十字合并"图标，命令提示行出现以下内容：

> 命令：_mledit
> 选择第一条多线：　　　　　　　　　（选择第一条多线，如图 2-42a 所示）
> 选择第二条多线：　　　　　　　　　（选择第二条多线，如图 2-42b 所示）
> 选择第一条多线或 [放弃 (U)]：　　　　　　　　　　　（回车，结束命令）

编辑效果如图 2-42c 所示。

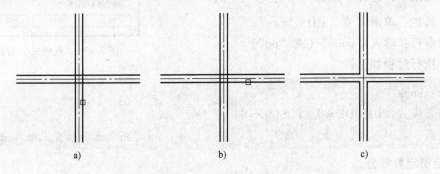

图 2-42　编辑十字交点 *G*
a) 选择第一条多线　b) 选择第二条多线　c) 编辑效果

完成图形编辑，如图 2-38 所示。

【任务小结】

用多线绘制建筑平面图中的墙体等构件非常方便，应熟练掌握本任务的知识和技能，尤其需熟练设置多线样式的线宽、绘制时的比例因子及对正方式。

任务 10　用点的绘制命令绘制图形

【任务描述】

（1）掌握"点（point）"命令的操作和绘制方法。

（2）使用"定数等分点（divide）"、"定距等分点（mesure）"命令绘制图形。

【任务实施前准备】

在绘图过程中，点通常作为精确绘图的辅助对象，可用作绘图时的参考点，待绘制完其他图形后，一般可直接删除或冻结这些点所在的图层。绘制"点"可以通过"单点"、"多点"、"定数等分"、"定距等分"4 种方法。在建筑制图中，就绘制点的本身而言，并没有很大的实际意义，但它是绘图的重要辅助工具，尤其是"定数等分"和"定距等分"，相当于手工绘图的分规工具，可将对象按指定的数目或指定长度等分。

通常给定位置直接绘制点时，绘制出的点很小，在默认状态下，绘图区中是显示不出来的。因此，为了能够使图形中的点具有很好的可见性，能同其他图形区分开，需要对点的大小、样式进行设置。

1. 设置点样式

设置点样式的命令方式有两种。

● 下拉菜单：选择"格式"→"点样式"。

● 命令行：输入"ddptype"。

调用命令后，弹出"点样式"对话框，如图 2-43 所示，系统提供了 20 种点的样式以供选择。点的大小也可自行设置。

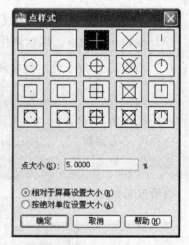

图 2-43　"点样式"对话框

2. 绘制点

调用"点（point）"命令的方式有 3 种。

● 下拉菜单：选择"绘图"→"点"→"单点"。

● 工具栏：单击"点"图标 。

● 命令行：输入"point"（或"po"）。

命令执行过程如下：

命令：_point

当前点模式：PDMODE = 0　　PDSIZE = 0

指定点：　　　　　　　　　　　　　　　　　（指定点的位置或输入点的坐标）

3. 绘制定数等分点

定数等分点是通过分点将线段、圆弧、圆、多段线等某个图形对象按指定数目分成间距相等的几个部分，但该操作并不是把对象实际等分成若干个单独对象，仅仅是在对象上标明定数等分的位置，作为作图的几何参照点。

调用定数等分点命令的方法如下。

● 下拉菜单：选择"绘图"→"点"→"单点"→"定数等分"。

● 命令行：输入"divide"（或"div"）。

命令执行过程如下：

命令:_divide
选择要定数等分的对象:
输入线段数目或[块(B)]:（指定要等分的段数,回车结束命令）

4. 绘制定距等分点

定距等分是将选定的对象按照指定的长度进行划分标记,定距等分不一定将对象等分。调用定距等分点命令的方法如下。

● 下拉菜单：选择"绘图"→"点"→"单点"→"定距等分"。
● 命令行：输入"measure"（或"me"）。

命令执行过程如下：

命令:_measure
选择要定距等分的对象:
指定线段长度或[块(B)]:（指定距离,回车结束命令）

学习情境 绘制会签栏

【学习目标】

熟练使用"定数等分（divide）"命令绘制图形。

【情景描述】

用"直线（line）"、"定数等分（divide）"命令绘制图 2-44 所示的会签栏。

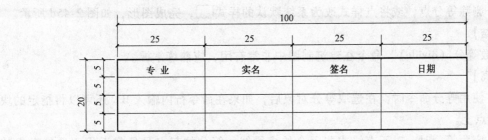

图 2-44 会签栏

【任务实施】

1. 用"直线（line）"命令绘制会签栏外框

命令:line
指定第一点:（在绘图区适当位置输入起点）
指定下一点或[放弃(U)]:100（打开正交模式,光标水平向右,输入水平长度,回车）
指定下一点或[闭合(C)/放弃(U)]:20（光标垂直向下,输入垂直长度,回车）
指定下一点或[闭合(C)/放弃(U)]:100（光标水平向左,输入水平长度,回车）
指定下一点或[闭合(C)/放弃(U)]:C（闭合图形,退出命令）

2. 用"定数等分（divide）"命令等分外框水平段和垂直段

（1）设置点样式。在下拉菜单中选择"格式"→"点样式"，在弹出的"点样式"对话框中选择合适的样式。

（2）调用"定数等分（divide）"命令定数等分图形对象。

命令：_divide

选择要定数等分的对象： （选择左侧竖直线段）

输入线段数目或[块(B)]:4（将对象等分成4段,回车结束命令。结果如图2-45a所示)

（3）继续调用"定数等分（divide）"命令，按图形要求等分其他3条线段，如图2-45b所示。

（4）用直线连接对应等分点，如图2-45c所示。

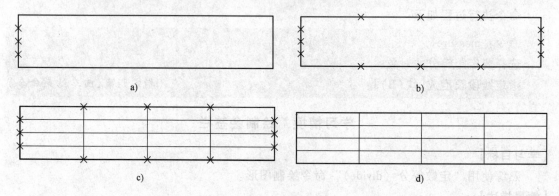

图 2-45　会签栏绘制过程

a）定数等分竖直线段　b）定数等分其他线段　c）用直线连接对应等分点　d）删除等分点

（5）删除等分点，或将点样式改为系统默认的样式□，完成图形，如图2-45d所示。

【任务小结】

"定数等分（divide）"命令在建筑制图中非常有用，应熟练掌握。

【技能提高】

（1）使用等分命令时，在选取等分对象后，如果在命令行内输入B，还可以将指定的块插在等分点上。

（2）定距等分时，对于直线或非闭合的多段线，等分的起点是最靠近用于选择对象的那一点的端点，如图2-46所示。

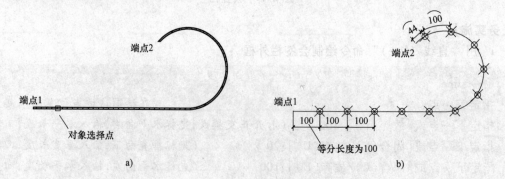

图 2-46　定距等分

a）靠近端点 1 选择多段线　b）以端点 1 为起点，按线段长度 100 来定距等分多段线

任务 11　用图案填充命令绘制图形

【任务描述】

（1）掌握"图案填充（hatch）"命令的操作和图案填充的绘制方法。

（2）掌握"编辑图案填充（hatchedit）"命令的操作和图案填充的编辑方法。

【任务实施前准备】

图案填充是指使用一种图案来填充图形的某一区域。在建筑工程图中，可用填充图案表达剖切的断面区域，根据断面材料的不同，而采用不同的图例样式进行图案填充。图案填充被广泛应用于建筑立面图、剖面图和详图中。

一、图案填充

1. 调用"图案填充（hatch）"命令的方式有 3 种。

●下拉菜单：选择"绘图"→"图案填充"。

●工具栏：单击绘图工具栏中的"图案填充"图标 。

●命令行：输入"hatch"（或"h"）。

调用命令后，弹出"图案填充和渐变色"对话框，如图 2-47 所示。

选择"图案填充"选项卡，图案填充选项卡包含 6 方面的内容：类型和图案、角度和比例、图案填充原点、边界、选项和继承特性。在这个对话框的右下角有个 按钮，单击这个按钮，对话框右边出现孤岛信息，如图 2-48 所示。

2. 图案填充的几个基本概念

图 2-47　"图案填充和渐变色"对话框（一）

图 2-48 "图案填充和渐变色"对话框（二）

（1）图案边界。进行图案填充时，首先要确定填充的边界。可以作为边界的对象只能是直线、双向射线、单向射线、多段线、样条曲线、圆弧、圆、椭圆、椭圆弧、面域等对象，或用这些对象定义的块。

（2）孤岛。在进行图案填充时，把位于总填充区域的封闭区域称为孤岛，如图 2-49 所示。

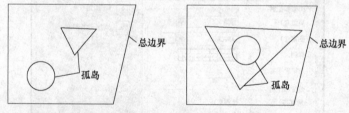

图 2-49 孤岛的概念

二、编辑填充的图案

调用"图案填充编辑（hatchedit）"命令的方法如下。

• 下拉菜单：选择"修改"→"对象"→"图案填充"。

• 工具栏：单击"修改Ⅱ"工具栏中的"编辑图案填充"图标 。

• 命令行：输入"hatchedit"（或"he"）。

• 双击需编辑的填充图案。

调用命令后，命令行提示：

命令：_hatchedit

选择关联填充对象： （点取填充对象,弹出如图 2-50 所示的"图案填充编辑"对话框）

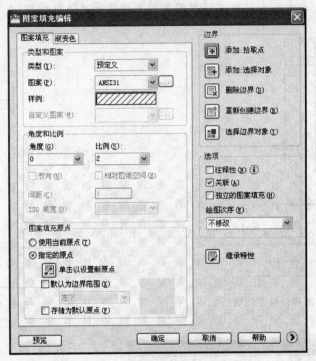

图 2-50　"图案填充编辑"对话框

"图案填充编辑"对话框中的选项与"图案填充和渐变色"对话框中的选项基本相同，可以对已填充的图案进行编辑，修改设置。

学习情境　绘制基础剖面图的图案填充

【学习目标】

（1）熟练进行图案填充的设置。

（2）熟练绘制图形的图案填充。

【情境描述】

图 2-51 所示为一基础剖面图，绘制该图形，并应用"图案填充（hatch）"命令绘制相关材料的图例符号。

【任务实施】

一、绘制基础剖面外轮廓线和中心轴线

用"直线（line）"，"偏移（offset）"、"修剪（trim）"等命令按图中尺寸绘制图形，或打开配套电子资源中附图 2-52，如图 2-52 所示。

二、绘制材料图例符号

调用"图案填充（hatch）"命令，弹出"图案填充和渐变色"对话框，如图 2-53 所示。

（1）在"图案填充"选项卡的"类型和图案"项中，"类型"选择"预定义"，"图案"选择单击 ⋯ 按钮，弹出"填充对象选项板"对话框，如图 2-54 所示，在"ANSI"页中选择"ANSI31"（该图样为"烧结普通土砖"图例），确定后，如图 2-53 中黑框内所示。

（2）在"角度和比例"项中，把"角度"设为 0，"比例"设为 10。

说明："比例"文本框中数值可根据图案填充预览情况进行调整。

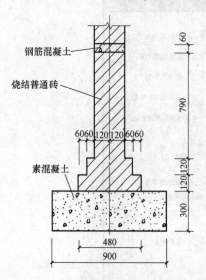

钢筋混凝土

烧结普通砖

素混凝土

60 60 120 120 60 60

480

900

60

790

120 120

300

图 2-51　基础图样材料图例填充

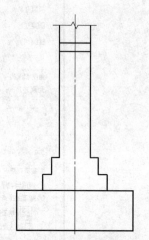

图 2-52　绘制基础图样轮廓线

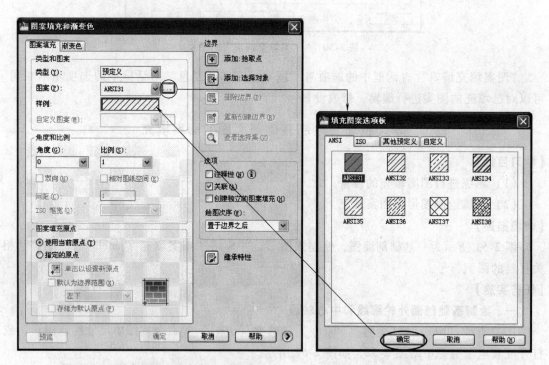

图 2-53　"图案填充和渐变色"对话框

图 2-54　"填充对象选项板"对话框

（3）在"边界"项中，单击 [添加：拾取点] 按钮后，命令行显示：

命令:_bhatch
拾取内部点或[选择对象(S)/删除边界(B)]：（单击需要绘制45°斜线的区域,选择填充边界）

（4）单击鼠标右键，在快捷菜单中选择"预览"，如图 2-55 所示，预览填充效果，如图 2-56a 所示。

图 2-55 图案填充快捷菜单

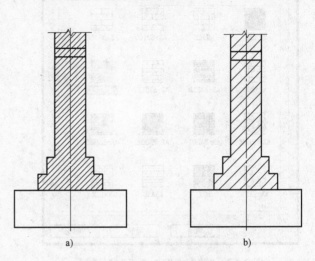

图 2-56 填充"粘土砖"图例
a）比例＝10 b）比例＝20

拾取或按 Esc 键返回到对话框或〈单击右键接受图案填充〉：

（如果对填充效果满意,则可单击右键确认。本例需调整 45°斜线间距,则单击左键返回对话框）

（5）在"角度和比例"项中，将"比例"设为 20，再预览填充效果，如图 2-56b 所示，单击右键接受图案填充。

（6）继续调用"图案填充（hatch）"命令，弹出"图案填充和渐变色"对话框，在"图案填充"选项卡的"类型和图案"项中，"类型"选择"预定义"，"图案"在"填充图案选项板"的"其他预定义"页中选择"AR-CONC"，如图 2-57 所示。

（7）在"角度和比例"项中，调整合适比例。选择需要填充的区域边界，完成图案填充，如图 2-58 所示。

说明：在同一个边界内，可以重复填充不同的图案，以组合不同材料的图例。比如本例中的"钢筋混凝土"图例就是用"ANSI31"和"AR-CONC"两种图样叠加而成的。

【任务小结】

建筑制图中需经常绘制材料的图例符号，应熟练使用图案填充及编辑命令。

【技能提高】

"图案填充和渐变色"对话框中"选项"、"孤岛"选项组内容介绍。

1. 选项"选项组

"图案填充"选项卡中的"选项"选项组，如图 2-59 黑框中所示，用于设置图案填充的附属设置，有 5 方面内容，即注释性、关联、创建独立的图案填充、绘图次序、继承特性。此处主要介绍关联、创建独立的图案填充的用法。

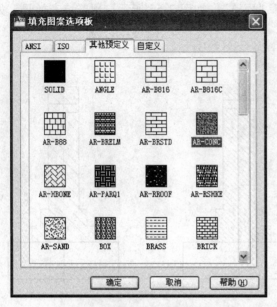

图 2-57 "填充图案选项板"对话框

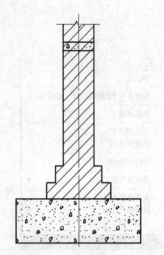

图 2-58 填充"混凝土"图例

图 2-59 "选项"选项组

（1）关联：用于确定填充图案与边界的关系。若选中该复选框，则填充的图案与填充边界保持着关联关系，当图案填充后，如图 2-60a 所示，当用拉伸及夹点等功能对边界进行编辑操作时，填充图案会随着边界的变化而变化，如图 2-60b 所示；若未选中该复选框，其结果如图 2-60c 所示。默认情况下，该复选框是被选中的。

（2）创建独立的图案填充：该选项用于当指定了几个独立的闭合边界时，控制创建一个整体的图案填充对象，还是创建多个独立的填充对象。未选中该复选框的填充效果如图2-61a所示；选中该选项框的填充效果如图2-61b所示。

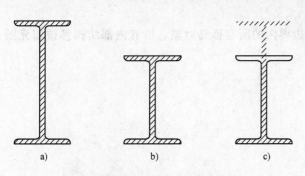

图 2-60　"关联"选项效果示意

a）填充图案　b）填充图案与边界关联

c）填充图案与边界不关联

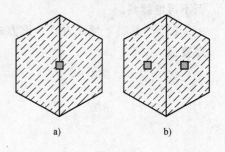

图 2-61　"创建独立的图案
填充"选项设置效果示意

a）填充图案是一个整体

b）填充图案是两个独立对象

2. "孤岛"选项组

如图2-62黑框中所示，在"孤岛"选项组中，若启用"孤岛检测"复选框，可利用孤岛调整图案。在"孤岛显示样式"中包含3种不同的填充方式，系统默认的检测模式是"普通"填充方式。

图 2-62　"孤岛"选项组

（1）"普通"填充方式：从最外边界向里填充图案，遇到内部对象与之相交时，断开填充图案，直到遇到下一次相交时再继续填充。

（2）"外部"填充方式：最外边向里填充图案，遇到与之相交的内部边界时，断开图案而不再继续画。

（3）"忽略"填充方式：该方式忽略边界内的所有孤岛对象，所有内部结构都被填充图案覆盖。

项目三 基本图形的编辑

【项目概述】

在建筑工程图的绘制过程中，很多图形都不是一次绘制而成的，而是需要对图形进行修改和组合，以得到更加复杂的图形，这就需要用到编辑命令，如移动、旋转、阵列、修剪等。通过本项目的学习，可以掌握 AutoCAD 二维平面图形的基本编辑方法。

本项目的任务：

- 改变图形位置（移动、旋转）。
- 复制图形（复制、镜像、偏移、阵列）。
- 改变图形形状（修剪、延伸、倒角、圆角、分解、删除、打断、合并）。
- 改变图形大小（缩放、拉伸）。

任务 1 改变图形位置

【任务描述】

改变图形位置是指在不影响对象形状和结构的基础上，将对象的坐标值进行改变，常用的改变图形位置的工具是移动工具和旋转工具。

学习情境 1 移 动 对 象

【学习目标】

掌握"移动（move）"命令的使用方法。

【情境描述】

利用移动命令，将图 3-1a 中的绿色植物移动到沙发右侧，如图 3-1b 所示。

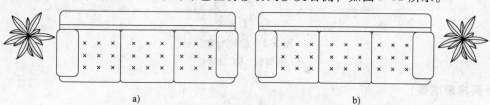

a)   b)

图 3-1 移动对象

a）移动前 b）移动后

【任务实施前准备】

移动对象：移动是将当前图形文件中选定的对象从当前位置移动到新的位置，移动对象的命令是"移动（move）"，移动命令只是改变图形对象在图样中的位置，而不改变图形对象的大小和形状。

调用"移动（move）"命令的方式有 3 种。

- 下拉菜单："修改"→"移动"。

●工具栏：单击修改工具栏中的"移动"图标按钮⬦⃝ 。

●命令行：输入"move"（或"m"）。

使用移动命令改变图形对象时，需要指定对象移动的基点。所谓基点，就是移动中的参照基准点，通常选择对象的一些几何特征点，如圆心、中点、端点等。图形对象的移动位移由基点和移动的目标点位置确定。

【任务实施】

打开配套电子资源中附图"图形文件/项目三/图3-1"。

命令:_move　　　　　　　　　　　　　　　　　　　　　（调用移动命令）

选择对象:找到1个　　　　　　　　　　　　（使用矩形窗口选择图中绿色植物）

选择对象:　　　　　　　　　　　　　　　　　　　（回车或单击鼠标右键）

指定基点或[位移(D)]〈位移〉:　　　（选中绿色植物中心点,并按下F8打开正交模式）

指定第二个点或〈使用第一个点作为位移〉:

　　　　　　　　　　（移动鼠标,在沙发右边指定一点,结束命令,得到图3-1b）

学习情境2　用旋转命令改变椅子的摆放方向

【学习目标】

掌握"旋转（rotate）"命令的使用方法。

【情境描述】

运用"旋转命令（rotate）"将图3-2a中的椅子旋转到图3-2b的位置。

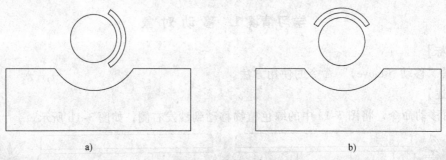

图3-2　旋转对象

a）旋转前　b）旋转后

【任务实施前准备】

旋转对象：旋转命令是将选定的图形对象绕着指定的基点旋转指定的角度。

调用"旋转（rotate）"命令的方式有3种。

●下拉菜单："修改"→"旋转"。

●工具栏：单击修改工具栏中的"旋转"图标按钮〇 。

●命令行：输入"rotate"（或"ro"）。

旋转对象时，需要指定基点位置和旋转角度，默认状态下，逆时针旋转为角度正值。

【任务实施】

打开配套电子资源中附图"图形文件/项目三/图3-2"。

命令:_rotate　　　　　　　　　　　　　　　　　　　　　（调用旋转命令）

UCS 当前的正角方向:ANGDIR =逆时针 ANGBASE =0

　　　　　　　　　　　　　　　（旋转角度逆时针为"＋"顺时针为"－"）

选择对象:指定对角点:找到 5 个　　　　　　　　　　（窗口选择图中椅子）

选择对象:　　　　　　　　　　　　　　　　　　　　　　（回车）

指定基点:　　　　　　　　　　　　　　　　　　（选中椅子圆形圆心）

指定旋转角度,或[复制(C)/参照(R)]〈0〉: 90　　（输入旋转角度,得到图 3-2b）

说明: 在旋转命令执行过程中,"指定旋转角度,或［复制（C）/参照（R）］"提示中选项含义:

"复制"选项,在旋转的同时对旋转的对象进行复制,保留源对象在原来位置。此选项不常用。

"参照"选项,通过在绘图区指定当前的绝对旋转角度和所需的新旋转角度旋转对象。

学习情境3　旋转对象

【学习目标】

掌握"旋转（rotate）"命令中"参照"选项的使用。

【情境描述】

如图 3-3 所示,将图 3-3a 中的矩形位置改变到图 3-3b 中的位置。

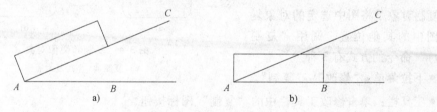

图 3-3　参照角度旋转对象

a）旋转前 b）旋转后

【任务实施】

打开配套电子资源中附图"图形文件/项目三/图 3-3"。

命令:_rotate　　　　　　　　　　　　　　　　　　　　　（调用旋转命令）

UCS 当前的正角方向: 　ANGDIR =逆时针　 ANGBASE =0

选择对象:指定对角点:找到 1 个　　　　　　　　　　　　　　　（选择矩形）

选择对象:　　　　　　　　　　　　　　　　　　　　　　（回车）

指定基点:　　　　　　　　　　　　　　　　　　　　（选中 A 点）

指定旋转角度,或[复制(C)/参照(R)]〈0〉: r:　　　　　（选择"参照"选项）

指定参照角〈0〉: 指定第二点:　　　（选择 A 点,然后选择 B 点,确定参照角度）

指定新角度或[点(P)]〈0〉:　　（选择 C 点,确定新角度,旋转结果如图 3-3b 所示）

【任务小结】

本任务介绍了能够快速、准确地实现图形位置改变的"移动"和"旋转"等命令,其中"旋转"命令中的旋转角度有正负之分，AutoCAD 中默认的设置是：按逆时针方向旋转实体为"＋"，按顺时针旋转实体为"－"。

任务 2　复制图形

【任务描述】

绘制图形的过程中，使用"复制"、"镜像"、"偏移"和"阵列"等命令处理图形对象，可以将图形对象进行复制，创建出与原图相同或相似的图形，这样可以避免重复绘制同一对象，提高绘图效率。

学习情境 1　用复制和镜像命令绘制餐桌椅

【学习目标】

掌握"复制（copy）"命令和"镜像（mirror）"命令的操作方法。

【情境描述】

运用"复制（copy）"和"镜像（mirror）"命令绘制餐桌椅，如图 3-4 所示。

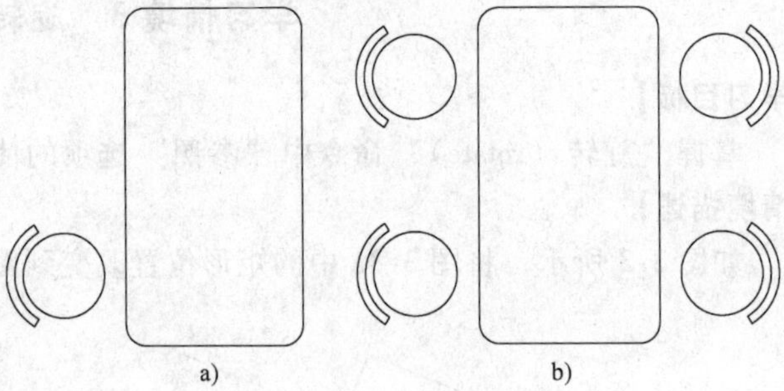

【任务实施前准备】

一、复制对象

复制对象是将图中选定的对象复制到图中的其他位置。调用"复制（copy）"命令的方式有 3 种。

图 3-4　复制和镜像对象

a）复制前　b）复制后

- 下拉菜单："修改"→"复制"。
- 工具栏：单击修改工具栏中的"复制"图标按钮 ⬙。
- 命令行：输入"copy"（或"co"，或"cp"）。

二、镜像对象

镜像对象是将选定的对象按照指定的镜像线（对称轴）进行对称复制。调用"镜像（mirror）"命令的方式有 3 种。

- 下拉菜单："修改"→"镜像"。
- 工具栏：单击修改工具栏中的"镜像"图标按钮 ◿◺。
- 命令行：输入"mirror"（或"mi"）。

【任务实施】

打开配套电子资源中附图"图形文件/项目三/图 3-4"。

1. 复制对象

命令：_copy	（调用复制命令）
选择对象：	（窗口选择图中椅子）
选择对象:指定对角点:找到 7 个	（回车）
当前设置：　复制模式＝多个	

指定基点或[位移(D)/模式(O)]〈位移〉：　　　（选中椅子圆形圆心作为复制对象的基点）
指定第二个点或〈使用第一个点作为位移〉：
（打开正交方式，移动复制对象至椅子上方的合适位置，单击鼠标左键，复制结果如图3-5所示）

2. 镜像对象

命令:_mirror　　　　　　　　　　　　　　　　　　　　　　　（调用镜像命令）
选择对象：　　　　　　　　　　　　　　　　（窗口选择图中左边两把椅子）
选择对象:指定对角点:找到 14 个　　　　　　　　　　　　　　　　（回车）
指定镜像线的第一点：　　　　　　　　　　　　（捕捉矩形上边直线中点）
指定镜像线的第二点：　　　　　　　　　（捕捉矩形下边直线中点，如图3-6所示）
要删除源对象吗？[是(Y)/否(N)]〈N〉：
（回车，采取默认值，不删除源对象。如需删除源对象，可输入"y"。镜像结果如图3-4b所示）

说明： 在"镜像"命令中，镜像线无需画出来，只要捕捉到镜像线的两个端点即可。

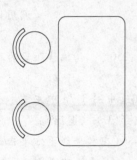
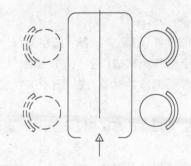

图3-5　复制对象　　　　　　　　　　　图3-6　镜像对象

学习情境2　用偏移命令绘制楼梯踏步

【学习目标】
掌握"偏移（offset）"命令的操作方法。

【情境描述】
运用"偏移（offset）"命令绘制楼梯踏步，如图3-7所示。

【任务实施前准备】
偏移命令用于平行复制图形对象，用该方法可以复制生成平行直线、等距曲线、同心圆等。可偏移的对象包括直线、曲线、圆弧、圆、矩形、多边形等。
调用"偏移（offset）"命令的方式有3种。
●下拉菜单："修改"→"偏移"。
●工具栏：单击修改工具栏中的"偏移"图标按钮 。
●命令行：输入"offset"（或"o"）。

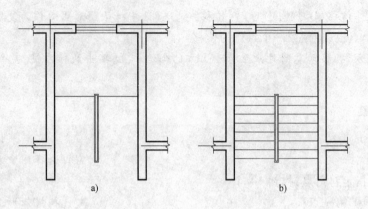

图 3-7　偏移对象

a）偏移前　b）偏移后

【任务实施】

打开配套电子资源中附图"图形文件/项目三/图 3-7"。

1. 偏移对象

```
命令:_offset                                        （调用偏移命令）
当前设置:删除源 = 否    图层 = 源    OFFSETGAPTYPE = 0
指定偏移距离或[通过(T)/删除(E)/图层(L)]〈通过〉:250      （偏移距离为踏步宽度）
选择要偏移的对象,或[退出(E)/放弃(U)]〈退出〉:
                                          （选中图 3-7a 中左侧水平踏步线）
指定要偏移的那一侧上的点,或[退出(E)/多个(M)/放弃(U)]〈退出〉:
                                          （在水平线下方单击鼠标右键）
选择要偏移的对象,或[退出(E)/放弃(U)]〈退出〉:     （再选中刚刚偏移出的直线）
指定要偏移的那一侧上的点,或[退出(E)/多个(M)/放弃(U)]〈退出〉:
                                          （在第二条水平线下方单击鼠标右键）
```

重复以上操作,共偏移复制 7 条水平踏步线,结果如图 3-8 所示。

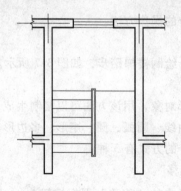

图 3-8　偏移绘制楼梯左侧踏步线

2. 镜像对象

命令:_mirror　　　　　　　　　　　　　　　　　　　　　　　　　（调用镜像命令）

选择对象:　　　　　　　　　　　　（交叉窗口选择图中左边7条水平踏步线,如图3-9a所示）

选择对象:指定对角点:找到7个　　　　　　　　　　　　　　　　　　　　　　（回车）

指定镜像线的第一点:　　　　　　　　　　　　　　　　　　　（捕捉窗户水平线中点）

指定镜像线的第二点:　　　　　　　　（捕捉扶手矩形下边直线中点,如图3-9b所示）

要删除源对象吗?［是(Y)/否(N)］〈N〉:（回车,采取默认值,镜像结果如图3-7b所示）

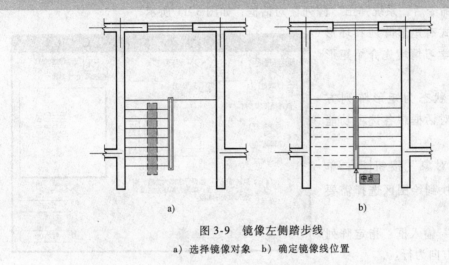

图 3-9　镜像左侧踏步线

a）选择镜像对象　b）确定镜像线位置

学习情境 3　用阵列命令绘制窗户立面

【学习目标】

掌握"阵列（array）"命令（矩形）的操作方法。

【情境描述】

如图 3-10 所示，运用"阵列（array）"命令（矩形）绘制窗户立面。

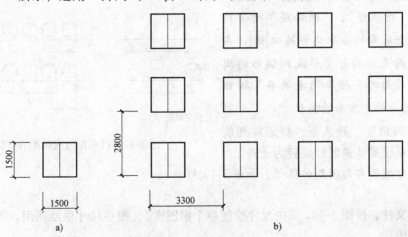

图 3-10　矩形阵列对象

a）需阵列复制的对象　b）阵列效果

【任务实施前准备】

阵列对象：阵列命令是将选定的对象按照矩形或环形排列的方式进行对象复制，适用于具有一定排列规则的图形对象的多重复制。

调用"阵列（array）"命令的方式有 3 种。

- 下拉菜单："修改"→"阵列"。
- 工具栏：单击修改工具栏中的"阵列"图标按钮 ▦ 。
- 命令行：输入"array"（或"ar"）。

调用阵列命令后，系统弹出"阵列"对话框，如图 3-11 所示。

阵列的方式有矩形阵列和环形阵列两种（本学习情境先介绍矩形阵列）。

系统默认状态为矩形阵列方式，矩形阵列对话框中各选项功能如下。

- "选择对象"按钮 ▦ ：单击该按钮，切换到绘图区选择需要阵列的对象。
- "行数"输入框：指定阵列中的行数，X 方向为行。
- "列数"输入框：指定阵列中的列数，Y 方向为列。

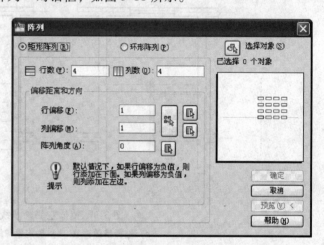

图 3-11　阵列对话框

- "行偏移"输入框：指定行间距（按单位）。输入正值，则向上（Y 轴正向）复制对象；输入负值，则向下（Y 轴负向）复制对象。

- "列偏移"输入框：指定列间距（按单位）。输入正值，则向右（X 轴正向）复制对象；输入负值，则向左（X 轴负向）复制对象。

说明："行偏移"、"列偏移"两者均可以通过单击后面的拾取偏移按钮 ▦ ，在绘图区拾取两点作为行偏移或列偏移的间距；或单击后面的"拾取两者偏移"按钮 ▦ ，同时选择两个方向的偏移。

- "阵列角度"输入框：指定阵列旋转的角度，系统默认逆时针旋转为正向。

注意：行间距与列间距的取值，如图 3-12 所示。

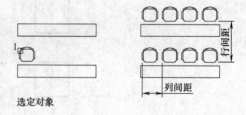

图 3-12　行间距与列间距的取值

【任务实施】

- 新建文件，按图 3-10a 图中尺寸绘制单个窗图样。（图中尺寸供绘图用，不需标注）
- 阵列图形。

命令：_array　　　　　　　　　　　　　　　　　　　　（调用"阵列"命令）

弹出"阵列"对话框，按图3-10b中尺寸，设置相关参数，如图3-13所示。

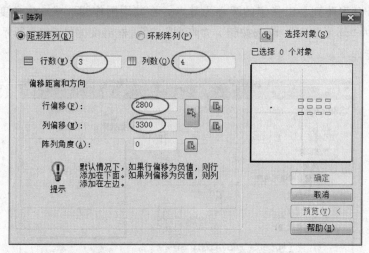

图3-13　设置矩形"阵列"对话框

单击"选择对象"图标按钮，"阵列"对话框暂时关闭，在绘图区选择对象，命令行中提示：

> 选择对象:指定对角点:找到2个　　　　　　　　　　　　　（选择绘制的单个窗户）
> 选择对象:　　　　　　　（完成选择对象,按回车键;"阵列"对话框重新出现）

单击　预览(V) <　按钮，查看阵列效果，"阵列"对话框暂时关闭，命令行中提示：

> 拾取或按 Esc 键返回到对话框或〈单击鼠标右键接受阵列〉:
> 　　　　　　（如果接受预览效果,单击鼠标右键,结束命令,结果如图3-10b所示）

学习情境4　用环形阵列命令绘制会议室椅子

【学习目标】

掌握"阵列（array）"命令（环形）的操作方法。

【情境描述】

运用"阵列（array）"命令（环形）绘制会议室椅子，如图3-14b所示。

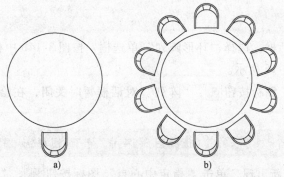

a)　　　　　　　　　　b)

图3-14　环形阵列对象
a) 环形阵列前　b) 环形阵列后

【任务实施前准备】

环形阵列：环形阵列是以指定的圆心为基点，在其周围作圆形或一定角度的扇面形式来复制对象。选中"环形阵列"单选按钮，"阵列"对话框将变为图 3-15 所示的形式，对话框中各选项功能如下。

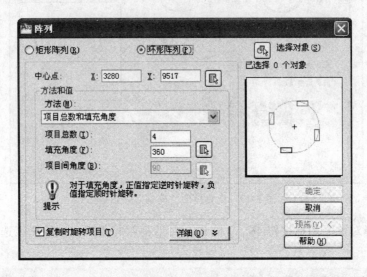

图 3-15 "环形阵列"对话框

- "选择对象"按钮：单击该按钮，切换到绘图区选择需要阵列的对象。
- "中心点"文本框：指定阵列中心点。可以输入中心点坐标，或者单击"拾取中心点"按钮，切换到绘图区捕捉中心点。
- "方法"下拉列表框：设置定位对象所用的方法。例如，选择"项目总数和填充角度"。
- "项目总数"文本框：设置需要阵列的对象的数目，默认值为 4。
- "填充角度"文本框：指定环形阵列所对应的圆心角度，默认值为 360，对象沿整个圆周分布。
- "复制时旋转项目"复选框：设定环形阵列时，图形对象是否旋转。

【任务实施】

打开配套电子资源中附图"图形文件/项目三/图 3-14"。

命令：_array	（调用"阵列"命令）

弹出"阵列"对话框，选择"环形阵列"单选框，按图 3-14b 中椅子摆放数量及位置，设置相关参数，如图 3-16 所示。

单击"选择对象"图标按钮，"阵列"对话框暂时关闭，在绘图区选择对象。命令行中提示：

选择对象：找到 1 个	（选择图 3-14 中"椅子"图样，如图 3-17 所示，按回车键）

"阵列"对话框重新出现，单击"指定中心点"图标按钮，"阵列"对话框暂时关闭，在绘图区指定阵列圆心。命令行中提示：

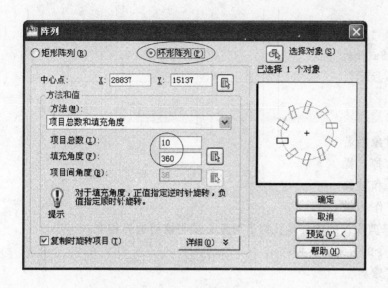

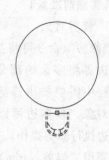

图 3-16 设置环形"阵列"对话框　　　　　　　　图 3-17 选中椅子

指定阵列中心点：　　　　　　　　　　　　　　（在图 3-17 中捕捉"会议桌"图样圆心）

单击 预览(V) < 按钮，查看阵列效果，"阵列"对话框暂时关闭，命令行中提示：

拾取或按 Esc 键返回到对话框或〈单击鼠标右键接受阵列〉：
（如果接受预览效果，单击鼠标右键，结束命令，结果如图 3-14b 所示）

【任务小结】

AutoCAD 中用于复制图形的"复制"、"偏移"、"镜像"、"阵列"等编辑命令，能方便地将实体目标复制到新的位置，减少了很多重复性的工作，大大提高了工作效率。需要注意，"偏移"命令只能偏移直线、圆、多段线、椭圆、多边形等，不能偏移点、图块、属性和文字；在"矩形阵列"命令中需注意行间距和列间距数值的设置，以及如何用" + "、" - "改变阵列方向。

任务 3　改变图形形状

【任务描述】

绘制图形时，经常需要对已绘制图形的形状进行改变，AutoCAD 2010 提供的修剪、延伸、倒角、圆角、分解、删除、打断及合并等编辑命令能方便地改变图形的形状；AutoCAD 中还可以直接拖动图形的夹点对图形进行改变。

学习情境 1　用修剪和延伸命令编辑墙体图线

【学习目标】

（1）掌握"修剪（trim）"和"延伸（extend）"命令的操作方法。

（2）熟练"修剪"命令中边界的界定，以及"圆角"命令中倒角半径的设定。

【情境描述】

　　运用"修剪（trim）"和"延伸
（extend）"命令编辑如图 3-18a 所示
墙体，修改后结果如图 3-18b 所示。

【任务实施前准备】

　　1. 修剪对象

　　"修剪"命令可将指定对象沿着
某个边界将多余的部分修剪掉。操
作过程中需要提供修剪边界和被修
剪的对象，修剪边可以同时作为被

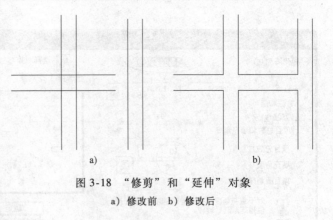

图 3-18　"修剪"和"延伸"对象
a）修改前　b）修改后

修剪边执行修剪操作。执行修剪操作的前提是：修剪对象必须与修剪边界相交。

　　调用"修剪（trim）"命令的方式有 3 种。

- 下拉菜单："修改"→"修剪"。
- 工具栏：单击修改工具栏中的"修剪"图标按钮 ━┼━ 。
- 命令行：输入"trim"（或"tr"）。

　　2. 延伸对象

　　"延伸（extend）"命令可将指定的对象延伸到选定的边界，被延伸的对象包括直线、多
线、圆弧、开放的二维多段线等。操作中需要先确定一个延伸边界，然后确定要延伸的
对象。

　　调用"延伸（extend）"命令的方式有 3 种。

- 下拉菜单："修改"→"延伸"。
- 工具栏：单击修改工具栏中的"延伸"图标按钮 ━━╱ 。
- 命令行：输入"extend"（或"ex"）。

【任务实施】

　　（1）用直线命令绘制图 3-18a 所示的图形。

　　（2）编辑图形。

```
命令:_extend                                              （调用"延伸"命令）
当前设置:投影＝UCS,边＝无
选择边界的边...
选择对象或〈全部选择〉:  找到 1 个    （如图 3-19a 所示,选择"2"直线作为延伸边界）
选择对象:                              （回车,不再选择其他对象作为延伸边界）
选择要延伸的对象,或按住 Shift 键选择要修剪的对象,或
[栏选(F)/窗交(C)/投影(P)/边(E)/放弃(U)]:指定对角点
                        （如图 3-19b 所示,用交叉窗口选择需延伸的"5"、"6"两直线）
选择要延伸的对象,或按住 Shift 键选择要修剪的对象,或
[栏选(F)/窗交(C)/投影(P)/边(E)/放弃(U)]:（回车,结束命令,延伸结果如图 3-19c
所示）
```

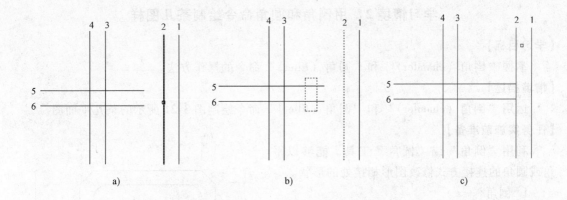

图 3-19 延伸对象

a) 确定延伸边界 b) 选择延伸对象 c) 延伸结果

（3）修剪对象

命令:_trim　　　　　　　　　　　　　　　　　　　　　　　　（调用"修剪"命令）

当前设置:投影=UCS,边=无

选择剪切边…

选择对象或〈全部选择〉:

　　　（直接回车,选择全部对象作为剪切边界,同时全部对象也可以作为要修剪的对象）

选择要修剪的对象,或按住 Shift 键选择要延伸的对象,或

[栏选(F)/窗交(C)/投影(P)/边(E)/删除(R)/放弃(U)]:

　　　（将光标移到"3"、"4"直线间的"5"直线上,如图 3-20a 所示,单击;结果如图 3-20b 所示）

命令行继续提示:

选择要修剪的对象,或按住 Shift 键选择要延伸的对象,或

[栏选(F)/窗交(C)/投影(P)/边(E)/删除(R)/放弃(U)]:

　　　（依次选择要修剪的对象,回车,结束命令。最终修剪结果如图 3-20c 所示）

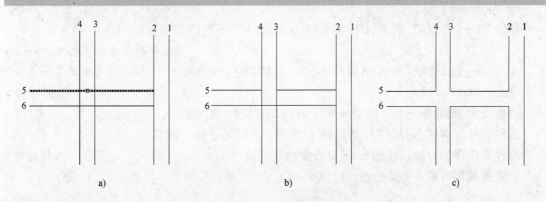

图 3-20 修剪对象

a) 选择修剪对象 b) 直线"5"修剪结果 c) 最终修剪结果

学习情境 2　用倒角和圆角命令绘制茶几图样

【学习目标】

掌握"倒角（chamfer）"和"圆角（fillet）"命令的操作方法。

【情境描述】

运用"倒角（chamfer）"和"圆角（fillet）"命令绘制图 3-21 所示的茶几平面图。

【任务实施前准备】

利用"倒角"或"圆角"工具，能够以平角或圆角的连接方式修改图形相接处的形状。

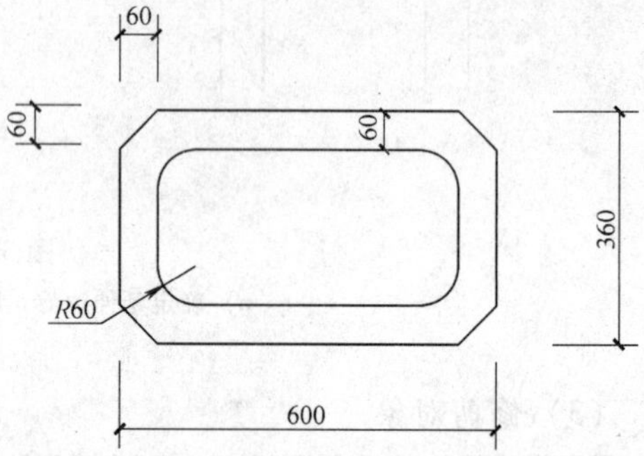

1. 倒角

利用"倒角（chamfer）"命令能够以平角的方式连接两个不平行的对象（即两条相交于一点或可以相交于一点的直线）。

调用"倒角（chamfer）"命令的方式有 3 种。

- 下拉菜单："修改"→"倒角"。
- 工具栏：单击修改工具栏中的"倒角"图标按钮。
- 命令行：输入"chamfer"（或"cha"）。

2. 圆角

利用"圆角（fillet）"命令通过一指定半径的圆弧光滑地（即与对象相切）连接两个对象，可以倒圆角的对象包括圆弧、直线和圆等。

调用"圆角（fillet）"命令的方式有 3 种。

- 下拉菜单："修改"→"圆角"。
- 工具栏：单击修改工具栏中的"圆角"图标按钮。
- 命令行：输入"fillet"（或"f"）。

图 3-21　茶几平面图

【任务实施】

1. 绘制矩形

命令:_rectang　　　　　　　　　　　　　　　　　　　　　　（调用"矩形"命令）
指定第一个角点或[倒角(C)/标高(E)/圆角(F)/厚度(T)/宽度(W)]:
　　　　　　　　　　　　　　　　　　　　　　　　　（在屏幕合适位置指定第一点）
指定另一个角点或[面积(A)/尺寸(D)/旋转(R)]:@600,360　　　（指定另一角点）
命令:o(OFFSET)　　　　　　　　　　　　　　　　　　　　　（调用"偏移"命令）
当前设置:删除源=否　图层=源　OFFSETGAPTYPE=0
指定偏移距离或[通过(T)/删除(E)/图层(L)]〈通过〉:　60
选择要偏移的对象,或[退出(E)/放弃(U)]〈退出〉:　　　　　　　　　（选择矩形）
指定要偏移的那一侧上的点,或[退出(E)/多个(M)/放弃(U)]〈退出〉:
　　　　　　　　　　　　　　　　　　　　　　　　　　　（在矩形内任一点单击）
选择要偏移的对象,或[退出(E)/放弃(U)]〈退出〉:　（回车,退出命令,如图3-22所示）

2. 给矩形倒平角

命令:_chamfer　　　　　　　　　　　　　　　　　　　（调用"倒角"命令）

（"修剪"模式）当前倒角距离 1 = 10.0000,距离 2 = 10.0000

选择第一条直线或[放弃(U)/多段线(P)/距离(D)/角度(A)/修剪(T)/方式(E)/多个(M)]：d

　　　　　　　　　　　　　　　　　　　　　　　　　（选择"距离"选项）

指定第一个倒角距离〈10.0000〉：60　　　　　　　（输入第一个倒角距离）

指定第二个倒角距离〈60.0000〉：　　　（第二个倒角距离同第一个倒角距离,直接回车）

选择第一条直线或[放弃(U)/多段线(P)/距离(D)/角度(A)/修剪(T)/方式(E)/多个(M)]：

　　　　　　　　　（在靠近外矩形上边左上角点处单击鼠标左键,如图 3-23a 所示）

选择第二条直线,或按住 Shift 键选择要应用角点的直线：

　　　　　　　　　（在靠近外矩形左边左上角点处单击鼠标左键,如图 3-23b 所示）

倒角结果如图 3-23c 所示。重复调用"圆角"命令,依次对外矩形其他角点进行倒平角,结果如图 3-23d 所示。

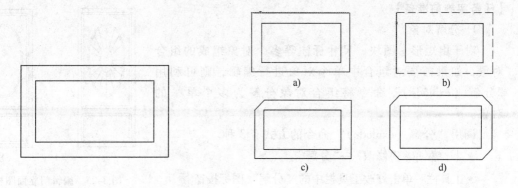

图 3-22　绘制同心矩形　　　　　　　　　　图 3-23　给外矩形倒平角

3. 给矩形倒圆角

命令:_fillet　　　　　　　　　　　　　　　　　　　（调用"圆角"命令）

当前设置:模式 = 修剪,半径 = 0.0000

选择第一个对象或[放弃(U)/多段线(P)/半径(R)/修剪(T)/多个(M)]:R

　　　　　　　　　　　　　　　　　　　　　　　　　（选择"半径"选项）

指定圆角半径〈0.0000〉:60　　　　　　　　　　　　（输入圆角半径）

选择第一个对象或[放弃(U)/多段线(P)/半径(R)/修剪(T)/多个(M)]：

　　　　　　　　　（在靠近内矩形上边左上角点处单击鼠标左键,如图 3-24a 所示）

选择第二个对象,或按住 Shift 键选择要应用角点的对象：

　　　　　　　　　（在靠近内矩形左边左上角点处单击鼠标左键,如图 3-24b 所示）

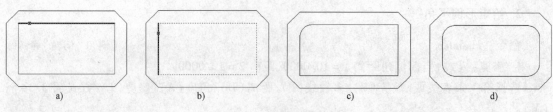

图 3-24　给内矩形倒圆角

圆角结果如图 3-24c 所示。重复调用"圆角"命令，依次对内矩形其他角点进行倒圆角，结果如图 3-24d 所示。

学习情境 3　用分解和删除命令编辑门立面图样

【学习目标】

（1）掌握"分解（explode）"和"删除（erase）"命令的操作方法。

（2）初步了解 AutoCAD 2010 "设计中心"。

【情境描述】

调用 AutoCAD 2010 设计中心中的图块，运用"分解（explode）"和"删除（erase）"命令对图 3-25 所示的门立面图样进行编辑。

【任务实施前准备】

1. 分解对象

对于由矩形、图块、尺寸标注等多个对象组成的组合对象，如果需要对组合中单个对象进行编辑，则可利用"分解（explode）"命令将组合对象分解为多个单一的对象。

调用"分解（explode）"命令的方式有 3 种。

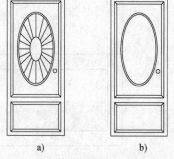

- 下拉菜单："修改"→"分解"。

- 工具栏：单击修改工具栏中的"分解"图标按钮。

- 命令行：输入"explode"（或"ex"）。

图 3-25　编辑门立面图样

a）编辑前　b）编辑后

2. 删除对象

绘制图形时，经常会出现一些辅助图形或一些错误图线等需要及时删除，这时可以用"删除"命令进行删除，调用"删除（erase）"命令的方式有 3 种。

- 下拉菜单："修改"→"删除"。

- 工具栏：单击修改工具栏中的"删除"图标按钮。

- 命令行：输入"erase"（或"e"）。

【任务实施】

1. 调用 AutoCAD 2010 "设计中心"中的图块

单击标准工具栏中的"设计中心"图标按钮（或 Ctrl + 2），弹出"设计中心"对话框，如图 3-26 所示，选择"AutoCAD"→"Sample"→"DesignCenter"，用鼠标左键双击 House Designer.dwg 图标→用鼠标左键双击 块 图标→拖动 门 - 花式 36 英寸 图标到绘图区，如图 3-25a 所示。

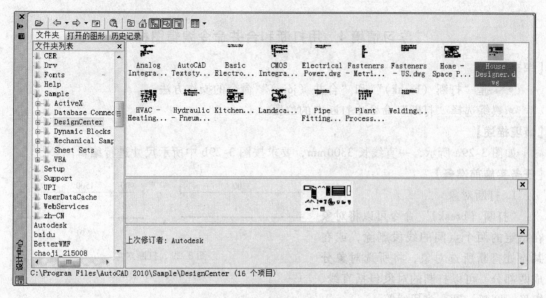

图 3-26 "设计中心"对话框

说明： 图块是由若干个单一对象组合的对象，AutoCAD 中将一个图块视为一个整体对象。图块的用法在"项目十"中具体讲解。

2. 分解图块

命令：_explode　　　　　　　　　　　　　　　　　　　　　　　（调用"分解"命令）
选择对象：找到 1 个
（用光标单击组成"门"图块的任一对象，"门"图块作为 1 个整体对象被选中，如图 3-27 所示）
选择对象：　　　　　　　　　　　　　　　　　　　　　　　　（回车，结束命令）

"门"图块被分解成 51 个对象（可执行某一编辑命令，如"复制"，然后选中全部图形，从命令行中显示"找到 51 个"）。

3. 删除对象

命令：_erase　　　　　　　　　　　　　　　　　　　　　　　　（调用"删除"命令）
选择对象：指定对角点：找到 21 个　　　（选择门图样中的椭圆形内花窗，如图 3-28 所示）
选择对象：　　　　　　　　　　　　　（回车，结束命令，结果如图 3-25b 所示）

图 3-27 分解图块

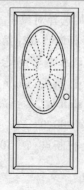

图 3-28 选择删除对象

学习情境 4　用打断和合并命令编辑图样

【学习目标】

- 掌握"打断（break）"和"合并（join）"命令的操作方法。
- 熟练选择"打断"命令中打断点的位置。

【情境描述】

如图 3-29a 所示，一直线长 3300mm，要求按图 3-29b 中所示尺寸进行编辑。

【任务实施前准备】

1. 打断对象

"打断（break）"命令可以将对象在指定的两个点间的线段删除，或在某点处打断所选对象，将所选对象分成两部分。可以打断的对象包括直线、矩形、圆弧、圆、多段线等。

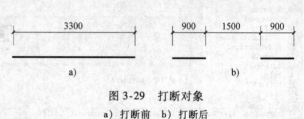

图 3-29　打断对象
a）打断前　b）打断后

调用"打断（break）"命令的方式有 3 种。

- 下拉菜单："修改"→"打断"。
- 工具栏：单击修改工具栏中的"打断"图标按钮。
- 命令行：输入"break"（或"br"）。

2. 合并对象

"合并"命令可以将两个对象合并为一个完整的对象，也可以使用圆弧和椭圆弧创建完整的圆和椭圆。可以合并的对象包括直线、多段线、圆弧、椭圆弧等。

调用"合并（join）"命令的方式有 3 种。

- 下拉菜单："修改"→"合并"。
- 工具栏：单击修改工具栏中的"打断"图标按钮。
- 命令行：输入"join"（或"j"）。

【任务实施】

（1）用"直线"命令绘制一长为 3300mm 的直线。

（2）打断对象。

```
命令:_break 选择对象:                （调用"打断"命令,用光标点击已绘制的直线）
指定第二个打断点 或[第一点(F)]:f
        （默认状态下,"选择对象"时将光标点击的点作为第一点,需要重新选择时输入 f）
指定第一个打断点:_from 基点:
    （按住 shift 键,单击鼠标右键,在快捷菜单中选择"捕捉自",捕捉直线右端点为基点）
<偏移>:@900,0                                          （输入偏移坐标）
指定第二个打断点:@1500,0
        （输入第二断点相对于第一断点的相对坐标,回车,结束命令）
```

打断结果如图 3-29b 所示。

（3）合并对象。

利用"合并"命令可将两条共线的直线合并为一个对象，无论它们之间是否有间隙。例如将上一步中打断的直线，可重新合并成一直线，具体过程如下：

> 命令：JOIN 选择源对象：（调用"合并"命令，用鼠标左键单击左段直线，如图 3-30a 所示）
> 选择要合并到源的直线： 找到 1 个 （用鼠标左键单击右段直线，如图 3-30b 所示）
> 选择要合并到源的直线： （回车，结束命令）
> 已将 1 条直线合并到源 （合并结果如图 3-29 所示）

a) b)

图 3-30 合并对象

a）选择源对象 b）选择要合并到源的直线

【任务小结】

本任务中的修剪、延伸、倒角、圆角、分解、删除、打断及合并等基本编辑命令能快速改变图形形状，大大提高绘图速度；其中"修剪"和"延伸"命令不但可以用于实体编辑，也可以用于编辑尺寸标注线。"倒角"命令中需要注意，如果倒角距离太大则不能倒角。

任务 4 改变图形大小

【任务描述】

绘制图形时，经常需要对已绘制图形的大小进行改变，AutoCAD 2010 提供的比例缩放、拉伸等编辑命令能方便地改变图形的大小。

学习情境 1 用缩放命令缩放楼梯踏步

【学习目标】

（1）掌握"缩放（scale）"命令的操作方法。

（2）熟练按指定的比例放大或缩小图形。

【情境描述】

运用"缩放（scale）"命令将楼梯平面图放大 2 倍，如图 3-31 所示。

【任务实施前准备】

缩放对象："缩放（scale）"命令能够将选定的对象按设定的比例均匀地放大或缩小。

调用"缩放（scale）"命令的方式有 3 种。

●下拉菜单："修改"→"缩放"。

●工具栏：单击修改工具栏中的"缩放"图标按钮 。

●命令行：输入"scale"（或"sc"）。

【任务实施】

（1）打开配套电子资源中附图"图形文件/项目三/图 3-31"。

（2）缩放图形。

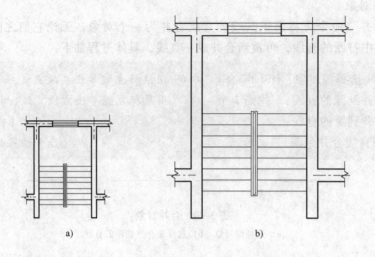

图 3-31 缩放对象

a）放大前 b）放大后

命令:sc   （调用"缩放"命令）
选择对象:指定对角点:找到 53 个   （选择需要放大的楼梯平面图）
指定基点: （选择楼梯左下角点,如图 3-32 所示）
指定比例因子或[复制(C)/参照(R)]〈1.0000〉：2   （放大 2 倍）

放大结果如图 3-31b 所示。

【技能提高】

"缩放"命令在执行过程中，命令行提示信息"指定比例因子或［复制（C)/参照（R)]"中选项意义如下。

1）比例因子：按指定的比例放大选定对象的尺寸。大于 1 的比例因子使对象放大，介于 0 和 1 之间的比例因子使对象缩小，还可以拖动光标使对象变大或变小。

2）复制（C)：创建要缩放的选定对象的副本。

3）参照（R)：按参照长度和指定的新长度缩放所选对象。

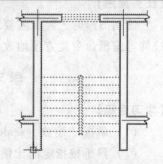

图 3-32 选择图形放大的基点

学习情境 2 用拉伸命令改变"门立面图"尺寸

【学习目标】

掌握"拉伸（stretch)"命令的操作方法。

【情境描述】

运用"拉伸（stretch)"命令改变门立面图尺寸，如图 3-33 所示。

【任务实施前准备】

拉伸对象： "拉伸（stretch)"命令可使用交叉窗口的方式选取图形中的一部分进行某个方向的拉伸或压缩，通过改变端点的位置来快速改变图形尺寸，但在选择窗口外的图形部分不会有任何改变。

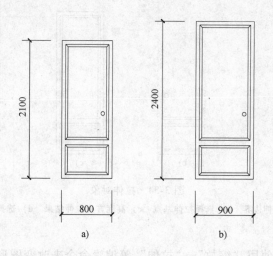

图 3-33 改变门立面图尺寸

a）拉伸前 b）拉伸后

调用"拉伸（stretch）"命令的方式有 3 种。

- 下拉菜单："修改"→"拉伸"。
- 工具栏：单击修改工具栏中的"拉伸"图标按钮 。
- 命令行：输入"stretch"（或"s"）。

注意：文本、圆、椭圆、属性、图块等没有端点的实体，是不能进行拉伸的。

【**任务实施**】

（1）打开配套电子资源中附图"图形文件/项目三/图 3-33"。

（2）拉伸对象。

命令：_stretch	（调用"拉伸"命令）
以交叉窗口或交叉多边形选择要拉伸的对象…	
选择对象：指定对角点：找到 12 个	（用窗交方式选择门的上部，如图 3-34a 所示）
选择对象：	（单击鼠标右键，结束选择对象）
指定基点或[位移(D)]〈位移〉：	（选择门左上角点，如图 3-34b 所示）
指定第二个点或〈使用第一个点作为位移〉： @0,300	
	（输入位移目标点坐标，拉伸结果如图 3-34c 所示）
命令：_stretch	（回车，重复调用"拉伸"命令）
以交叉窗口或交叉多边形选择要拉伸的对象…	
选择对象：指定对角点：找到 12 个	（用窗交方式选择门的右部，如图 3-34d 所示）
选择对象：	（单击鼠标右键，结束选择对象）
指定基点或[位移(D)]〈位移〉：	（选择门右上角点）
指定第二个点或〈使用第一个点作为位移〉： @100,0	
	（输入位移目标点坐标，最终拉伸结果如图 3-33b 所示）

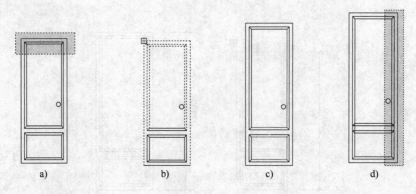

图 3-34　拉伸对象

a）选择向上拉伸边界　b）选择拉伸基点　c）高度方向拉伸结果　d）选择向右拉伸边界

【任务小结】

在建筑制图中经常使用"缩放"、"拉伸"等编辑命令来改变图形大小，应熟练掌握。

项目四　创建文字（数字）和表格

【项目概述】

文字（数字）标注及表格绘制是建筑制图的重要组成部分。一般地，建筑工程图中的设计说明、施工说明、图名和比例、房间功能说明以及标题栏等都需要用文字（数字）注写其具体内容；图样中还经常用到如门窗表、材料表、技术经济指标表等表格来统计数据信息。

本项目任务：

- 创建文字样式。
- 单行文字输入。
- 多行文字输入。
- 编辑文字。
- 创建表格。

知识要点：

- 建筑制图规范对文字标注的基本要求。

任务1　创建文字样式

【任务描述】

根据建筑制图规范要求设置文字（数字）属性，包括字体文件、字型、字高、字体的宽度系数等参数。

利用"Style"命令创建新的字体样式，也可以修改已有的字体样式。

【任务实施前准备】

一、建筑制图字体的规定

工程图样中的字体一般包括汉字、字母和数字，GB/T 50001—2010《房屋建筑制图统一标准》中对建筑图样上的字体样式及注写要求都有具体规定，书写时应做到笔画清晰、字体端正、排列整齐；符号应正确清楚。

图样上所需书写的文字、数字或符号等，其文字的高度应从表4-1中选用，当需要书写更大字时，其高度按表4-1中数据的1.4倍递增。

表 4-1　长仿宋体字体的高宽关系

字号（字高）	20	14	10	7	5	3.5
字宽	14	10	7	5	3.5	2.5

工程图样中字体的高度即为字号，中文矢量字字高分为3.5、5、7、10、14、20等，True type字体及非中文矢量字体字高分为3、4、6、8、10、14、20等，字高大于10mm的文字宜用Ture type字体；汉字的字高不得小于3.5mm；字母和数字的字高应不小于2.5mm。

如果需要书写更大的字，其高度应按$\sqrt{2}$的比值递增。

1. 汉字

图样及说明中的汉字，宜采用长仿宋体字或黑体，同一图样中，字体种类不应超过两种。长仿宋体高宽关系应符合表 4-1 的规定；黑体字的宽度与高度应相同；大标题、图册封面、地形图等的汉字，也可书写成其他字体，但应易于辨认。

2. 字母与数字

图样中使用字母和数字，宜采用拉丁字母、阿拉伯数字和罗马数字，宜采用单线简体或 ROMAN 字体。数字和字母可以按需要写成直体或斜体，数字和拉丁字母书写可使用斜体，斜体字字头向右倾斜，与水平基准线呈 75°。数字与汉字写在一起时，宜写成直体，且数字比汉字小一号或二号。

3. 图样中字体的使用

字体在图样中的使用应根据具体情况来选择大小，一般图形中的文字及数字可选择较小的字体；图名、标题应选择较大的字体。表 4-2 推荐了一些字体常用大小的使用范围，可供参考。

表 4-2　图样中字体的使用　　　　　　　　　　（单位：mm）

图样中的使用范围	推荐使用的字号	图样中的使用范围	推荐使用的字号
尺寸、标高	3.5	表格的名称 图名	5、7
详图引出的文字说明 图名右侧的比例数字 剖视、断面名称代号 图标中的文字 一般文字说明	3.5、5	各种图的标题 图标中的文字	7、10
		大标题或封面标题	14、20

二、AutoCAD 中设置文字样式

AutoCAD 中提供了"文字样式"对话框，通过这个对话框可以创建工程图样中所需要的文字样式，或是对已有的文字样式进行编辑。

调出"文字样式"对话框的方式有 3 种。

● 下拉菜单：选择"格式"→"文字样式"。

● 工具栏：单击样式工具栏中的"文字样式"图标 **A**。

● 命令行：输入"style"（或"st"）。

执行命令后，系统弹出"文字样式"对话框，如图 4-1 所示。

对话框包括以下几项内容：

1. 当前文字样式

对话框中显示当前的文字样式为"Standard"，是系统默认的字体样式，对应的字体是"宋体"，高度为 0，宽度因子为 1，"Standard"字体样式不能被删除。

2. "样式"列表框

"样式"列表框内显示当前图形文件中所用的字体样式，可以选择要使用或编辑的文字。

3. "字体"选项区

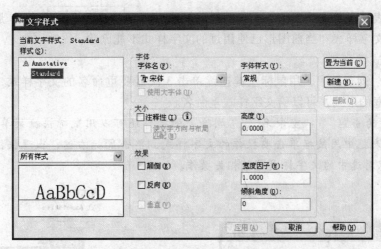

图 4-1　"文字样式"对话框

"字体"选项区用于改变文字的字体。

"字体名"下拉列表框中列出了当前系统中所有可用的字体，包括 True type 字体和扩展名为 .shx 的字体。当在"字体名"下拉列表框中选择了扩展名为 .shx 的字体，才可以使用大字体。

"字体样式"下拉列表框仅对 True type 字体有效，主要用于指定字体的字符格式。

"使用大字体"复选框启用时，"字体样式"列表框变成"大字体"列表框，用户可以设置大字体字型。大字体通常是指亚洲文字字体，系统提供了符合我国国家标准的大字体工程汉字字体，如 gbcbig. shx，hztxt. shx 等。

4. "大小"选项区

"高度"文本框用于设置文字的高度。一般地，在"高度"文本框里输入"0"，这样系统会在每一次用"text"命令输入文字时提示输入字高，用户可以根据具体需要设置不同的字高；如果字高值大于 0，这个数值就作为创建文字时的固定字高，在用"text"命令输入文字时，系统不再提示输入字高参数。

5. "效果"选项区

"效果"选项区里有"颠倒"、"反向"、"宽度因子"、"倾斜"、"垂直"等选项，可根据需要进行设置。其中，"宽度因子"是经常需要设置的选项。根据表 4-1 中文字宽高比的要求，"宽度因子"设置为 0.7，其他选项取其默认状态。

6. "置为当前"按钮

在"样式"列表框中选择一个文字样式，然后单击 **置为当前 (C)** 按钮，把选中的文字样式设为当前样式。

7. "新建"按钮

在建筑制图中，除系统提供的"Standard"字体样式外，还需使用到多种字体样式。可以根据需要新建字体样式。单击 **新建 (N)...** 按钮，弹出"新建文字样式"对话框，如图 4-2 所示，默认样式名为"样式 1"，也可在"样式名"文本框中输入新建的文字样式名。

8. "删除"按钮

在样式列表框中单击选中的一个文字样式，然后单击 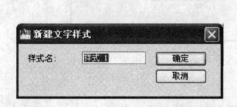按钮，删除选中的文字样式。当前文字样式和当前图形已使用过的文字样式不能删除。

9. 文字样式重命名

在"样式"列表框中，用鼠标左键连续单击 3 次需要重命名的文字样式，此时文字样式名变为文本框的形式，可以给文字样式重命名。

提示："置为当前"、"重命名"、"删除"的操作还可以用鼠标快捷菜单的方式执行。在"样式"列表框中用鼠标单击要操作的文字样式，单击鼠标右键，出现快捷菜单，如图4-3 所示，可以对选中的文字样式进行相关操作。

图 4-2　"新建文字样式"对话框（一）　　　　图 4-3　快捷菜单

学习情境 1　设置建筑工程制图中的文字样式

【学习目标】

熟练按照建筑制图规范的要求设置文字样式。

【情境描述】

设置建筑工程图样中的两种文字样式，一种用于标注工程图中的汉字，一种用于标注工程图中的数字和字母。

【任务实施】

1. 设置"汉字"文字样式

（1）调出"文字样式"对话框，如图4-1 所示。

（2）单击 新建 (N)... 按钮，弹出"新建文字样式"对话框，在"样式名"文本框输入"汉字"，如图 4-4 所示。单击 确定 按钮，返回"文字样式"对话框，进行"汉字"文字样式的设置。

在"字体"下拉列表框中选择"gbenor. shx"，启用"使用大字体"复选框，"字体样式"下拉列表框变为"大字体"列表框，在"大字体"列表

图 4-4　"新建文字样式"对话框（二）

框中选择"hztxt. shx"字体。在"高度"文本框中取默认值 0，在"宽度因子"文本框中输入"0.7"，其他使用默认设置，如图4-5 所示。

（3）观察预览区效果，单击 应用 (A) 按钮，完成"汉字"文字样式设置。

2. 设置"数字和字母"文字样式

（1）单击 新建 (N)... 按钮，弹出"新建文字样式"对话框，在"样式名"文本框中输

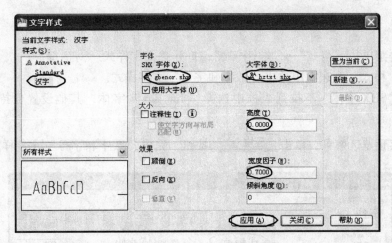

图 4-5 "汉字"文字样式设置

入"数字和字母"，单击 确定 按钮，返回"文字样式"对话框，进行"数字和字母"文字样式的设置。

（2）在"字体"下拉列表框中选择"gbenor. shx"，启用"使用大字体"复选框，在"大字体"列表框中选择"gbcbig. shx"字体。在"高度"文本框中取默认值 0，在"宽度因子"文本框中输入"0.7"，其他使用默认设置，如图 4-6 所示。

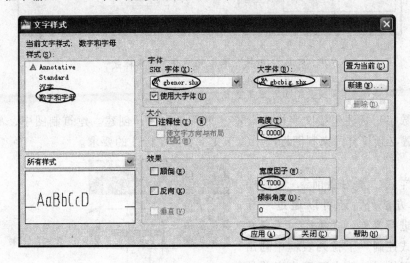

图 4-6 "数字和字母"文字样式设置

（3）观察预览区效果，单击 应用(A) 按钮，完成"数字和字母"文字样式的设置。

学习情境 2 修改建筑工程制图中的文字样式

【学习目标】

熟练修改已有文字样式。

【情境描述】

修改学习情境 1 中的"数字和字母"文字样式的有关设置，将 SHX 字体改为

"dim. shx"。

【任务实施】

（1）点击菜单栏"格式"→"文字样式"，打开"文字样式"对话框。

（2）在"样式"列表框中单击"数字和字母"文字样式。

（3）在"SHX 字体"下拉列表框中选择"dim. shx"字体，其他设置保持不变，如图4-7所示。

（4）观察预览区效果，单击 应用(A) 按钮，完成"数字和字母"文字样式的修改。

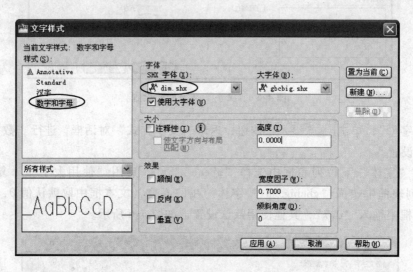

图 4-7　修改"数字和字母"文字样式

【任务小结】

文字（数字）标注包括文字样式设置、文字（数字）创建。建筑制图中，AutoCAD 字体样式的设置必须符合国家制图标准中关于文字及数字标注的要求。

【技能提高】

将文字样式"置为当前"，除按照前面介绍的方法外，还可以通过"样式"工具栏进行操作。"样式"工具栏的"文字样式控制"下拉列表框中列出了所有的文字样式，单击要置为当前的文字样式，如图 4-8 所示，选择"汉字"样式，"汉字"文字样式即置为当前。这种方法操作比较简便。

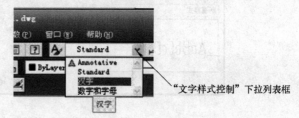

图 4-8　"文字样式控制"下拉列表框

任务 2　单行文字输入

【任务描述】

单行文字输入，适合于一行的简单文字标注，如图名等。本任务通过使用"test"或"dtext"命令在图形中添加单行文字对象。

【任务实施前准备】

调用"单行文字"命令的方式有 2 种。

- 下拉菜单：选择"绘图"→"文字"→"单行文字"。
- 命令行：输入"text"或"dtext"（"dt"）。

调用"单行文字"命令后，执行过程如下：

命令：_dtext
当前文字样式："Standard"　当前文字高度：2.5000　　　　（系统提示当前文字样式信息）
指定文字的起点或[对正(J)/样式(S)]：

（指定文字的起点或输入选择括号中的选项字母）

指定高度<2.5000>：　　　　　　　　　　（输入文字的高度，尖括号内数字为当前值）
指定文字的旋转角度：〈0〉　　　　　　　　（默认为 0，直接按回车键或输入新值）

输入旋转角度或者接受默认的角度后按 Enter 键，出现等待输入文字的光标，可开始输入文字。在执行一次标注命令"dtext"时，只能标注相同字高和相同旋转角度的文字，可随时改变插入点的位置，能同时在屏幕上见到所输入的文字，输入一行后，可以进行换行，每换一行，需要用光标重新拾取一个新的起始位置；也可以按 Enter 键连续输入多行文本，但每行文字都是独立的对象。若要结束"dtext"命令，按两次 Enter 键即可。

命令行出现的提示信息"指定文字的起点或［对正（J)/样式（S)]："括号里选项的意义如下。

（1）"对正（J)"选项：用来确定标注文本的排列方式和排列方向。

指定文字的起点或[对正(J)/样式(S)]：j　　　　　　　　（选定"对正(J)"选项，回车）
输入选项[对齐(A)/调整(F)/中心(C)/中间(M)/右(R)/左上(TL)/中上(TC)/右上(TR)/左中(ML)/正中(MC)/右中(MR)/左下(BL)/中下(BC)/右下(BR)/]：

（可根据需要输入选项字母，系统默认为左对齐方式）

（2）"样式（S)"选项：用来选择单行文字样式。

指定文字的起点或[对正(J)/样式(S)]：s　　　　　　　　　（选定"样式"选项，回车）
输入样式名或[?]：　　　　　　　（输入要采用的文字样式名，如"汉字"；回车）
指定文字的起点或[对正(J)/样式(S)]：　　　　　　　　　　（指定文字起点）

学习情境　使用单行文字命令创建文字

【学习目标】

（1）熟练使用"单行文字（dtext)"命令创建简短文字。

（2）熟练选择文字样式、大小、对齐方式。

【情境描述】

图 4-9 所示为学生作业用的图框标题栏。按图中尺寸绘制该标题栏，并按照要求填写标题栏。"学校名称"为 7 号字，"图名"为 10 号字，其余为 5 号字。图中尺寸不需标注。

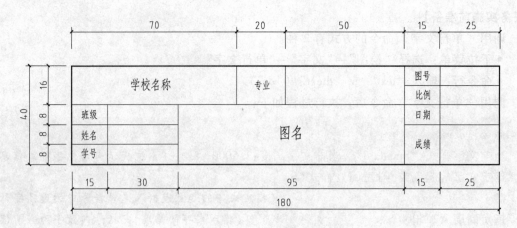

图 4-9　学生作业用标题栏

【任务实施】

1. 绘制标题栏

使用"直线（line）"、"偏移（offset）"、"修剪（trim）"等命令按照图示尺寸绘制标题栏，外框线宽设为 0.3。绘制过程略。

2. 选择文字样式

如图 4-8 所示，点击"样式"工具栏的"文字样式控制"下拉列表框，选择"汉字"，将"汉字"文字样式置为当前。

3. 用"单行文字（dtext）"命令注写文字

为方便注写单行文字时的对正，标题栏各框内画上对角线作为"对正"辅助线，如图 4-10 所示。

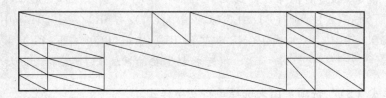

图 4-10　绘制"对正"辅助线图

（1）注写"学校名称"。

命令：_dtext
当前文字样式："汉字"当前文字高度：2.5000 　　　　　（系统提示当前文字样式信息）
指定文起字的点或[对正（J）/样式（S）]：j 　　　　　（选定"对正"选项，回车）
输入选项[对齐（A）/调整（F）/中心（C）/中间（M）/右（R）/左上（TL）/中上（TC）/右上（TR）/左中（ML）/正中（MC）/右中（MR）/左下（BL）/中下（BC）/右下（BR）/]：mc

　　　　　　　　　　　　　　　　　　　　　　　　　（采用"正中"对正方式）
指定文字的中间点：　　　　（在"学校名称"栏绘图拾取辅助线中点，如图 4-11 所示）
指定高度〈2.5000〉：7 　　　　　　　　　　　　　　（输入文字的高度）
指定文字的旋转角度：〈0〉 　　　　　　　　　　　　（回车接受默认值）

接着在屏幕上光标闪烁处输入"学校名称"四个字，按两次 Enter 键结束命令。结果如图 4-12 所示。

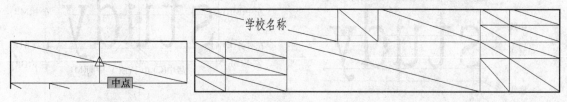

图 4-11　捕捉辅助线中点　　　　　　　　　　图 4-12　输入文字——"学校名称"

（2）注写"图名"。

再次调用"单行文字"命令（在完成步骤（1）后可直接回车）。

DT 指定文起字的点或[对正(J)/样式(S)]:j　　　　　　（选定"对正"选项，回车）
输入选项对齐(A)/布满([F)/居中(C)/中间(M)/右对齐(R)/左上(TL)/中上(TC)/右
上(TR)/左中(ML)/正中(MC)/右中(MR)/左下(BL)/中下(BC)/右下(BR)]:mc
　　　　　　　　　　　　　　　　　　　　　　　　　（采用"正中"对正方式）
指定文字的中间点：　　　　　　　　　（在"图名"栏绘图拾取辅助线中点）
指定高度〈7.0000〉:10　　　　　　　　　　　　　　（输入文字的高度）
指定文字的旋转角度:〈0〉　　　　　　　　　　　（回车接受默认值）

在屏幕上光标闪烁处输入"图名"二字，按两次 Enter 键结束命令。结果如图 4-13 所示。

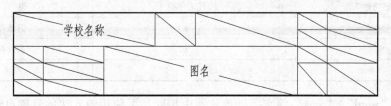

图 4-13　输入文字——"图名"

（3）同样方法注写其他文字。完成所有文字注写后，删除辅助线，结果如图 4-9 所示（不含图中尺寸标注）。任务完成后，保存文件。

【任务小结】

采用"单行文字（dt）"命令注写字数较少的文字会比较方便。使用该命令时，需注意正确理解文字"对正"方式的含义。

【知识链接】

1. 文字对齐方式

AutoCAD 提供了 15 种文字的对齐方式，其中默认的对齐方式是左对齐。AutoCAD 为标注文字定义了 4 条定位线：顶线（Top line）、中线（Middle line）、基线（Base line）和底线（Bottom line），如图 4-14 所示。根据这 4 条文字定位线，各种文字对齐方式的含义如图 4-15 所示。

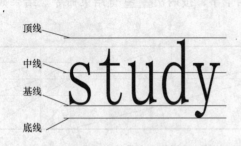

图 4-14　文字定位线 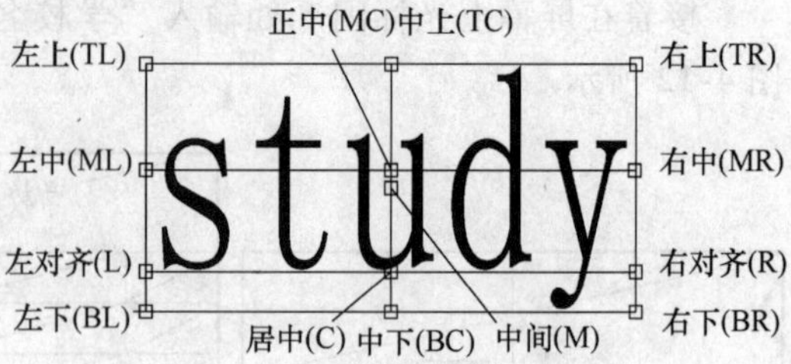　　　　　　　图 4-15　文字对齐方式

几种对齐方式的比较，如图 4-16 所示。以图 4-13 中"学校名称"栏为例，对正点为对角线的中点。

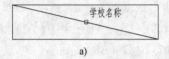
a)

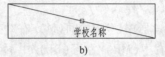
b)

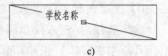
c)

图 4-16　几种对齐方式的比较

a）默认左对齐　b）左上对齐　c）右下对齐

2. 特殊字符的输入

使用"单行文字（dtext）"命令输入文字时，特殊字符的输入有两种方式：

（1）使用如表 4-3 中所示字符代码输入。

表 4-3　特殊字符的代码及含义

字符输入	代表字符	说　　明
％％c	φ	钢筋符号
％％p	±	正负符号
％％d	°	度

（2）与"word"、"wps"等文字处理软件中相同，可使用输入法的软键盘输入有关特殊字符。

任务 3　多行文字输入

【任务描述】

多行文字输入适合于书写字数较多、格式较复杂的成段文字，如建筑图的设计要求、施工说明等。本任务是使用"多行文字（mtext）"命令进行多行文字输入。

【任务实施前准备】

多行文字的标注是在指定的矩形区域内以段落的方式标注文字，可以根据设置的文本宽度自动换行，用该命令创建的多行文字是一个对象。

调用"多行文字（mtext）"命令的方式常用的有 3 种：

● 下拉菜单：选择"绘图"→"文字"→"多行文字"。

● 工具栏：单击绘图工具栏中的"多行文字"图标**A**。

● 命令行：输入"mtext"（或"mt"）。

调用"多行文字"命令后，执行过程如下：

> 命令：_mtext 当前文字样式："Standard" 文字高度：2.5 注释性：否
> 指定第一点：　　　　　　　　　　　　　　　　（指定文字输入区的第一个角点）
> 指定对角点或［高度(H)/对正(J)/行距(L)/旋转(R)/样式(S)/宽度(W)/栏(C)］：
> 　　　　　　　　　　　　　　（指定文字输入区的第二个角点或输入选项）

说明："指定对角点"是默认选项，也是最常用选项，其他括号内选项通常不在此处设置，而在执行完"指定对角点"后弹出的"文字格式"工具栏和多行文字编辑器中设置。

指定对角点，如图 4-17 所示，AutoCAD 将在这两个对角点形成的矩形区域中标注多行文字，矩形区域的宽度就是多行文字的宽度。当指定了对角点后，弹出一个"文字格式"工具栏和多行文字编辑器，如图 4-18 所示。

图 4-17　指定对角点

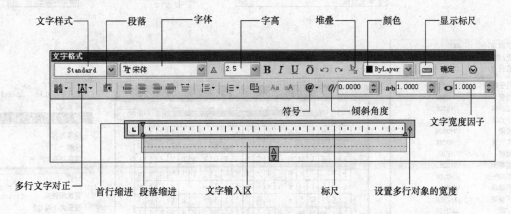

图 4-18　"文字格式"工具栏和多行文字编辑器

多行文字编辑器与 Word、WPS 等文字处理软件的界面、功能类似。这里，介绍"文字格式"工具栏和多行文字编辑器中部分选项的功能。

（1）"文字样式"下拉列表框：选择已经设置好的文字样式，如图 4-19a 所示。

（2）"字体"下拉列表框：选择系统中给出的各种字体，如图 4-19b 所示。

（3）"字高"下拉列表框：指定字符高度，可以从列表框中选择已经设置过的字高，也可以在文本编辑框中直接输入字高，如图 4-19c 所示。

（4）"堆叠"按钮：用于标注分数、上下标等堆叠文字。选中需堆叠的字符，单击该按钮。表 4-4 中列出了 AutoCAD 提供的两种分数形式及上下标的输入方法及堆叠效果。

（5）"颜色"下拉列表框：选择多行文字的颜色。直接从下拉列表框中指定所需颜色，

表 4-4　文字堆叠效果

堆叠前	1/100	1#100	x ^y	x y^
堆叠后	$\dfrac{1}{100}$	1/100	X_y	X^y

注：阴影部分为用鼠标选定的堆叠文字。

如图 4-19d 所示。

（6）"显示标尺"按钮 ▣：控制标尺是否显示。

（7）"符号"按钮 **@**▾：用于输入各种符号。单击该按钮，弹出"符号列表"，表中列出了一些常用的符号，如图 4-19e 所示。如果单击"其他（Q）…"选项，弹出的"字符映射表"对话框将提供更多的符号可供选择，如图 4-19f 所示。

（8）"选项"按钮 ▽：单击此按钮，打开"选项"菜单，如图 4-19g 所示。

各项设置完成后，输入文字，单击"确定"按钮，完成多行文字的输入。

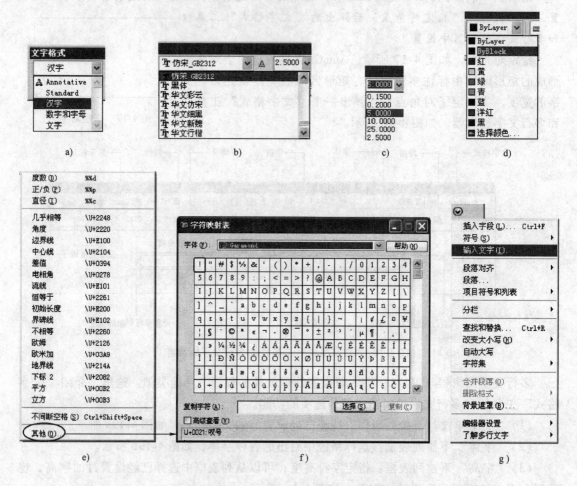

图 4-19　"文字格式"对话框中有关设置

a）"文字样式"下拉列表框　b）"字体"下拉列表框　c）"字高"下拉列表框　d）"颜色"下拉列表框
e）符号列表　f）字符映射表　g）"选项"菜单

学习情境　使用多行文字创建文字

【学习目标】

（1）熟练使用"多行文字（mtext）"命令创建多行文字。

（2）熟练进行多行文字格式的各种设置。

【情境描述】

使用多行文字命令，创建如图 4-20 所示文字。要求：第一行文字为 7 号字，其他行字号为 5 号字；文字为洋红色。

一、工程概况

1. 工程名称：信息化办公楼

2. 建设单位：上海市××学校

3. 建设规模：总建筑面积1700 mm^2，占地面积为780 mm^2

4. 本工程±0.000位于黄海高程××××

图 4-20　多行文字

【任务实施】

（1）调用"多行文字"命令。

命令:_mtext 当前文字样式：　"Standard"　文字高度：　2.5　注释性：　否

指定第一点：　　　　　　　　　　　　　　　　　（指定文字输入区的第一个角点）

指定对角点或[高度(H)/对正(J)/行距(L)/旋转(R)/样式(S)/宽度(W)/栏(C)]：

　　　　　　　　　　　　　　　　　　　　　　　（指定文字输入区的第二个角点）

（2）弹出"文字格式"工具栏和多行文字编辑器，在"文字样式"下拉列表框中选择"汉字"样式，"字高"下拉列表框中选择或直接输入"5.000"，"颜色"下拉列表框中选择"洋红"，如图 4-21 所示。

图 4-21　选择文字样式、字高、文字颜色

（3）在编辑框中输入第一行，如图 4-22a 所示。按"回车"键，另起一行，如图 4-22b 所示。

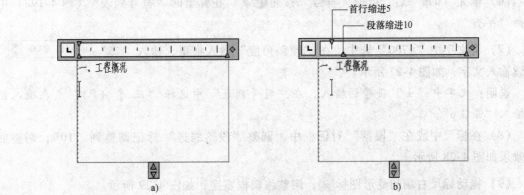

图 4-22　在编辑框中输入文字

（4）单击"段落"按钮 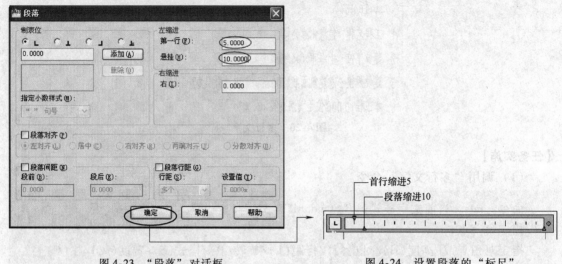，弹出"段落"对话框，如图 4-23 所示。在"左缩进"选项区的"第一行"文本框输入"5"，在"悬挂"文本框里输入"10"，设置完毕，按"确定"按钮；返回多行文字编辑器，标尺变化，如图 4-24 所示。

图 4-23　"段落"对话框　　　　　　　图 4-24　设置段落的"标尺"

（5）单击"编号"按钮，出现如图 4-25 所示菜单，选择"以数字标记"选项，输入如图 4-26 所示文字。

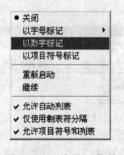

图 4-25　"编号"菜单

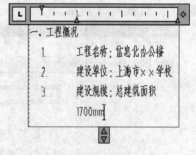

图 4-26　选择"编号"方式

（6）输完"mm"后，点击"符号"按钮，在弹出的"符号列表"（图 4-19e）中选择"平方"。

（7）将文字中"1700"选中，在"倾斜角度"输入框里，输入"15"，继续输入文字，如图 4-27 所示。

说明：文字中"±"符号的输入，在"符号列表"中选择"正/负（P）"或在输入框中输入"％％p"。

（8）在标尺中或在"段落"对话框中，调整"段落缩进"标记调整到"10"，调整后的效果如图 4-28 所示。

（9）拖动标尺右端的菱形图标，调整编辑框宽度，如图 4-29 所示。

（10）选择第一行文字"一、工程概况"，在"字高"中输入"7"。

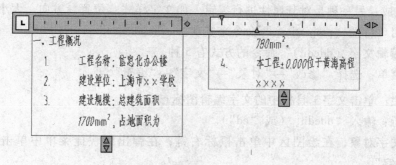

图 4-27 设置文字"倾斜角度"

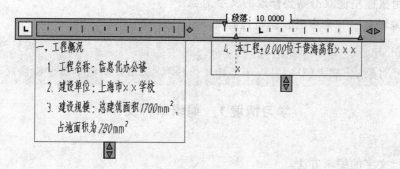

图 4-28 调整"段落缩进"

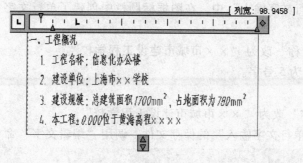

图 4-29 调整编辑框宽度

（11）文字输入、调整完毕，单击"文字格式"工具栏中的"确定"按钮，结束命令。

【任务小结】

"多行文字编辑器"的功能类似于 Word、WPS 等文字编辑软件。根据制图标准的要求熟练掌握多行文字的注写方法，能提高建筑工程图的图面质量。

任务 4 编 辑 文 字

【任务描述】

对于建筑图中用单行文字和多行文字创建的文字，有时需要进行修改。本任务是对已经标注的单行文字和多行文字进行编辑。

【任务实施前准备】

AutoCAD 提供了两种编辑文字的方法：一种是修改文字内容，可以用"编辑文字（ddedit）"命令完成；另一种是对其属性进行编辑，如文字样式、位置、方向、大小、对正等特性，就要利用"特性（properties）"命令来实现。

　　调用"编辑文字（ddedit）"命令的方式有 5 种。

　　●下拉菜单：选择"修改"→"对象"→"文字"→"编辑"。

　　●工具栏：单击文字工具栏中的文字编辑图标 🗛。

　　●命令行：输入"ddedit"（或"ed"）。

　　●选择文字对象，在绘图区中单击鼠标右键，在弹出的快捷菜单中单击"编辑"或"编辑多行文字"。

　　●直接用鼠标左键双击需要修改的文字对象。

　　调用"编辑文字"命令后，执行过程如下：

命令：_ddedit
选择注释对象或[放弃(U)]：　　　（光标变为拾取框，用拾取框单击需要修改的文字对象）

学习情境 1　编辑单行文字

【学习目标】

　　掌握单行文字的编辑方法。

【情境描述】

　　在"任务 2　单行文字输入"中，在图框标题栏中创建了单行文字"学校名称"，现需作如下修改：

　　（1）将"学校名称"改为"××市城市建设工程学校"。

　　（2）将 7 号字改为 5 号字。

【任务实施】

1. 将"学校名称"改为"××市城市建设工程学校"

打开"任务 2　单行文字输入"的保存文件，调用"编辑文字"命令。

命令：_ddedit
选择注释对象或[放弃(U)]：
（光标变为拾取框，用拾取框单击单行文字"学校名称"，如图 4-30 所示，"学校名称"反显
　　　　　成文本框的形式，输入"××市城市建设工程学校"，回车确认）
选择注释对象或[放弃(U)]：　　　　　　　（继续修改下一文本对象，两次回车，结束命令）

　　提示： 修改文字内容也可在屏幕上双击需修改的文字，当所选文字反显成文本框形式时，即可进行修改。

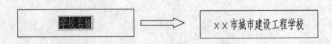

图 4-30　编辑文字内容

2. 将 7 号字改为 5 号字

（1）单击 AutoCAD 界面的状态栏中"快捷特性"切换按钮 🔲 或图标 🔲，使之处于打

开状态。

（2）单击"××市城市建设工程学校"，屏幕上弹出"文字属性"窗口，如图 4-31 所示，在"高度"栏中将"7.000"改为"5"，如图 4-32 所示。

说明：如图 4-31 所示，在"文字属性"窗口中还可以修改文字的图层、内容、样式、注释性、对正、旋转等特性。

图 4-31　利用"快捷特性"选项修改文字高度

××市城市建设工程学校

图 4-32　将 7 号字改为 5 号字

【技能提高】

"特性"选项板："特性"选项板是 AutoCAD 提供的一个功能非常强大的编辑工具，可以很方便地编辑图形对象的特性。

下面利用"特性（properties）"命令来完成本任务中的修改单行文字。

（1）调用"特性"命令，弹出"特性"选项板，如图 4-33a 所示。

调用"特性"命令的方式有 5 种。

● 下拉菜单：选择"修改"→"特性"。

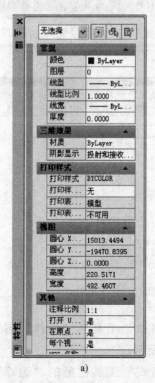

a)

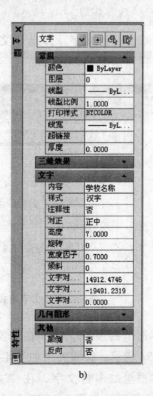

b)

图 4-33　"特性"选项板

- 工具栏：用鼠标左键单击标准工具栏中的"特性"图标 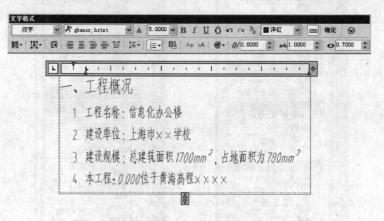 。

- 工具栏：用鼠标左键单击标准工具栏中的"特性"图标 。
- 命令行：输入"Properties"（或"pr"）。
- 快捷键：Ctrl + l。
- 先选择对象，然后单击鼠标右键，在弹出的快捷菜单中选择"特性"。

（2）选中待修改的文字"学校名称"，"特性"选项板显示并可修改与选中对象相关的特性，如图4-33b所示。

说明：也可先选中修改对象，再调用"特性"命令。

（3）在选项板中进行相应的修改，按"回车"键结束命令。

学习情境2　编辑多行文字

【学习目标】

掌握多行文字的编辑方法。

【情境描述】

将图4-20所示"任务3　多行文字输入"中所创建的多行文字作如下修改：

（1）将字体改为"黑体"。

（2）将字符间距适当加大。

【任务实施】

（1）打开"任务3　多行文字输入"保存文件，调用"编辑文字"命令。

命令：_ddedit
选择注释对象或[放弃(U)]：　　　　　　　（光标变为拾取框,用拾取框单击多行文字）

或用鼠标左键双击多行文字，弹出"文字格式"工具栏和文字编辑器，文本框里显示多行文本的全部内容，如图4-34所示。

图4-34　"文字格式"工具栏和文字编辑器

（2）选中文本框里的多行文字，在"文字格式"工具栏"字体"下拉列表框中选择"黑体"，如图4-35a所示。编辑效果如图4-35b所示。

（3）选中文本框里的多行文字，在"文字格式"工具栏里的"追踪"文本框里输入"1.25"以加大字符间距，如图4-36所示。按"确定"按钮，退出多行文字编辑器。

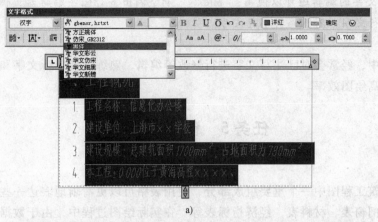

a)

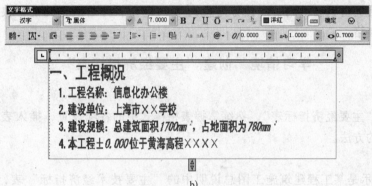

b)

图 4-35　改变多行文字"字体"样式

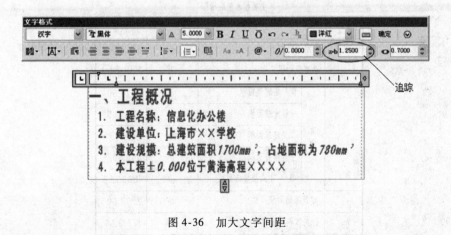

图 4-36　加大文字间距

命令行提示：

选择注释对象或[放弃（U）]：	（继续修改下一文本对象,回车,结束命令）

说明：

（1）多行文字的编辑同样可以使用"特性（Properties）"命令和点击状态栏中的"快捷特性"切换按钮。

（2）多行文字的编辑还可以使用"mtext"命令调出多行文字编辑器，但"mtext"命令只能编辑多行文字，不能编辑单行文字。

【任务小结】

绘图过程中，经常会对已注写文字进行修改等编辑，熟练掌握单行文字和多行文字的编辑方法，可提高绘图效率。

任务5 创 建 表 格

【任务描述】

表格是建筑工程图中一个重要组成部分，使用表格可以更清晰地表达一些统计数据，最常见的用法有门窗表、材料表、经济指标表等。在实际绘图过程中，由于数据信息类别的不同，使用的表格类型也会不同，本任务是使用 AutoCAD 软件的表格功能，快速、准确地创建不同类型的表格。

学习情境 创建"主要经济指标表"

【学习目标】

通过创建"主要经济指标表"，熟练掌握表格样式中的各项设置，插入表格并利用编辑工具进行操作的方法。

【情境描述】

图 4-37 所示是某工程建筑施工图总说明中的"主要技术经济指标"表，利用AutoCAD软件创建该表格。要求标题用 7 号字，表头及数据用 5 号字。

主要技术经济指标

序号	名称		单位	数量
1	总用地面积		m^2	6368.56
2	总建筑面积		m^2	16942.69
	其中	负一层建筑面积	m^2	2277.60
		一层建筑面积	m^2	2277.60
		二层建筑面积	m^2	1714.09
		三层建筑面积	m^2	666.60
		四～十六层建筑面积	m^2	10006.80
3	建筑基地面积		m^2	2277.60
4	计入容积率面积		m^2	17718.61
5	容积率			2.78
6	建筑密度		%	35.76

图 4-37 某工程"主要技术经济指标"表

【任务实施】

1. 设置"表格样式"

（1）在菜单中选择"格式/表格样式"命令，弹出"表格样式"对话框，如图 4-38 所示。

（2）点击"新建"按钮，弹出"创建新的表格样式"对话框，在"新样式名（N）"栏中输入"主要技术经济指标"，如图 4-39 所示。

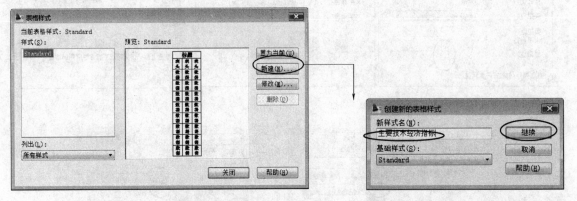

图 4-38 "表格样式"对话框　　　　图 4-39 "创建新的表格样式"对话框

（3）单击"继续"按钮，弹出"新建表格样式：主要技术经济指标"对话框，如图 4-40 所示，设置表格样式。

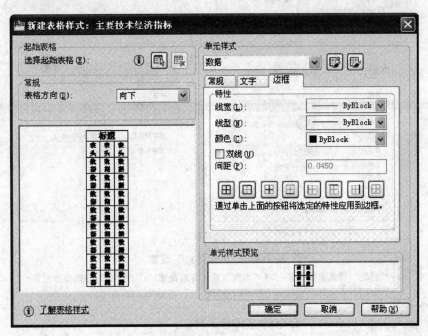

图 4-40 "新建表格样式"对话框

（4）在"单元样式"设置区中，"标题"、"表头"、"数据"的参数设置如图 4-41 所示。

（5）单元样式设置完毕后，按"确定"按钮，回到"表格样式"对话框，如图 4-42 所示，此时在样式栏中显示已设置好的"主要技术经济指标"样式，如需继续创建新的表格样式，按"新建"按钮；否则按"关闭"按钮，退出对话框，返回绘图区。

a)

b)

c)

图 4-41 "单元样式"设置

a)"标题"样式参数设置　b)"表头"样式参数设置　c)"数据"样式参数设置

2. 插入表格

调用"插入表格（table）"命令的方式有 3 种。

· 下拉菜单：选择"绘图"→"表格"。

· 工具栏：单击绘图工具栏中的"表格"图标 ⊞。

· 命令行：输入"table"。

（1）调用该命令后，弹出"插入表格"对话框，在"表格样式"下拉列表框中选择"主要技术经济指标"选项；在"列和行设置"区里，根据本学习情境表格样式，设置列数为 5，列宽为 20，行数为 11，行高取默认值 1，如图 4-43 所示。

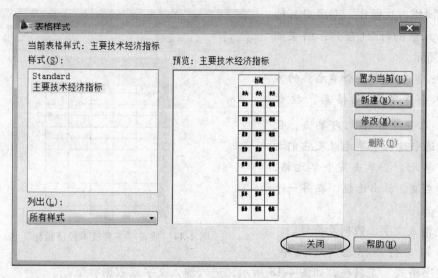

图 4-42 完成设置后的"表格样式"对话框

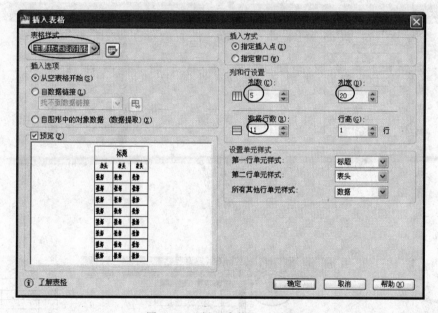

图 4-43 "插入表格"对话框

（2）单击"确定"按钮，返回绘图区，在绘图区适当位置插入表格，如图 4-44 所示。

（3）按照图 4-44 所示表格样式，对单元格进行合并。

以合并 A4～A9 单元格为例：单击 A4 单元格，单元格被凸显，同时弹出"表格"工具栏，按住 Shift 键，单击 A9 单元格，A4～A9 单元格同时被选中，如图 4-45a、4-45b 所示。按下述方法完成 A4～A9 单元格的合并。

方法一： 单击鼠标右键，弹出"快捷菜单"，如图 4-45c 所示，选择"合并"→"按列"。

方法二： 在"表格"工具栏中单击"合并单元"下拉列表框按钮 ⊞ ▾，选择"按列"，如图 4-45d 所示。

按照同样方法操作，完成对其他需合并单元格的行/列合并，结果如图 4-45e 所示。

说明：同时选中多个单元格的方法：① 单击某个单元格后，按住 Shift 键，在另一个单元内单击，便可以同时选中这两个单元以及它们之间的所有单元。② 单击某个单元格，按住鼠标左键，拉出选框，在另一个单元内单击。

（4）输入文字、数据及符号。

双击第一行"标题"单元格，弹出"文字格式"工具栏，如图 4-18 所示，进入输入文字或数据状态。

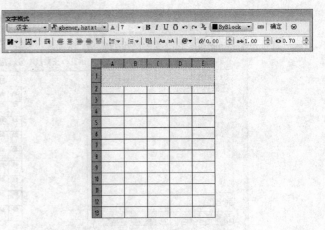

图 4-44　插入"主要技术经济指标"表

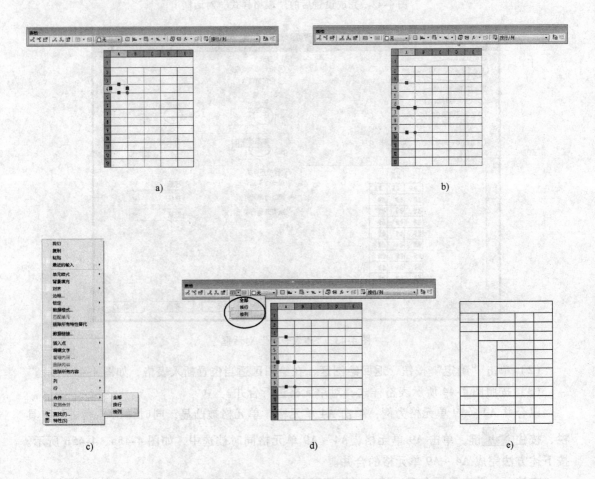

图 4-45　合并单元格

a）选中 A4 单元格　b）按住 Shift 键，选中 A4 ~ A9 单元格　c）单击鼠标右键"快捷菜单"
d）"表格"工具栏"合并单元"下拉列表框　e）合并单元格后表格

　　按要求输入数字和文字，输入过程中，使用键盘上 ↑、
↓、←、→ 按键或 Tab 键变换选择相邻单元格。完成文字、
数据及符号的输入。"文字格式"工具栏的使用同本项目任务
3 中介绍，此处不再重复。结果如图 4-46 所示。

　　（5）选择要插入公式的单元格，插入函数。

　　方法一：单击 E4 单元格，单击鼠标右键，调出快捷菜
单，选择"插入点"→"公式"→"求和"，如图 4-47 所示。

　　方法二：点击"表格"工具栏中"插入公式"下拉列表
框 f_x ▼，选择"求和"。

　　说明：AutoCAD 提供的公式函数有求和、均值、计数、
单元和方程式 5 种。

　　插入"求和"函数后，系统提示选择求和的范围，命令
行提示如下：

主要技术经济指标			
序号	名称	单位	数量
1	总用地面积	m²	6368.56
2	总建筑面积	m²	
	负一层建筑面积	m²	2277.60
	一层建筑面积	m²	2277.60
其中	二层建筑面积	m²	1714.09
	三层建筑面积	m²	666.60
	四~十六层建筑面积	m²	10006.80
3	建筑基地面积	m²	2277.60
4	计入容积率面积	m²	17718.61
5	容积率		2.78
6	建筑密度	%	35.76

图 4-46　输入单元内容

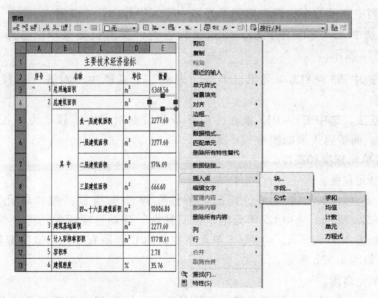

图 4-47　选择要插入公式的单元格、快捷菜单插入公式

　　选择表格单元范围的第一个角点：　　　　　　　　　（选择 E5 单元格，用鼠标向右下拉出线框）
　　选择表格单元范围的第二个角点：　　　　　　　　　（将线框拉到 E9 单元格，如图 4-48 所示）

　　（6）选择单元范围后，单击鼠标左键，在单元格中显示求和函数公式，如图 4-49 所
示；单击"文字格式"工具栏上的"确定"按钮，或在表格外空白处单击，退出输入状态，
系统将公式计算的值显示在单元格内，如图 4-50 所示。

　　3. 编辑表格

　　通常情况下，创建的表格都需要进行内容或格式的修改，才能符合要求。AutoCAD 提
供了多种方式可进行表格编辑，其中包括夹点编辑方式、选项板编辑方式和快捷菜单编辑
方式。

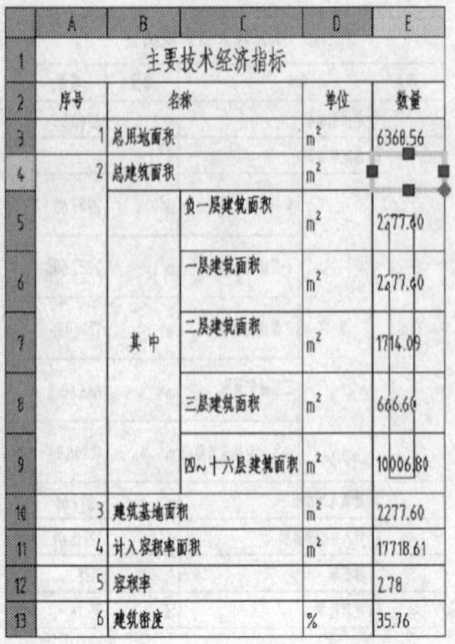

| 图 4-48 选择单元范围 | 图 4-49 选择单元范围后 | 图 4-50 完成公式计算的结果 |

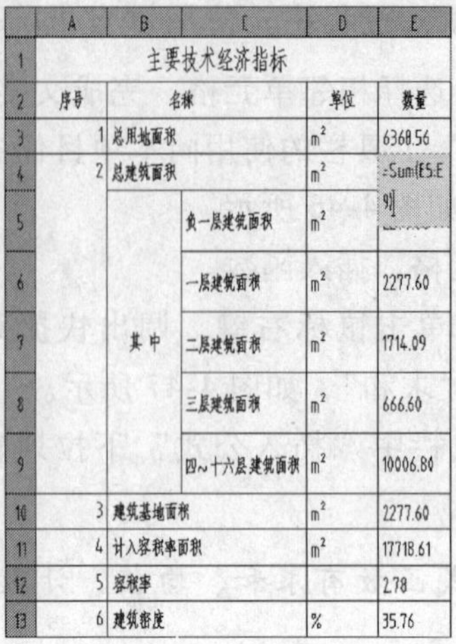

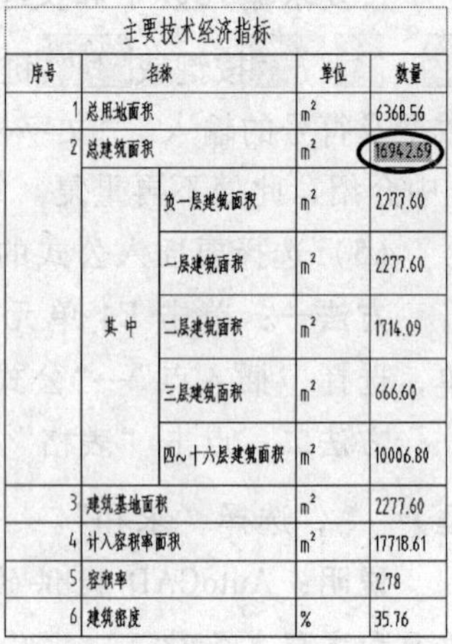

（1）调整单元对齐方式。

1）将 A 列中序号数字位置调整到单元格中间，操作方法有 2 种。

方法一： 选中 A3～A13 单元格，单击鼠标右键，调出快捷菜单，选择"对齐"→"正中"，如图 4-51a 所示。

方法二： 选中 A3～A13 单元格，单击"表格"工具栏中"对齐"下拉列表框 ，选择"正中"。

2）同样方法，选中 D3～D13 单元格，将 D 列数据对齐方式修改为"正中"对齐，如图 4-51b 所示。调整后效果如图 4-51c 所示。

（2）调整单元宽度和高度。

1）调整单元宽度。

单击选中 B 列合并的单元格，调出"特性"浮动选项板，在"单元宽度"栏输入"10"，如图 4-52a 所示；选中 C5 单元格，在"特性"浮动选项板中，将"单元宽度"值调整为"35"，如图 4-52c 所示，包括 C5 单元格在内的 C 列所有单元格宽度都随之同时改变。

调整效果如图 4-52b 所示。

2）调整单元高度。

选中 A2～A13 单元格，如图 4-53a 所示；在"特性"浮动选项板中，将"单元高度"值调整为"10"，如图 4-53b 所示，包括 A2～A13 单元格在内的第 2～13 行的所有单元格高度都随之同时改变。

调整效果如图 4-53c 所示。

（3）选中整个表格，在"修改"工具栏中单击"分解"按钮 ，将表格分解，删除标题部分的直线，将外框及标题栏框线设为 0.4，效果如图 4-37 所示。

【任务小结】

AutoCAD 2010 中创建表格的功能类似于 Excel 软件，应熟练掌握。

【技能提高】

编辑表格的夹点方式： 单击任意网格线选中该表格，将显示用于编辑的夹点，然后拖动夹点即可对该表格进行编辑操作，各个夹点的功能都不相同，如图 4-54 所示。

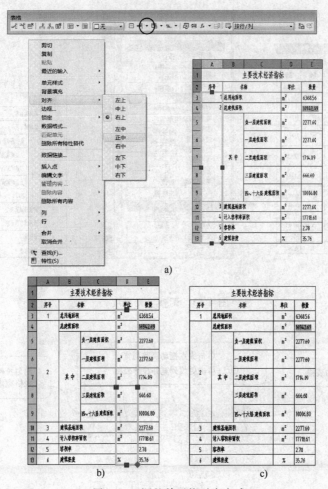

图 4-51　调整单元格对齐方式

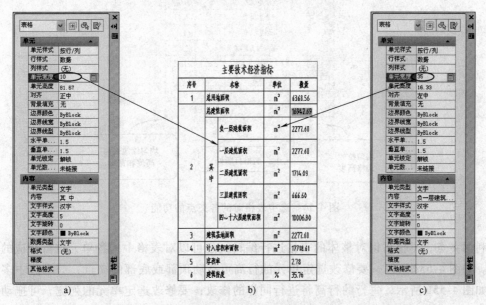

图 4-52　调整单元宽度

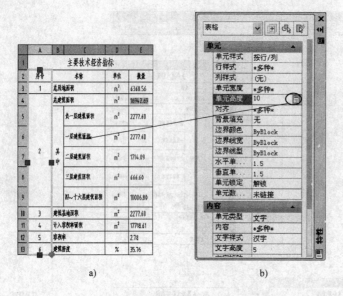

a) b) c)

图 4-53 调整单元高度

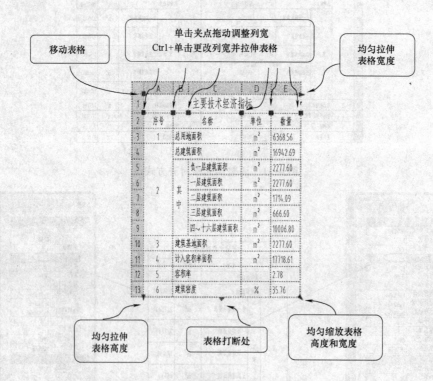

图 4-54 选中表格时的各夹点的功能

  利用夹点，不仅可以对整体的表格进行编辑，还可以对表格中的各单元进行相应的编辑修改。如图 4-55a 所示，要修改选定单元的行高可拖动顶部或底部的夹点，如果选中多个单元，如图 4-55b 所示，每行的行高将进行同样的修改；要修改选定单元的列宽，可拖动左侧或右侧的夹点，如果选中多个单元，每列的列宽将进行同样的修改。

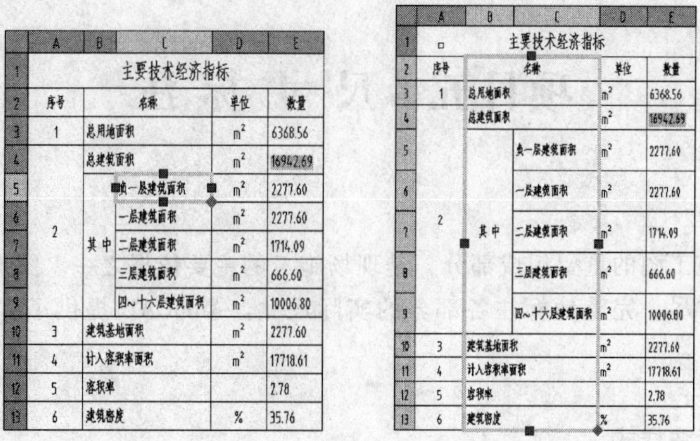

a)　　　　　　　　　　　　　　　　　b)

图 4-55　单元格的夹点编辑模式

项目五 尺寸标注

【项目概述】

尺寸是建筑施工图的重要组成部分，是现场施工的主要依据之一。图形绘制好后，必须在图样中准确、详尽、完整地标注各部分的实际尺寸。AutoCAD 提供了多种方式的尺寸标注及编辑方法。

本项目的任务：

- 创建尺寸标注样式。
- 线性尺寸标注。
- 径向尺寸标注。
- 角度和弧长标注。
- 引线标注。
- 尺寸标注的编辑。

相关知识：

- 建筑制图标准中有关尺寸标注的规定。

任务1 创建尺寸标注样式

【任务描述】

AutoCAD 提供了尺寸标注样式，用户可以根据需要自行设置。默认的标注样式一般不能满足建筑制图的要求，要使尺寸标注符合建筑制图标准的规定，需要在标注尺寸前根据 GB/T 50001—2010《房屋建筑制图统一标准》的规定来创建所需的尺寸标注样式。

【任务实施前准备】

一、建筑制图尺寸标注规定

图样上的尺寸，包括尺寸界线、尺寸线、尺寸起止符号和尺寸数字，如图 5-1 所示。

1. 尺寸界线、尺寸线及尺寸起止符号

（1）尺寸界线应用细实线绘制，一般应与被注长度垂直，其一端应距图样轮廓线不小于 2mm，另一端宜超出尺寸线 2～3mm。图样轮廓线可用作尺寸界线，如图 5-2 所示。

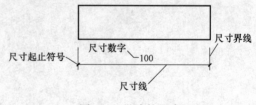

图 5-1　尺寸的组成

（2）尺寸线应用细实线绘制，应与被注长度平行。图样本身的任何图线均不得用作尺寸线。

（3）尺寸起止符号一般用中粗斜短线绘制，其倾斜方向应与尺寸界线成顺时针 45°，长度宜为 2～3mm。半径、直径、角度与弧长的尺寸起止符号，宜用箭头表示，如图 5-3 所示。

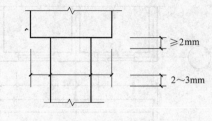

图 5-2 尺寸界线

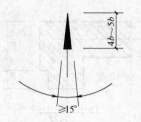

图 5-3 箭头尺寸起止符号

2. 尺寸数字

（1）图样上的尺寸，应以尺寸数字为准，不得从图上直接量取。

（2）图样上的尺寸单位，除标高及总平面以 m 为单位外，其他必须以 mm 为单位。

（3）尺寸数字的方向，应按图 5-4a 所示的规定注写。若尺寸数字在 30°斜线区内，宜按图 5-4b 所示的形式注写。

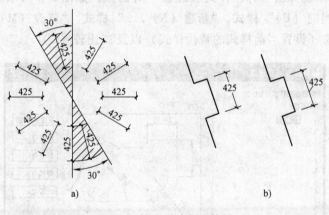

图 5-4 箭头尺寸起止符号

（4）尺寸数字一般应依据其方向注写在靠近尺寸线的上方中部。如果没有足够的注写位置，最外边的尺寸数字可注写在尺寸界线的外侧，中间相邻的尺寸数字可错开注写，如图 5-5 所示。

3. 尺寸的排列与布置

尺寸宜标注在图样轮廓以外，不宜与图线、文字及符号等相交，如图 5-6 所示。

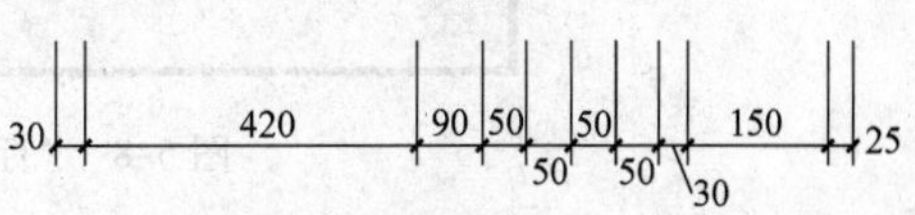

图 5-5 尺寸数字的注写位置

互相平行的尺寸线，应从被注写的图样轮廓线由近向远整齐排列，较小尺寸应离轮廓线较近，较大尺寸应离轮廓线较远。图样轮廓线以外的尺寸界线，距图样最外轮廓之间的距离，不宜小于 10mm；平行排列的尺寸线的间距，宜为 7~10mm，并应保持一致。总尺寸的尺寸界线应靠近所指部位，中间的分尺寸的尺寸界线可稍短，但其长度应相等，如图 5-7 所示。

二、AutoCAD 标注样式管理器

AutoCAD 中提供了"标注样式管理器"对话框，通过这个对话框可以方便地创建符合建筑制图要求的尺寸标注样式，或是对已有的尺寸标注样式进行编辑。

打开"标注样式管理器"对话框的方式有 3 种。

● 下拉菜单："标注（N）"→"标注样式（S）…"。

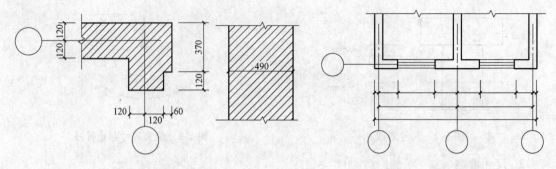

图 5-6 尺寸数字的注写   图 5-7 尺寸的排列

- 工具栏：单击样式工具栏中的标注样式图标按钮 。
- 命令行：输入 "dimstyle"（或 "d"）。

执行命令后，系统弹出 "标注样式管理器" 对话框，如图 5-8 所示。此对话框中提供以下选项："置为当前（U）" 样式、"新建（N）…" 样式、"修改（M）…" 样式、"替代（O）…" 样式（设置当前样式的替代样式）以及 "比较（C）…" 样式。

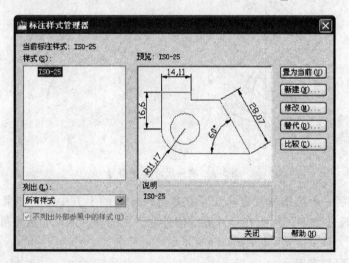

图 5-8 "标注样式管理器" 对话框

"标注样式管理器" 对话框中的有关按钮功能如下。

"置为当前"：将在 "样式（S）" 下选定的标注样式设置为当前标注样式。当前样式将应用于所创建的标注。

"新建（N）…"：显示 "创建新标注样式" 对话框，从中可以定义新的标注样式。

"修改（M）…"：显示 "修改标注样式" 对话框，从中可以修改标注样式。对话框选项与 "新建标注样式" 对话框中的选项相同。

"替代（O）…"：显示 "替代当前样式" 对话框，从中可以设置标注样式的临时替代值。对话框选项与 "新建标注样式" 对话框中的选项相同。替代将作为未保存的更改结果显示在 "样式" 列表中的标注样式下。

"比较（C）…"：显示 "比较标注样式" 对话框，从中可以比较两个标注样式或列出一个标注样式的所有特性。

学习情境 创建"建筑制图"尺寸标注样式

【学习目标】

（1）掌握建筑制图中尺寸标注的相关规定。

（2）掌握根据需要创建尺寸标注样式的方法。

【情境描述】

根据建筑制图尺寸标注的相关规定，在 AutoCAD 2010 环境下创建"建筑制图"尺寸标注样式。

【任务实施】

1. 新建文件

新建一个图形文件。

2. 创建尺寸标注样式

（1）打开标注样式管理器，如图 5-8 所示。

（2）在"标注样式管理器"对话框中，单击"新建"按钮，弹出"创建新标注样式"对话框，在"新样式名"文本框里输入"建筑制图"，如图 5-9 所示。

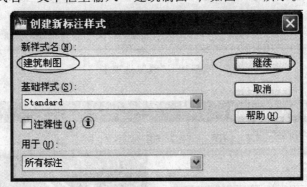

图 5-9 "创建新标注样式"对话框

（3）单击"继续"按钮，弹出"新建标注样式：建筑制图"对话框，打开"线"选项卡，设置"尺寸线"选项区中的"基线间距"为"8"，设置"延伸线"选项区中的"超出尺寸线"为"2"，"起点偏移量"为"3"；选中"固定长度的延伸线"选项，在"长度"文本框中输入"7"，如图 5-10 所示。

（4）打开"符号和箭头"选项卡，在"箭头"选项区中设置"第一个"为"建筑标记"，"第二个"自动变为"建筑标记"；"箭头大小"设为"2"，如图 5-11 所示。

（5）打开"文字"选项卡，设置各参数，如图 5-12 所示。

• "文字外观"选项区设置：从"文字样式"下拉列表框中选择已设置好的文字样式"数字"，也可单击"文字样式"下拉列表框右侧的 ... 按钮，在弹出的"文字样式"对话框中设置新的文字样式，文字样式设置的方法见"项目四"；"文字高度"设为"3.5"，其余为默认设置。

• "文字位置"选项区设置："垂直"设置为"上"，"水平"设置为"居中"，其余为默认设置。

• "文字对齐"选项区设置：选择"ISO 标准"单选按钮。

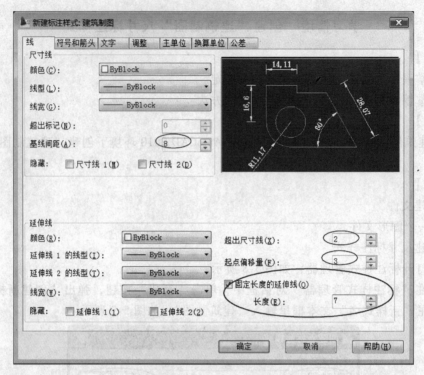

图 5-10　"线"选项卡

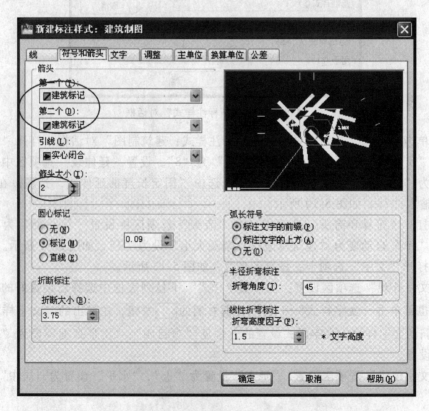

图 5-11　"符号和箭头"选项卡

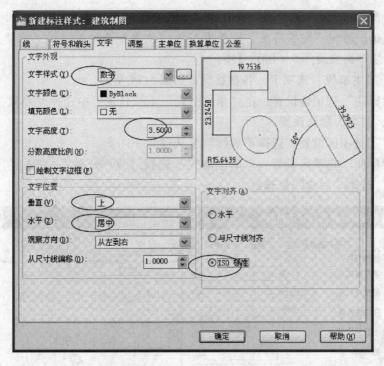

图 5-12 "文字"选项卡

（6）打开"调整"选项卡，选择"标注特征比例"选项区中的"使用全局比例"为"1"，如图 5-13 所示。

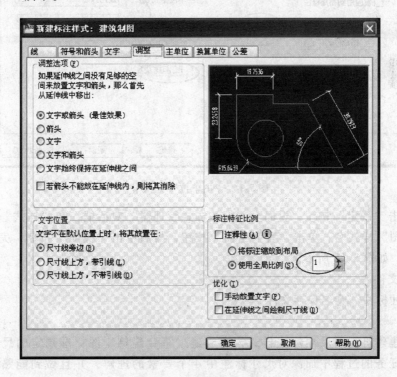

图 5-13 "调整"选项卡

说明：绘图区中显示的尺寸线、符号和箭头及文字等尺寸元素对象的大小为对象设置值乘以全局比例值。例如"文字高度"设置为 3.5，"使用全局比例"设置为"100"，则在绘图区中文字的实际高度为 $3.5 \times 100 = 350$。

（7）打开"主单位"选项卡，各参数设置如图 5-14 所示。

- "线性标注"选项区设置：在"单位格式"下拉列表框中选择"小数"；"精度"选择为"0.00"，其余为默认设置。
- "消零"选项区设置：选择"后续"复选框。
- "角度标注"选项区设置："单位格式"选择"度/分/秒"；"精度"选择"0d00′00″"；"消零"选择"后续"复选框。

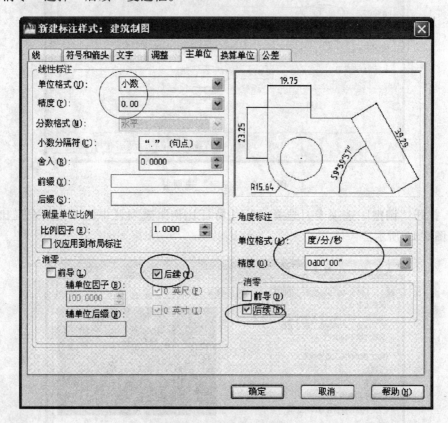

图 5-14　"主单位"选项卡

（8）单击"确定"按钮，返回至"标注样式管理器"对话框，在"样式"列表区中显示"建筑制图"样式名；单击"置为当前"按钮，最后单击"关闭"按钮，完成尺寸标注样式的创建，如图 5-15 所示。

3. 保存文件

以"尺寸标注"为名保存文件。

【任务小结】

通过创建建筑制图尺寸标注样式，完成建立符合建筑制图标准规定的尺寸标注的任务，在完成任务的过程中加深对尺寸标注中 4 个要素的理解，并且做到能熟练地修改尺寸样式。

图 5-15　"标注样式管理器"对话框

任务 2　线性尺寸标注

【任务描述】

（1）线性尺寸是工程制图中最常见的尺寸，包括线性标注、对齐标注、基线标注和连续标注。

（2）建筑制图中的线性尺寸的标注必须严格遵守制图规范的相关规定。

（3）用 AutoCAD 进行线性尺寸标注。

学习情境 1　线性标注图形

【学习目标】

掌握用"线性"标注命令标注图形尺寸的方法。

【情境描述】

绘制图 5-16 所示的图形，并运用线性标注命令标注图中尺寸。

【任务实施前准备】

线性标注：线性标注用来标注水平尺寸、垂直尺寸和旋转尺寸。

调用"线性标注"命令的方式有 3 种。

- 下拉菜单："标注（N）"→"线性（L）"。
- 工具栏：单击标注工具栏中的"线性"标注图标按钮□。
- 命令行：输入"dimlinear"（或"dli"）。

【任务实施】

1. 打开文件

打开本项目任务 1 中保存的"尺寸标注"文件。

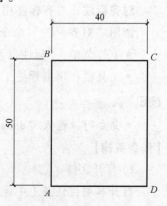

图 5-16　线性标注

注意：将"建筑制图"尺寸样式置为当前。

2. 绘制图形

按图 5-16 所示尺寸绘制图形。

3. 尺寸标注

调用"线性"标注命令进行尺寸标注。

单击标注工具栏中的线性标注图标按钮 ⊢⊣ ，命令执行如下：

命令：_dimlinear	（调用线性标注命令）
指定第一条延伸线原点或 <选择对象>：	（捕捉图形 *A* 点）
指定第二条延伸线原点：	（捕捉图形 *B* 点）
指定尺寸线位置或	
［多行文字（M）/文字（T）/角度（A）/水平（H）/垂直（V）/旋转（R）］：	（指定尺寸线位置）
标注文字 = 50	
命令：DIMLINEAR	（回车,重复调用线性标注命令）
指定第一条延伸线原点或 <选择对象>：	（捕捉图形 *B* 点）
指定第二条延伸线原点：	（捕捉图形 *C* 点）
指定尺寸线位置或	
［多行文字（M）/文字（T）/角度（A）/水平（H）/垂直（V）/旋转（R）］：	（指定尺寸线位置）
标注文字 = 40	

4. 保存文件

将文件以"线性标注"文件名保存。

学习情境 2　对齐标注直角三角形

【学习目标】

掌握用"对齐标注"命令标注图形尺寸的方法。

【情境描述】

绘制图 5-17 所示的直角三角形，并运用"对齐标注"命令标注各边尺寸。

【任务实施前准备】

对齐标注：对齐标注用来标注倾斜方向的尺寸，其尺寸线与标注对象平行。

调用"对齐标注"命令的方式有 3 种。

● 下拉菜单："标注（N）"→"对齐（G）"。

● 工具栏：单击标注工具栏中的"对齐"标注图标

按钮 ↖ 。

● 命令行：输入"dimaligned"（或"dal"）。

【任务实施】

1. 打开文件

打开本项目任务 1 中保存的"尺寸标注"文件。

2. 绘制图形

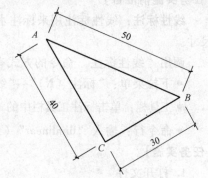

图 5-17　对齐标注

按图 5-17 所示的尺寸绘制图形。

3. 尺寸标注

调用"对齐"标注命令进行尺寸标注。

单击标注工具栏中的"对齐"标注图标按钮，命令执行如下：

命令：_dimaligned	（输入对齐标注命令，回车）
指定第一条延伸线原点或 <选择对象>：	（捕捉三角形 A 点）
指定第二条延伸线原点：	（捕捉三角形 C 点）
指定尺寸线位置或	
[多行文字(M)/文字(T)/角度(A)]：	（指定尺寸线位置）
标注文字 = 40	
命令：DIMALIGNED	（回车，重复调用对齐标注命令）
指定第一条延伸线原点或 <选择对象>：	（捕捉三角形 B 点）
指定第二条延伸线原点：	（捕捉三角形 C 点）
指定尺寸线位置或	
[多行文字(M)/文字(T)/角度(A)]：	（指定尺寸线位置）
标注文字 = 30	
命令：DIMALIGNED	（回车，重复调用对齐标注命令）
指定第一条延伸线原点或 <选择对象>：	（捕捉三角形 A 点）
指定第二条延伸线原点：	（捕捉三角形 B 点）
指定尺寸线位置或	
[多行文字(M)/文字(T)/角度(A)]：	（指定尺寸线位置）
标注文字 = 50	

4. 保存文件

将文件以"对齐标注"文件名保存。

学习情境 3 基线标注台阶

【学习目标】

掌握用"基线标注"命令标注图形尺寸的方法。

【情境描述】

绘制图 5-18 所示的台阶，并运用"基线标注"命令标注图中尺寸。

【任务实施前准备】

基线标注：基线标注是以某一点作为基准，其他尺寸都以该基准点进行定位的标注，如图 5-18 所示，水平尺寸以 A 点为基准，竖向尺寸以 E 点为基准。基线标注之前，必须事先完成线性、对齐或角度标注。

调用"基线标注"命令的方式有 3 种。

- 下拉菜单："标注（N）"→"基线（B）"。
- 工具栏：单击标注工具栏中的"基线"标注图标按钮。
- 命令行：输入"dimbaseline"。

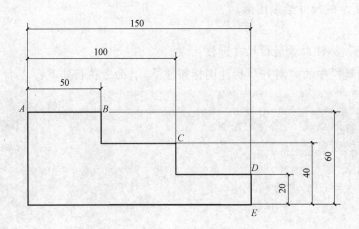

图 5-18   基线标注

【任务实施】

1. 打开文件

打开本项目任务 1 中保存的"尺寸标注"文件。

2. 绘制图形

按图 5-18 所示的尺寸绘制图形。

3. 尺寸标注

调用"线性"、"基线"标注命令进行尺寸标注。

尺寸标注过程如下：

（1）标注水平方向尺寸。

命令：_dimlinear	（输入线性标注命令,回车）
指定第一条延伸线原点或 ＜选择对象＞：	（捕捉楼梯 A 点）
指定第二条延伸线原点：	（捕捉楼梯 B 点）
指定尺寸线位置或	
［多行文字（M）/文字（T）/角度（A）/水平（H）/垂直（V）/旋转（R）］：	（指定尺寸线位置）
标注文字 = 50.00	
命令：_dimbaseline	（输入基线标注命令,回车）
指定第二条延伸线原点或 ［放弃（U）/选择（S）］ ＜选择＞：	（捕捉楼梯 C 点）
标注文字 = 100.00	
指定第二条延伸线原点或 ［放弃（U）/选择（S）］ ＜选择＞：	（捕捉楼梯 D 点）
标注文字 = 150.00	
指定第二条延伸线原点或 ［放弃（U）/选择（S）］ ＜选择＞：	（回车）
选择基准标注：	（回车）

（2）用同样方法标注竖向尺寸。

4. 保存文件

将文件以"基线标注"文件名保存。

学习情境 4　连续标注台阶图形

【学习目标】

掌握用"连续标注"命令标注图形尺寸的方法。

【情境描述】

绘制图 5-19 所示的台阶，并运用"连续标注"命令标注图中尺寸。

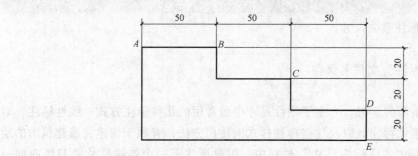

图 5-19　连续标注

【任务实施前准备】

连续标注：连续标注用于首尾相连的多个标注，标注时，前一尺寸的第二尺寸界线是后一尺寸的第一尺寸界线。基线标注之前，必须事先完成线性标注、对齐或角度标注。

调用"连续标注"命令的方式有 3 种。

- 下拉菜单："标注（N）"→"连续（C）"。
- 工具栏：单击标注工具栏中的"连续"标注图标按钮┠┤。
- 命令行：输入"dimcontinue"（或"dco"）。

【任务实施】

1. 打开文件

打开本任务学习情境 3 中保存的"基线标注"文件。

2. 复制图形

复制台阶图形到合适位置。

3. 尺寸标注

调用"线性"、"连续"标注命令进行尺寸标注。

尺寸标注过程如下：

（1）标注水平方向尺寸

命令：_dimlinear　　　　　　　　　　　　　　　　　　（输入线性标注命令，回车）
指定第一条延伸线原点或 ＜选择对象＞：　　　　　　　　　　（捕捉楼梯 *A* 点）
指定第二条延伸线原点：　　　　　　　　　　　　　　　　　（捕捉楼梯 *B* 点）
指定尺寸线位置或
［多行文字（M）/文字（T）/角度（A）/水平（H）/垂直（V）/旋转（R）］：　　（指定尺寸线位置）
标注文字 = 50.00
命令：_dimcontinue　　　　　　　　　　　　　　　　　（输入连续标注命令，回车）

指定第二条延伸线原点或［放弃(U)/选择(S)］＜选择＞：　　　　　　　　（捕捉楼梯 C 点）

标注文字 = 50.00

指定第二条延伸线原点或［放弃(U)/选择(S)］＜选择＞：　　　　　　　　（捕捉楼梯 D 点）

标注文字 = 50.00

指定第二条延伸线原点或［放弃(U)/选择(S)］＜选择＞：　　　　　　　　　　　　（回车）

选择连续标注：　　　　　　　　　　　　　　　　　　　　　　　　　　　　　（回车）

（2）用同样方法标注竖向尺寸。

4. 保存文件

将文件以"连续标注"文件名保存。

【任务小结】

本任务通过 4 个情境的学习，介绍了线性尺寸中最常用的几种标注方式：线性标注、对齐标注、基线标注和连续标注，以及这些标注样式的使用方法，有利于快速完成建筑图的绘制。需要强调的是，在"连续标注尺寸"过程中，用户标注下一个连续尺寸时只能向同一方向，不能向相反方向标注，否则会将原有尺寸文字覆盖。

任务3　径向尺寸标注

【任务描述】

（1）径向尺寸包括半径尺寸和直径尺寸，常用来标注圆或圆弧的尺寸，如建筑中的旋转楼梯、道路转折处的尺寸。

（2）建筑制图中的半径及直径标注必须严格遵守制图规范中的相关规定。

（3）掌握用 AutoCAD 进行半径、直径标注的方法。

学习情境1　标注图形半径

【学习目标】

掌握用"半径"标注命令标注图形的方法。

【情境描述】

运用"半径"标注命令标注图 5-20 中的图形。

【任务实施前准备】

一、建筑制图关于半径标注的相关规定

半径标注是使用中心线或圆心标记来标注圆或圆弧的半径，相关规定有：

（1）半径的尺寸线应一端从圆心开始，另一端画箭头指向圆弧。半径数字前应加注半径符号"R"，如图 5-21 所示。

（2）较小圆弧的半径，可按图 5-22 所示形式标注。

（3）较大圆弧的半径，可按图 5-23 形式标注。

（4）标注球的半径尺寸时，应在尺寸前加注符号"SR"。

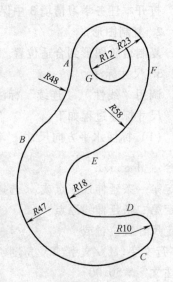

图 5-20　半径标注

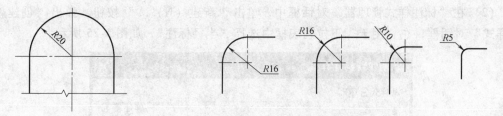

图 5-21　半径标注方法　　　　　　　　图 5-22　小圆弧半径的标注方法

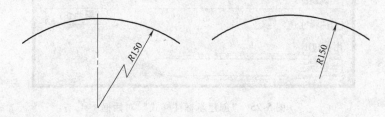

图 5-23　大圆弧半径的标注方法

二、AutoCAD 中半径标注的方法

调用"半径标注"命令的方式有 3 种。

- 下拉菜单："标注（N）"→"半径（R）"。
- 工具栏：单击标注工具栏中的"半径"标注图标按钮⊙。
- 命令行：输入"dimrad"（或"dra"）。

【任务实施】

1. 打开文件

打开配套电子资源中附图"图形文件/项目五/图 5-20"。将该文件中已创建好的"建筑制图"尺寸标注样式置为当前。

2. 创建半径标注样式

（1）打开标注样式管理器，如图 5-24 所示。

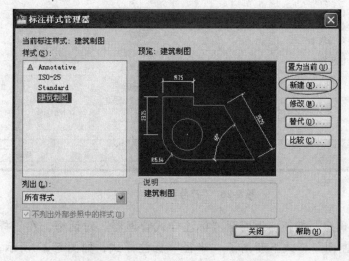

图 5-24　"标注样式管理器"对话框

（2）在"标注样式管理器"对话框中，单击"新建（N）..."按钮，弹出"创建新标注样式"对话框，在"用于"下拉列表框中选择"半径标注"，如图 5-25 所示。

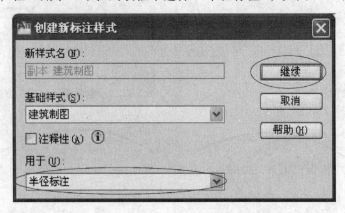

图 5-25 "创建新标注样式"对话框

（3）在"创建新标注样式"对话框中，单击"继续"按钮，弹出"新建标注样式：建筑制图：半径"对话框，打开"符号和箭头"选项卡，在"箭头"选项区中的"第二个"选择框里选择"实心闭合"，设置"箭头大小"为"2.5"，如图 5-26 所示。

图 5-26 "符号和箭头"选项卡

（4）单击"确定"按钮，返回至"标注样式管理器"对话框，在"样式"列表框中，可以看到"建筑制图"样式下新增了"半径"标注样式，如图 5-27 所示；最后单击"关闭"按钮，完成半径标注样式的创建。

图 5-27 "标注样式管理器"对话框

3. 半径标注

将"尺寸"图层置为当前图层，标注过程如下：

命令：_dimradius   （调用半径标注命令）
选择圆弧或圆：   （点取 G 圆）
标注文字 = 12.00
指定尺寸线位置或［多行文字(M)/文字(T)/角度(A)］：   （指定尺寸线位置）
命令：DIMRADIUS   （回车，重复调用半径标注命令）
选择圆弧或圆：   （点取 A-F 段圆弧）
标注文字 = 23.00
指定尺寸线位置或［多行文字(M)/文字(T)/角度(A)］：   （指定尺寸线位置）

继续调用半径标注命令，同样方法完成 E-F 段、A-B 段、D-E 段、C-D 段圆弧半径的标注。

4. 保存文件

将文件以"半径标注"文件名保存。

学习情境 2 直径标注图形

【学习目标】

掌握用"直径"标注命令标注图形的方法。

【情境描述】

绘制图 5-28 所示的图形，并运用"直径"标注命令标注图中尺寸。

【任务实施前准备】

一、建筑制图关于直径标注的相关规定

直径标注是使用中心线或圆心标记来标注圆或圆弧

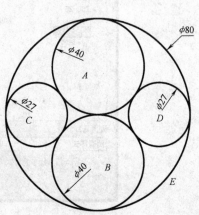

图 5-28 直径标注

的直径，相关规定有：

（1）标注圆的直径尺寸时，直径数字前应加直径符号"φ"。在圆内标注的尺寸线应通过圆心，两端画箭头指至圆弧，如图5-29所示。

（2）较小圆的直径尺寸，可标注在圆外，如图5-30所示。

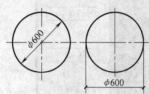

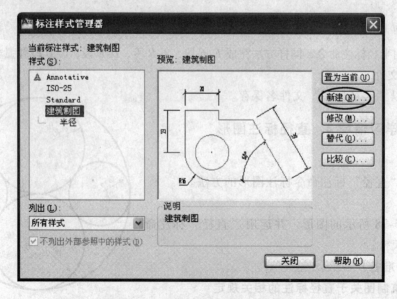

图5-29　圆直径的标注方法 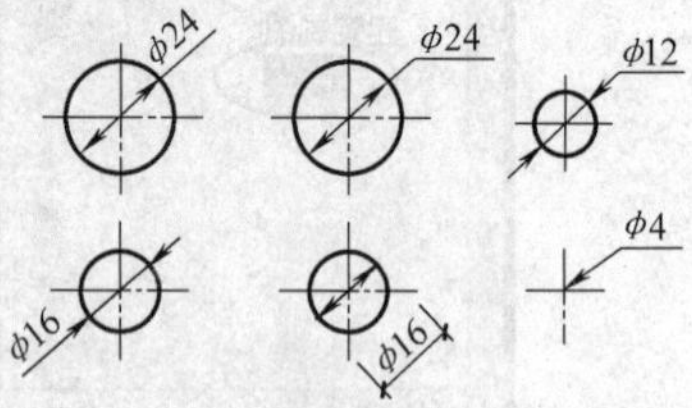　　　　　　图5-30　小圆直径的标注方法

（3）标注球的直径尺寸时，应在尺寸数字前加注符号"Sφ"。

二、AutoCAD中直径标注的方法

调用"直径标注"命令的方式有3种。

- 下拉菜单："标注（N）"→"直径（D）"。
- 工具栏：单击标注工具栏中的"直径"标注图标按钮。
- 命令行：输入"dimdiameter"（或"dimdia"）。

【任务实施】

1. 打开文件

打开本任务学习情境1中保存的"半径标注"文件。将该文件中已创建好的"建筑制图"尺寸标注样式置为当前。

2. 创建直径标注样式

（1）打开标注样式管理器，如图5-31所示。

图5-31　"标注样式管理器"对话框

（2）在"标注样式管理器"对话框中，单击"新建"按钮，弹出"创建新标注样式"对话框，在"用于"下拉列表框里选择"直径标注"，如图 5-32 所示。

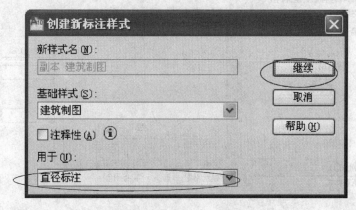

图 5-32 "创建新标注样式"对话框

（3）单击"继续"按钮，弹出"新建标注样式：建筑制图：直径"对话框，打开"符号和箭头"选项卡，在"箭头"选项区中的"第一个"下拉列表框里选择"实心闭合"，"第二个"下拉列表框里也选择"实心闭合"；"箭头大小"设置为"2.5"，如图 5-33 所示。

图 5-33 "符号和箭头"选项卡

（4）单击"确定"按钮，返回至"标注样式管理器"对话框，在"样式"列表框中，可以看到"建筑制图"样式下新增了"直径"标注样式，如图 5-34 所示；最后单击"关闭"按钮，完成直径标注样式的创建。

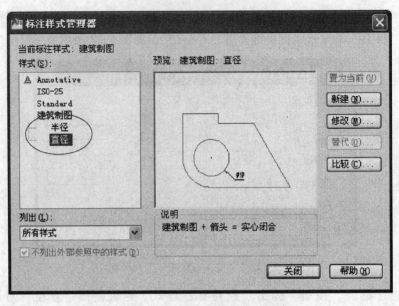

图 5-34　"标注样式管理器"对话框

3. 直径标注

将"尺寸"图层置为当前图层，标注过程如下：

```
命令：_dimdiameter                                    （调用直径标注命令）
选择圆弧或圆：                                          （点取 A 圆）
标注文字 = 40.00
指定尺寸线位置或［多行文字(M)/文字(T)/角度(A)］：          （指定尺寸线位置）
命令：DIMDIAMETER                         （回车,重复调用直径标注命令）
选择圆弧或圆：                                          （点取 C 圆）
标注文字 = 27
指定尺寸线位置或［多行文字(M)/文字(T)/角度(A)］：          （指定尺寸线位置）
```

继续调用直径标注命令，同样方法完成 B 圆、D 圆、E 圆直径的标注。

4. 保存文件

将文件以"直径标注"文件名保存。

【任务小结】

有些建筑中，部分会出现圆和圆弧的形状，这时就需要用到径向标注中的半径标注、直径标注，需要注意，它们是使用中心线或圆心标记来标注的，在编辑半径、直径的尺寸文字时，要在输入的文字前加上"R"、"%%C"才能标出半径、直径的尺寸符号。

任务 4　角度和弧长标注

【任务描述】

- 建筑制图中的角度和弧长标注必须严格遵守制图规范中的相关规定。
- 掌握用 AutoCAD 进行角度标注和弧长标注的方法。

学习情境1 标注图形角度

【学习目标】

掌握用"角度"标注命令标注图形的方法。

【情境描述】

绘制图5-35所示的图形,并运用"角度"标注命令标注图中角度。

【任务实施前准备】

一、建筑制图关于角度标注的相关规定

角度的尺寸线应以圆弧表示。该圆弧的圆心应是该角的顶点,角的两条边为尺寸界线。起止符号应以箭头表示,如没有足够位置画箭头,可用圆点代替,角度数字应按水平方向注写,如图5-36所示。

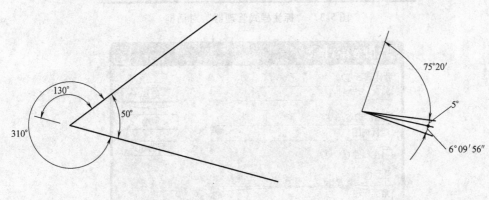

图5-35 角度标注   图5-36 角度标注方法

二、AutoCAD中角度标注的方法

调用"角度"标注命令的方式有3种。

● 下拉菜单:"标注(N)"→"角度(A)"。

● 工具栏:单击标注工具栏中的"角度"标注图标按钮△。

● 命令行:输入"dimangular"(或"dan")。

【任务实施】

1. 打开文件

打开任务3 学习情境2中保存的"直径标注"文件。将该文件中已创建好的"建筑制图"尺寸标注样式置为当前。

2. 创建角度标注样式

(1)打开标注样式管理器,如图5-37所示。

(2)在"标注样式管理器"对话框中,单击"新建"按钮,弹出"创建新标注样式"对话框,在"用于"下拉列表框里选择"角度标注",如图5-38所示。

(3)单击"继续"按钮,弹出"新建标注样式:建筑制图:角度"对话框,打开"符号和箭头"选项卡,在"箭头"选项区中的"第一个"选择框里选择"实心闭合","第二个"选择框里也选择"实心闭合";"箭头大小"设置为"2.5",其余为默认设置,如图5-39所示。

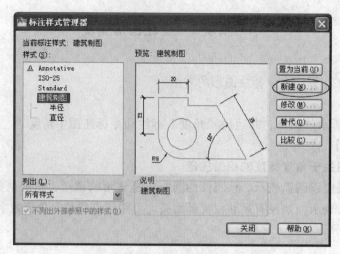

图 5-37　"标注样式管理器"对话框

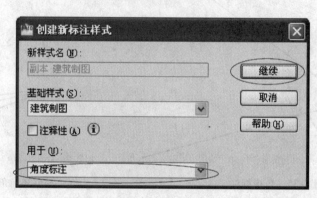

图 5-38　"创建新标注样式"对话框

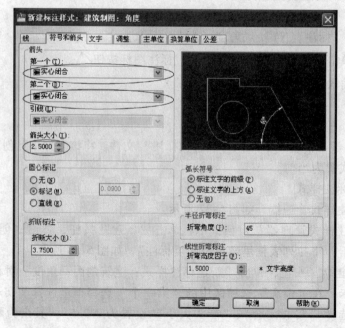

图 5-39　"符号和箭头"选项卡

（4）打开"文字"选项卡，在"文字对齐"选项区中选择"水平"，如图 5-40 所示。

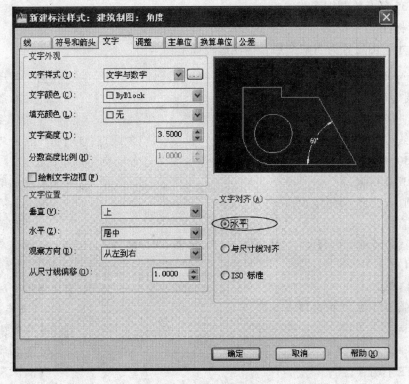

图 5-40 "文字"选项卡

（5）单击"确定"按钮，返回至"标注样式管理器"对话框，在"样式"列表框中，可以看到"建筑制图"样式下新增了"角度"标注样式，如图 5-41 所示；最后单击"关闭"按钮，完成角度标注样式的创建。

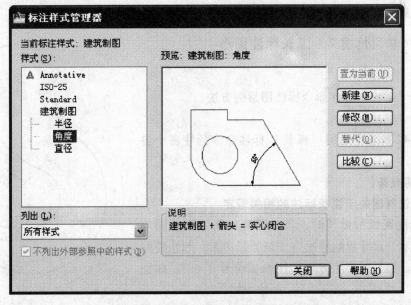

图 5-41 "标注样式管理器"对话框

3. 绘制图形

按图 5-35 所示绘制图形。

4. 角度标注

将"尺寸"图层置为当前图层,标注过程如下:

命令:_dimangular   (调用角度标注命令)
选择圆弧、圆、直线或 <指定顶点>:   (点取第一条直线)
选择第二条直线: (点取第二条直线)
指定标注弧线位置或[多行文字(M)/文字(T)/角度(A)/象限点(Q)]: (指定尺寸线位置)
标注文字 =50
命令:DIMANGULAR   (回车,重复调用角度标注命令)
选择圆弧、圆、直线或 <指定顶点>:   (点取第一条直线)
选择第二条直线: (点取第二条直线)
指定标注弧线位置或[多行文字(M)/文字(T)/角度(A)/象限点(Q)]: (指定尺寸线位置)
标注文字 =130
命令:DIMANGULAR   (回车,重复调用角度标注命令)
选择圆弧、圆、直线或 <指定顶点>:   (回车,指定顶点)
指定角的顶点: (点取两条直线顶点)
指定角的第一个端点: (点取第一条直线)
指定角的第二个端点: (点取第二条直线)
指定标注弧线位置或[多行文字(M)/文字(T)/角度(A)/象限点(Q)]:
                                            (向顶点右侧移动光标,指定尺寸线位置)
标注文字 =310

5. 保存文件

以"角度标注"为文件名保存文件。

学习情境 2　弧长标注图形

【学习目标】

掌握用"弧长"标注命令标注图形的方法。

【情境描述】

如图 5-42 所示,运用"弧长"标注命令标注图中各段弧长。

【任务实施前准备】

一、建筑制图关于弧长标注的相关规定

(1)标注圆弧的弧长时,尺寸线应以与该圆弧同心的圆弧线表示,尺寸界线应垂直于该圆弧的弦,起止符号用箭头表示,弧长数字上方应加注圆弧符号"⌒",如图 5-43 所示。

(2)标注圆弧的弦长时,尺寸线应以平行于该弦的

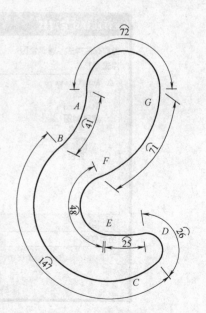

图 5-42　弧长标注

直线表示，尺寸界线应垂直于该弦，起止符号用中粗斜短线表示，如图5-44所示。

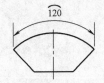

图5-43 弧长标注方法

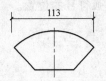

图5-44 弧长标注方法

二、AutoCAD中弧长标注的方法

调用"弧长"标注命令的方式有3种。

- 下拉菜单："标注（N）"→"角度（H）"。
- 工具栏：单击标注工具栏中的"弧长"标注图标按钮。
- 命令行：输入"dimarc"。

【任务实施】

1. 打开文件

打开配套电子资源中附图"图形文件/项目五/图5-42"。

2. 弧长标注

将"尺寸"图层置为当前图层，标注过程如下：

命令：_dimarc （调用弧长标注命令）
选择弧线段或多段线圆弧段： （点取 A-G 段圆弧）
指定弧长标注位置或［多行文字(M)/文字(T)/角度(A)/部分(P)/引线(L)］：
（指定尺寸线位置）
标注文字 = 72.26
命令：DIMARC （回车,重复调用弧长标注命令）
选择弧线段或多段线圆弧段： （点取 G-F 段圆弧）
指定弧长标注位置或［多行文字(M)/文字(T)/角度(A)/部分(P)/引线(L)］：
（指定尺寸线位置）
标注文字 = 70.89
命令：DIMARC （回车,重复调用弧长标注命令）
选择弧线段或多段线圆弧段： （点取 F-E 段圆弧）
指定弧长标注位置或［多行文字(M)/文字(T)/角度(A)/部分(P)/引线(L)］：
（指定尺寸线位置）
标注文字 = 48.01

继续调用"弧长"标注命令，同样方法完成 E-D 段、D-C 段、C-B 段及 B-A 段弧长的标注。

3. 保存文件

以"弧长标注"为文件名保存文件。

【任务小结】

建筑制图中的角度和弧长标注必须严格遵守制图规范中的相关规定，"角度"标注时需在文字后加上"％％D"才能标出角度符号；"弧长标注"和"线性标注"不同，弧长标注默认显示一个圆弧符号，圆弧符号显示在文字的前面或上方，可以在"尺寸标注样式"对话框里设置圆弧符号的位置。

任务 5   引 线 标 注

【任务描述】

（1）建筑制图中，经常需要采用引出线对建筑材料的选用、构造要求及详图索引符号等进行引出标注说明。

（2）建筑制图中的引线标注应严格遵守制图规范中的相关规定。

（3）掌握用 AutoCAD 进行引线标注的方法。

学习情境   引线标注图形

【学习目标】

掌握用"多重引线"标注命令标注图形的方法。

【情境描述】

绘制图 5-45 所示的图形，并运用"多重引线"命令标注图中引线。

【任务实施前准备】

一、建筑制图关于引出线标注的相关规定

（1）引出线应以细实线绘制，宜采用水平方向的直线，与水平方向成 30°、45°、60°、90°的直线，或经上述角度再折为水平线。文字说明宜注写在水平线的上方，如图 5-46a所示，也可注写在水平线的端部，如图 5-46b 所示。

（2）同时引出几个相同部分的引出线，宜互相平行（图5-47a），也可画成集中于一点的放射线，如图 5-47b 所示。

（3）多层构造或多层管道共用引出线，应通过被引出的

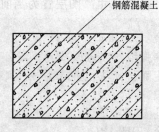

图 5-45   引线标注

各层。文字说明宜注写在水平线的上方，或注写在水平线的端部，说明的顺序应由上至下，并应与被说明的层次相互一致；如果层次为横向排序，则由上至下的说明顺序应与左至右的层次相互一致，如图 5-48 所示。

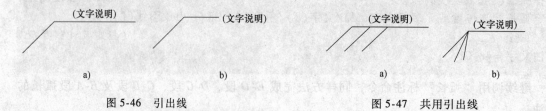

图 5-46   引出线   图 5-47   共用引出线

二、AutoCAD 中引线标注的方法

AutoCAD 中，引线对象是一条线或样条曲线，其一端带有箭头或设置没有箭头，另一端带有多行文字对象或块。

1. 设置多重引线样式

在向 AutoCAD 图形添加多重引线时，默认的引线样式往往不能满足标注的要求，需要

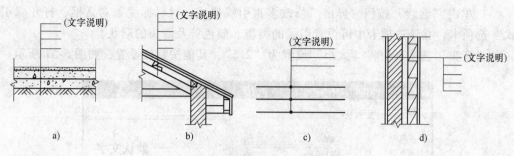

图 5-48 多层构造引出线

预先设置新的引线样式，即制定基线、引线、箭头和注释内容的格式。

调用设置多重引线格式的方式有 3 种。

- 下拉菜单："格式（O）"→"多重引线样式（I）"。
- 工具栏：调出多重引线工具栏，单击多重引线样式图案按钮。
- 命令行：输入"mleaderstyle"。

2. 标注多重引线

完成了多重样式格式的设置后，可调用"多重引线"标注命令对图形进行引线标注，调用"多重引线"标注命令的方式有 3 种。

- 下拉菜单："标注（N）"→"多重引线（E）"。
- 工具栏：在多重引线工具栏中单击多重引线图案按钮。
- 命令行：输入"mleader"。

说明：也可在命令行输入"qleader"或"le"。

【任务实施】

1. 绘制图形

新建一个图形文件，绘制图 5-45 所示的图形。

2. 创建引线标注格式

（1）调用设置引线格式命令，弹出"多重样式管理器"对话框，如图 5-49 所示。

（2）单击"新建"按钮，弹出"创建新多重引线样式"对话框，在"新样式名"文本框中输入"材料标注"，如图 5-50 所示。

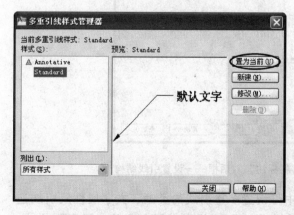

图 5-49 "多重样式管理器"对话框

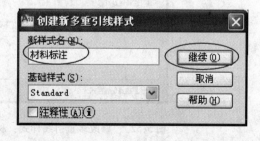

图 5-50 "创建新多重引线样式"对话框

（3）单击"继续"按钮，弹出"修改多重引线样式：材料标注"对话框，打开"引线格式"选项卡，在该选项卡中可设置引线的类型、颜色等及箭头的形状。

在"箭头"选项区中将"大小"设置为"2.5"，其他按默认设置，如图 5-51 所示。

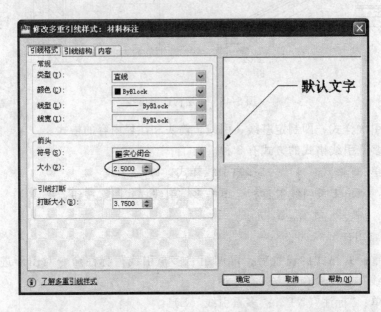

图 5-51 "修改多重引线样式：材料标注"对话框——设置引线格式

（4）打开"引线结构"选项卡，在该选项卡中可设置最大引线点数，引线每一段的倾斜角度及引线的显示属性。一般情况下，可采用默认设置，如图 5-52 所示。

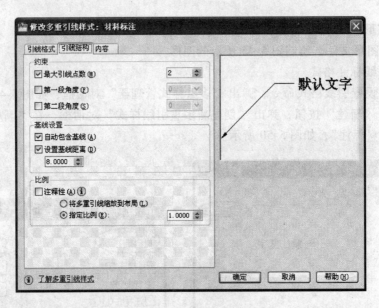

图 5-52 "修改多重引线样式：材料标注"对话框——设置引线结构

（5）打开"内容"选项卡，在该选项卡中可设置多重引线的类型、文字属性及引线连接方式等。在"文字选项"选项区中，在"文字样式"下拉列表框中选择"汉字"样式，

或单击 ... 按钮，进行文字设置；在"文字高度"文本框中输入"5"，其他可采用默认设置，如图 5-53 所示。

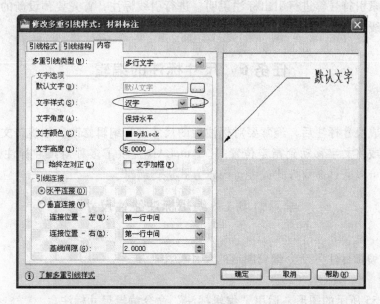

图 5-53 "修改多重引线样式：材料标注"对话框——设置内容

（6）单击"确定"按钮，完成多重引线样式格式的设置。

3. 引线标注

标注过程如下：

命令：_mleader （调用多重引线标注命令）
指定引线箭头的位置或［引线基线优先(L)/内容优先(C)/选项(O)］＜选项＞：
（点取引线箭头位置）
指定引线基线的位置： （点取引线基线位置，弹出"文字格式"对话框，如图 5-54 所示）
（在文本框内输入"钢筋混凝土"，然后在"文字格式"对话框内点击"确定"，关闭对话框）

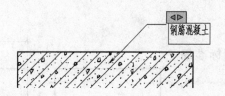

图 5-54 "文字格式"对话框

4. 保存文件

以"引线标注"为文件名保存文件。

【任务小结】

　　建筑制图中，经常需要根据制图规范中的相关规定采用引出线，对建筑材料的选用、构造要求及详图索引符号等进行引出标注说明，进行引线标注，首先要预设新的引线样式，即制定基线、引线、箭头和注释内容的格式，再对图例进行引线标注。

任务 6　尺寸标注的编辑

【任务描述】

　　绘图中完成尺寸标注后，经常要对标注后的尺寸进行编辑修改，如旋转文字、用新文字替换现有文字或将文字移动到指定位置等。AutoCAD 提供了多种对尺寸标注进行编辑修改的命令，用户可以通过命令方式或夹点编辑方式进行编辑。

学习情境 1　编辑标注线性尺寸

【学习目标】

　　掌握用"编辑标注"命令编辑图形的尺寸标注。

【情境描述】

　　绘制图 5-55 所示的图形，运用"编辑标注"命令编辑尺寸标注。

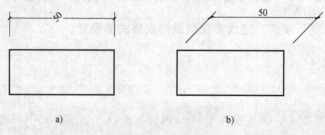

a)　　　　　　　　　　　　　b)

图 5-55　编辑标注
a）旋转　b）倾斜

【任务实施前准备】

　　"编辑标注"命令用来编辑标注尺寸文字和尺寸界线。调用"编辑标注"命令的方式有 2 种。

　　●工具栏：单击标注工具栏中的"编辑标注"图标按钮。

　　●命令行：输入"dimedit"。

【任务实施】

　　1. 新建文件

　　新建一个图形文件，按建筑制图标准规定设置"建筑制图"尺寸标注样式。

　　2. 绘制图形并标尺寸

　　绘制图形并标注尺寸，如图 5-56 所示。

　　3. 编辑标注

　　（1）旋转文字。

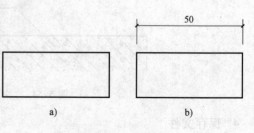

a)　　　　　　b)

图 5-56　编辑标注

命令：_dimedit　　　　　　　　　　　　　　　　　　　（调用编辑标注命令）

输入标注编辑类型［默认（H）/新建（N）/旋转（R）/倾斜（O）］＜默认＞：r

　　　　　　　　　　　　　　　　　　　（选择旋转编辑标注文字,回车）

指定标注文字的角度：45　　　　　　　　　　　　　　（输入旋转角度,回车）

选择对象：找到 1 个　　　　　　　　　（用拾取框拾取图 5-56a 中尺寸标注）

选择对象：

（2）倾斜标注。

命令：DIMEDIT　　　　　　　　　　　　　（回车,重复调用编辑标注命令）

输入标注编辑类型［默认（H）/新建（N）/旋转（R）/倾斜（O）］＜默认＞：O

　　　　　　　　　　　　　　　　　（选择倾斜编辑标注延伸线,回车）

选择对象：找到 1 个　　　　　　　　　（用拾取框拾取图 5-56b 中尺寸标注）

选择对象：

输入倾斜角度（按 ENTER 表示无）：45　　　　　　　　（输入倾斜角度,回车）

编辑效果如图 5-55 所示。

4. 保存文件

以"编辑标注"为文件名保存文件。

【技能提高】

调用"编辑标注"命令后，命令行提示："输入标注编辑类型［默认（H）/新建（N）/旋转（R）/倾斜（O）］＜默认＞："，此提示中的"默认（H）"、"新建（N）"的含义如下。

● "默认"选项：将所选尺寸标注中被移动或被旋转过的尺寸数字恢复到尺寸标注样式中设置的默认位置和方向。

● "新建"选项：用多行文字编辑器对尺寸数字进行编辑修改。

● "旋转"选项：用于指定尺寸数字按给定的角度旋转。

● "倾斜"选项：用来编辑线性标注，使尺寸线倾斜指定角度。

学习情境 2　移动标注文字和尺寸线

【学习目标】

掌握用"编辑标注文字"命令编辑尺寸标注的方法。

【情境描述】

绘制图 5-57 所示的图形，运用"编辑标注文字"命令编辑尺寸标注。

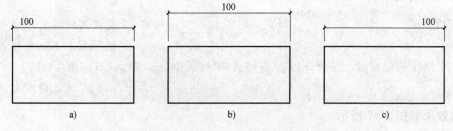

图 5-57　编辑标注文字和尺寸线位置

a）左对齐文字　b）移动尺寸线位置并居中文字　c）右对齐文字

【任务实施前准备】

"编辑标注文字"命令用来移动和旋转标注文字并重新定位尺寸线。调用"编辑标注"命令的方式有 2 种。

- 工具栏：单击标注工具栏中的"编辑标注"图标按钮 。
- 命令行：输入"dimedit"。

【任务实施】

1. 新建文件

新建一图形文件，按建筑制图标准规定设置"建筑制图"尺寸标注样式。

2. 绘制图形并标注尺寸

绘制图形并标注尺寸，如图 5-58 所示。

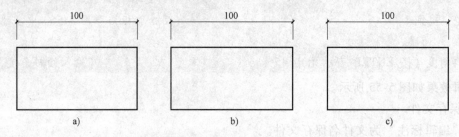

图 5-58　绘制 3 个矩形并标注尺寸

3. 标注文字的移动

（1）左对齐文字。

```
命令：_dimtedit                                （调用编辑标注文字命令）
选择标注：                                  （选择图 5-58a 中标注尺寸）
为标注文字指定新位置或［左对齐(L)/右对齐(R)/居中(C)/默认(H)/角度(A)］：l
                                                （选择左对齐方式）
```

（2）移动尺寸线位置并居中文字。

```
命令：DIMTEDIT                         （回车，重复调用编辑标注文字命令）
选择标注：                                  （选择图 5-58b 中标注尺寸）
为标注文字指定新位置或［左对齐(L)/右对齐(R)/居中(C)/默认(H)/角度(A)］：c
        （将随光标一起移动的尺寸线向上移动到合适位置后，输入 c，选择居中对齐方式）
```

（3）右对齐文字。

```
命令：DIMTEDIT                         （回车，重复调用编辑标注文字命令）
选择标注：                                  （选择图 5-58c 中标注尺寸）
为标注文字指定新位置或［左对齐(L)/右对齐(R)/居中(C)/默认(H)/角度(A)］：r
                                                （选择右对齐方式）
```

编辑效果如图 5-57 所示。

【技能提高】

编辑尺寸标注的其他方法

1. 右键快捷菜单命令编辑尺寸标注

操作方法如下：

1）选择需编辑的尺寸标注，在显示夹点状态下，单击鼠标右键，弹出快捷菜单，如图 5-59 所示。

2）在快捷菜单中选择"标注文字位置"，显示子菜单，如图 5-59 所示，从中可选择所需命令，如在尺寸标注中经常用到的"单独移动文字"命令。

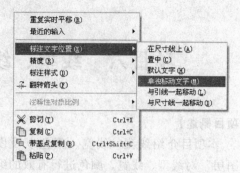

图 5-59　鼠标右键快捷菜单

2. 夹点编辑方式编辑尺寸标注

夹点编辑方式编辑标注是一种便捷有效的编辑方式，操作方式如下：

1）选择需编辑的尺寸标注，显示尺寸标注夹点。

2）激活文字中间夹点或尺寸起止符处的夹点，移动鼠标可以移动文字或尺寸线位置到所需位置。

3）激活标注起止点处夹点，拖动鼠标重新选择确定的起止处，尺寸标注数字将根据重新标注点而变化。

3. 用特性命令编辑尺寸标注

操作方法如下：

1）调用"特性"命令（见项目四　任务 4 【技能提高】），弹出"特性"对话框。

2）选择需编辑的尺寸标注（也可先选择尺寸标注，后调用"特性"命令）。

3）"特性"对话框中显示与尺寸标注相关的各种特性，在该对话框中可以修改尺寸数字的内容、颜色、图层等属性，还可以修改尺寸标注样式里的各项设置。

【任务小结】

绘制建筑图时，往往需要对已标注好的尺寸进行快速修改，通过在命令行输入"DED"或者在工具栏单击"编辑标注"按钮等多种方法，可以实现对现有尺寸进行旋转、替换、移动文字等各种编辑操作。

项目六 线型、线宽、颜色及图层设置

【项目概述】

本项目介绍线型、线宽、颜色以及图层等概念以及它们的使用方法。AutoCAD 使用"图层"对线型、线宽、颜色进行有效的组织和管理。用户可将不同的图形对象置于不同的图层，不同的图层可以设置不同的线型、颜色和线宽。有了这些属性，用户可以很方便地区分不同的图形对象，也可以控制不同对象的显示和打印等。

AutoCAD 2010 专门提供了用于图层管理的"图层"工具栏和用于颜色、线型、线宽管理的"对象特性"工具栏，利用这两个工具栏可以方便地进行图层、颜色、线型等的设置和相关操作。

本项目的任务有：

- 线型、线宽、颜色的设置和修改。
- 图层的设置和管理。

知识要点：

- 制图标准中关于图线（线型、线宽）的规定。
- 图层的概念。

任务1 线型、线宽、颜色的设置和修改

【任务描述】

对象的线型、线宽和颜色是对象的基本特性。线型是指图形基本元素中线条的组成和显示方式，如虚线和实线等；线宽是指线条的宽度。实际绘图时，经常需要采用不同的线型、线宽和颜色来增强图形的表达力。

【任务实施前准备】

一、制图规范关于图线的相关规定

在 GB/T 50001—2010《房屋建筑制图统一标准》中，关于图线（线型、线宽）的规定如下：

（1）线宽。图线的宽度 b，宜从 1.4mm、1.0mm、0.7mm、0.5mm、0.35mm、0.25mm、0.18mm、0.13mm 线宽系列中选取。图线宽度不应小于 0.1mm。每个图样，应根据其复杂程度与比例大小，先选定基本线宽 b，再选用表 6-1 中相应的线宽组。

（2）线型。工程建设制图应选用表 6-2 所示的图线。

（3）同一张图样内，相同比例的各图样，应选用相同的线宽组。

（4）图样的图框和标题栏线，可采用表 6-3 所示的线宽。

（5）相互平行的图例线，其净间隙或线中间隙不宜小于 0.2mm。

（6）虚线、单点长画线或双点长画线的线段长度和间隔，宜各自相等。

（7）单点长画线或双点长画线，当在较小图形中绘制有困难时，可用实线代替。

表 6-1 线宽组 （单位：mm）

线宽比	线宽组			
b	1.4	1.0	0.7	0.5
0.7*b*	1.0	0.7	0.5	0.35
0.5*b*	0.7	0.5	0.35	0.25
0.25*b*	0.35	0.25	0.18	0.13

注：1. 需要缩微的图样，不宜采用 0.18mm 及更细的线宽。
2. 同一张图样内，各不同线宽中的细线，可统一采用较细的线宽组的细线。

表 6-2 图线

名称		线型	线宽	一般用途
实线	粗		*b*	主要可见轮廓线
	中粗		0.7*b*	可见轮廓线
	中		0.5*b*	可见轮廓线、尺寸线、变更云线
	细		0.25*b*	图例填充线、家具线
虚线	粗		*b*	见各有关专业制图标准
	中粗		0.7*b*	不可见轮廓线
	中		0.5*b*	不可见轮廓线、图例线
	细		0.25*b*	图例填充线、家具线
单点长画线	粗		*b*	见各有关专业制图标准
	中		0.5*b*	见各有关专业制图标准
	细		0.25*b*	中心线、对称中心线、轴线等
双点长画线	粗		*b*	见各有关专业制图标准
	中		0.5*b*	见各有关专业制图标准
	细		0.25*b*	假想轮廓线、成型前原始轮廓线
折断线	细		0.25*b*	断开界线
波浪线	细		0.25*b*	断开界线

表 6-3 图框线、标题栏线的宽度 （单位：mm）

幅面代号	图框线	标题栏外框线	标题栏分格线
A0、A1	*b*	0.5*b*	0.25*b*
A2、A3、A4	*b*	0.7*b*	0.35*b*

（8）单点长画线或双点长画线的两端，不应是点。点画线与点画线交接点或点画线与其他图线交接时，应是线段交接。

（9）虚线与虚线交接或虚线与其他图线交接时，应是线段交接。虚线为实线的延长线时，不得与实线相接。

二、线型的设置

线型是直线或曲线的显示方式，是由点、横线和空格按一定规律重复出现形成的图案，如连续直线、虚线和单点长画线等。如前所述，在建筑制图中，不同线型可以代表不同的含义。在 AutoCAD 绘图中，线型的操作包括加载线型、设置当前线型、设置线型比例和更改对象线型。

1. 加载线型

默认状态下，新创建的图形文件中只有一种线型：Continuous（连续），如图 6-1 所示。

图 6-1 "线型控制"下拉列表

若要使用其他线型，必须首先加载线型。加载线型的步骤如下：

● 选择菜单栏中的"格式"→"线型"（或在命令行中输入"Linetype"），将弹出"线型管理器"对话框，如图 6-2 所示。

● 单击"线型管理器"上的"加载"按钮，弹出"加载或重载线型"对话框，如图6-3所示。

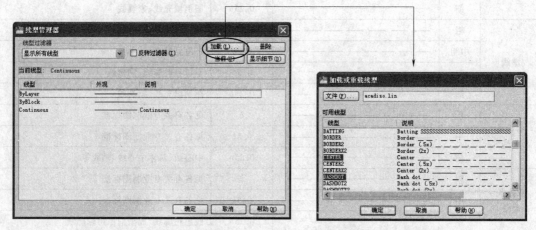

图 6-2 "线型管理器"对话框　　　　图 6-3 "加载或重载线型"对话框

● 在"加载或重载线型"对话框中，选择一个或多个需加载的线型，如选择"CENTER"、"DASHDOT"，然后单击"确定"按钮。此时，"线型管理器"的线型列表中会显示刚加载的线型。

● 单击"线型管理器"对话框的"确定"按钮。

若要查看已经加载的线型，可以单击"对象特性"工具栏的"线型控制"下拉列表的三角按钮，列表中显示出所有已经加载的线型，如图 6-4 所示。

图 6-4 "线型控制"下拉列表中显示已加载的线型

若要卸载一些图形中不需要的线型，也可以通过在图 6-2 所示的"线型管理器"对话框中选择需要卸载的线型，单击"删除"按钮即可。注意，ByLayer、ByBlock、Continous 和当前使用的线型不能被删除。

说明： AutoCAD 建筑制图中常用到的线型有：实线 Continuous、虚线 ACAD_ISOO2W100（或 dashed）、单点长画线 ACAD_ ISOO4W100（或 CENTER）、双点长画线 ACAD_ ISOO5W100（或 Phantom）。

2. 设置当前线型

在创建一个对象时，需使用当前线型创建。当前线型显示在"对象特性"工具栏的"线型控制"下拉列表框中。默认设置中，当前线型是随层（ByLayer）的，如图 6-1 所示，其含义是该对象的实际线型由所处图层的指定线型决定。若需要换一种线型绘制下一个对象时，可在"对象特性"工具栏"线型控制"下拉列表框中选择一个线型作为当前线型，如图 6-4 所示选择 CENTER 线型，AutoCAD 将使用指定的线型创建对象。

当前线型的设置也可在"线型管理器"中进行操作，在线型列表中，选择某一线型后，单击"当前"按钮，再单击"确定"按钮，完成当前线型的设置。

3. 设置线型比例

AutoCAD 绘图中，在使用不同的线型时，如果线型比例设置不当，将显示不出想要的线型效果。设置线型比例的操作步骤如下：

● 打开"线型管理器"对话框，单击"显示细节"按钮，对话框展开，显示"详细信息"选项区，如图 6-5 所示。

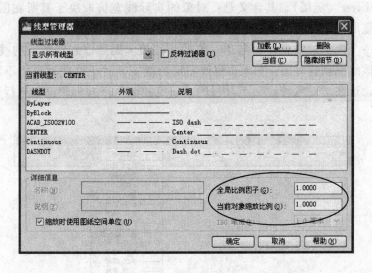

图 6-5　"线型管理器"对话框展开"详细信息"

● 在"全局比例因子"和"当前对象缩放比例"文本框中输入数值。

说明： 默认状态下，AutoCAD 使用的全局和当前对象比例因子均为 1.0。更改全局比例因子将修改所有新的和现有的线型比例；更改当前对象缩放比例用于随后新建的对象，该比例因子是相对于全局比例因子而言的，最终的比例是全局比例因子与该对象缩放比例因子的乘积。

线型比例的值越小，每个绘图单位中，画出的重复图案越多，如图 6-6 所示为不同线型比例的比较。

●单击"确定"按钮，完成线型比例的设置。

4. 更改对象线型

在 AutoCAD 制图中，经常需要更改对象线型。若要修改整个图层对象的线型，可以更改图层中线型的设置（见本项目任务2）；建筑制图中，在同一个图层中可能需要绘制不同线型的图形，这样就会需要更改若干对象的线型。操作步骤如下：

线型比例=1 ————— — ————— — —————

线型比例=0.5 ———— — — ———— — — ————

线型比例=2 ———————————————————

图6-6　不同线型比例的比较

1）选择需要修改线型的对象。

2）在"对象特性"工具栏的"线型控制"下拉列表框中选择需要的线型。

三、线宽的设置

如表6-1所示，在建筑制图中，不同的线宽表示的含义不同。AutoCAD 2010 拥有 23 种线段的线宽值，范围为 0.05 ~ 2.11mm。另外还有 ByLayer、ByBlock、默认和 0 线宽。线宽值为 0 时，在模型空间中，总是按一个像素显示，并按尽可能轻的线条打印。任何等于或小于默认线宽值的线宽，在模型空间中，都将显示为一个像素，但是在打印该线宽时，将按赋予的宽度值打印。

在创建一个对象时，AutoCAD 2010 将使用当前的线宽值创建对象。默认情况下，当前线宽设置为 ByLayer（随层），其含义是：对象的实际线宽值取决于其所在图层所赋予的线宽值。图层线宽的设置详见本项目任务2。

如果选择一个指定的线宽作为当前对象的线宽值，则可以忽略图层的线宽设置。此后 AutoCAD 将按该线宽创建对象。如果再修改图层的线宽，对于这些对象将不再起任何作用。设置当前线宽，可在"对象特性"工具栏的"线宽控制"下拉列表框中进行选择，如图6-7所示。

图6-7　设置单个对象的线宽

线宽设置完毕后，若将状态栏中"线宽"按钮 ➕ 设置为"开"，在屏幕上即可显示图形对象的线宽。

四、颜色的设置

颜色在图形中具有非常重要的作用，可用来表示不同的组件、功能和区域。

AutoCAD 中，如果对象颜色设定为 ByLayer（随层），对象的颜色就跟随所在图层的颜色，图层颜色的设置详见本项目任务2。

如果要单独设置当前对象的颜色，有 3 种方式。

1. 工具栏

工具栏：在"对象特性"工具栏"颜色控制"下拉列表框中选择一个颜色作为当前对象的颜色，如图 6-8 所示。

2. 菜单栏

菜单栏：单击"格式"→"颜色"，弹出如图 6-9 所示的"选择颜色"对话框，从中选择需要的颜色作为当前对象的颜色。

图 6-8　"对象特性"工具栏中颜色下拉列表

图 6-9　"选择颜色"对话框

3. 命令栏

命令栏：输入"COLOR"（或"col"），同样在弹出如图 6-9 所示的对话框中进行设置。

学习情境　设置和修改图形对象的基本特性

【学习目标】

熟练掌握线型、线宽、颜色的设置和修改。

【情境描述】

用 AutoCAD 软件设置和修改如图 6-10 所示直线的线型、线宽和颜色。

【任务实施】

设置线型与线宽，操作步骤如下：

（1）新建一个文件，绘制一条水平直线，默认状态下，线型为实线 Continuous。

（2）在菜单栏中单击"格式"→"线型"选项，打开"线型管理器"对话框。

（3）单击"加载"按钮，在"加载或重载线型"对话框中选择"CENTER"线型，单击"确定"按钮，为"线型管理器"对话框加入新的线型"CENTER"。

（4）选择"CENTER"线型，单击"当前"按钮，单击"确定"按钮。

（5）在水平直线下方，再绘制两条水平直线，如图 6-11 所示。

图 6-10　设置和修改对象的基本特性 　　　图 6-11　绘制"单点长画线"——"CENTER"线型

（6）在命令行中输入"lt"，弹出"线型管理器"对话框，单击"显示细节"按钮，将"全局比例因子"设置为"0.5"，如图 6-12 所示，单击"确定"按钮。线型效果如图 6-13 所示。

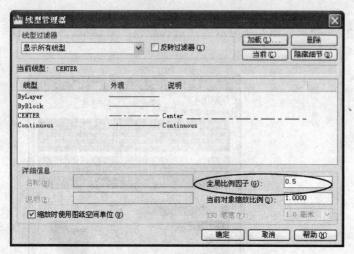

图 6-12　将"全局比例因子"设置为"0.5"　　　　　图 6-13　全局比例调整效果

（7）选中最下面的线型对象，单击鼠标右键，在快捷菜单中选择"特性"选项，弹出"特性"选项板，将线型比例值修改为"2"，如图 6-14 所示，线型变化效果如图 6-15 所示。

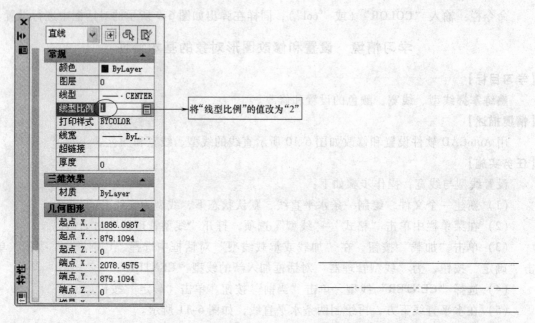

图 6-14　在"特性"选项板中修改线型比例　　　　图 6-15　选中对象线型比例调整效果

注意：在"特性"选项板中显示的线型比例为当前对象缩放比例，是相对于全局比例因子而言的。

（8）单击菜单栏"格式"→"线宽"（或在命令行中输入"lw"），弹出"线宽设置"对话框，在线宽列表中选择"0.30mm"置为当前；勾选"显示线宽"复选框，如图6-16所示，单击"确定"按钮。

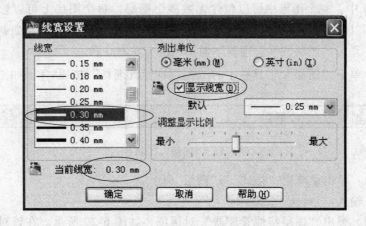

图6-16 "线宽设置"对话框

提示：通常地，单个对象的线宽设置可在"对象特性"工具栏的"线宽控制"下拉列表框中选择，如图6-7所示。

（9）使用当前线型设置，继续绘制一条直线，如图6-17所示。

（10）单击状态栏上"线宽"按钮 ⊞ ，隐藏线宽显示，线型效果如图6-18所示。

| 图6-17 显示线宽状态下绘制对象 | 图6-18 隐藏线宽 |

（11）颜色设置。分别指定4条线的颜色为红色、青色、蓝色、黄色。

【任务小结】

对象的线型、线宽和颜色是对象的基本特性。实际绘图时，需要采用不同的线型、线宽和颜色，以增强图形的表达力和可读性。线型、线宽、颜色的设置及修改，难度不是很大，应熟练掌握。

任务2 图层的设置和管理

【任务描述】

图层是AutoCAD绘图的重要工具之一，用来对图形对象进行组织和管理，其功能和用途非常强大。绘制复杂图形时，可建立若干个图层，将具有相同特性的对象放在同一层中，将不同特性的对象放置在不同的图层上，实现图形的分层管理。图层可以统一设置和管理图形对象的颜色、线型、线宽和打印样式，图层还具有开、关、冻结、解冻、锁定、解锁等功能。

【任务实施前准备】

一、图层的设置

在 AutoCAD 中，一个图形中可以包含无数多个图层，每个图层上可以绘制无数多个图形对象。用户可以利用"图层特性管理器"来对图层进行设置和管理，如新建、命名、设置基本属性等。调用"图层特性管理器"对话框的方法有 3 种。

- 工具栏：单击"图层"工具栏中的"图层特性管理器"按钮，如图 6-19 所示。

图 6-19 "图层"工具栏

- 下拉菜单：单击菜单栏"格式"→"图层（L）..."。
- 命令行：输入"Layer"（或"la"）。

执行命令后，弹出"图层特性管理器"对话框，如图 6-20 所示。在该对话框中，列出了图层的名称、状态等图层的特性。系统会自动生成"0"层，"0"层的默认颜色是"白色"，默认线型是 Continuous（连续线），线宽是"默认"。

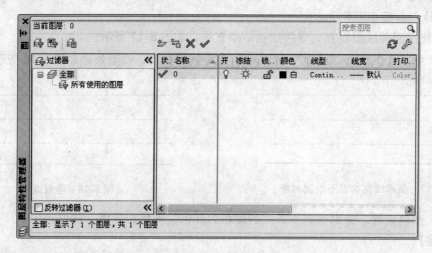

图 6-20 "图层特性管理器"对话框

1. 新建和命名图层

新建图层的方法有 2 种：

- 在"图层特性管理器"对话框中，单击"新建图层"按钮。
- 在"图层特性管理器"对话框的图层列表中单击"0"层，并按 Enter 键。

执行上述操作后，在图层列表中将生成一个名为"图层1"的新图层，若继续"新建图层"，图层名称自动按图层2、图层3……编号依次递增，如图 6-21 所示。用户可以根据需要命名各图层，方法是单击某图层名，然后输入一个新的图层名并按 Enter 键即可。

注意：

（1）第一次新建图层的颜色、线型和线宽等属性将自动继承 0 层的特性；随后新建的图层，若选中某个图层后执行新建图层，新建的图层将会继承该图层的属性。

（2）在绘图过程中随时都能对新建图层或已有图层重命名，但是"0"层或依赖外部参照的图层不能重命名。

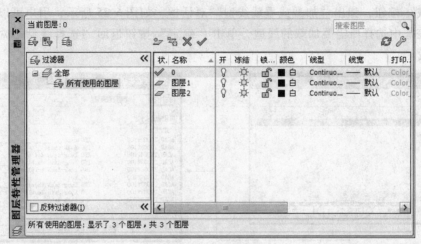

图 6-21 新建图层

2. 设置图层颜色

图层的颜色是指图层上图形对象的颜色。绘图时，可以通过对层颜色的设置来区分不同图层对象的属性。在"图层特性管理器"对话框中，单击某一图层的颜色小方框或颜色名称■白，弹出"选择颜色"对话框，如图 6-22 所示。在"选择颜色"对话框中，有"索引颜色"、"真彩色"和"配色系统"三个选项卡，用户根据绘图需要选择相应的颜色，单击"确定"按钮即可。

3. 设置线型

图层线型是指图层中绘制的图形对象的线型。建筑制图中，不同类型的图形对象需要采用不同的线型，因此需要设置图层的线型。

在"图层特性管理器"对话框中，单击位于"线型"列下任一图层的线型名称，弹出"选择线型"对话框，如图 6-23 所示，在"已加载的线型"列表框中选择一种线型，然后单击"确定"按钮，完成线型的设置。

图 6-22 "选择颜色"对话框

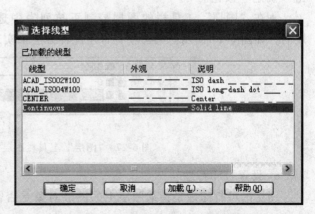

图 6-23 "选择线型"对话框

当新建一图形文件时，默认状态下仅有"Continuous"一种线型，如图 6-24 所示；如果要使用其他线型，需要将其添加到"已加载的线型"列表框中。在"选择线型"对话框中，单击"加载"按钮，弹出"加载或重载线型"对话框，如图 6-25 所示，用户可以从"可用线型"列表框中选择所需要加载的线型，单击"确定"按钮返回"选择线型"对话框，完成线型加载。

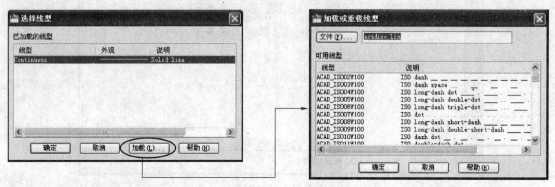

图 6-24　默认状态下"选择线型"对话框图 　　　　图 6-25　"加载或重载线型"对话框

4. 设置线宽

图层线宽是指图层中绘制的图形对象的线宽。要设置图层的线宽，可在"图层特性管理器"对话框中，单击位于"线宽"列下该图层的线型图标——默认，弹出"线宽"对话框，如图 6-26 所示，在"线宽"列表中选择线宽，单击"确定"按钮完成线宽设置。

5. 设置当前层

当前层是指用户当前的绘图层，用户只能在当前层中进行绘图，所绘图形对象具有当前层所设置的特性。

使某个图层成为当前图层的方法主要有：

● 在"图层特性管理器"对话框中选择该图层，然后单击"置为当前"按钮 ✔ ，单击"确定"按钮。

● 在"图层特性管理器"对话框中双击该图层名，单击"确定"按钮。

图 6-26　"线宽"对话框

● 在"图层"工具栏的图层控制下拉列表中选择该图层名，如图 6-27 所示。绘图中，常用此种方法来实现图层间的切换。

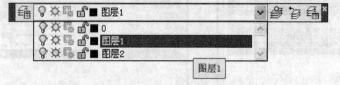

图 6-27　"图层"工具栏图层控制下拉列表框

6. 设置打印特性

图层的可打印性是指某图层上的图形对象是否需要打印输出，在"打印"列表下，打印特性图标有可打印 🖨 和不可打印 🖶 两种状态。系统默认是可以打印的，在绘图过程中为了绘图方便，会设置一些辅助图层，而在出图的时候，这些图层是不需要打印的。在这种情况下，可以关闭其打印状态。

二、管理图层

1. 控制图层状态

图层的状态特性包括：打开或关闭、冻结或解冻、锁定和解锁等。利用"图层特性管理器"或"图层"工具栏可以方便地改变图层状态特性。每一图层都有一系列的状态开关，下面以如图 6-27 所示"图层工具栏"为例说明这些开关的功能和操作。

（1）打开或关闭图层：单击灯泡图案 ▽，可实现对图层的开启或关闭。灯泡呈黄色表示该图层打开，灯泡呈灰色表示该图层关闭。关闭图层后，该图层上的对象不被显示，也不会被打印，但其会与图形一起重新生成，同时在编辑对象选择物体时，该图层会被选择。

（2）冻结或解冻图层：单击太阳图案 ☼，会显示雪花图案 ❆，这就实现了对该图层的冻结。冻结图层后可加快缩放、平移等命令的执行速度，同时处在该图层的所有对象不再显示，既不能被打印，也不能被编辑。

（3）锁定和解锁图层：单击锁形图案 🔓，可实现对该图层的锁定和解锁。锁定图层后，该图层可显示和打印，也可在图层创建新的对象，但是不能被选择和编辑。

2. 对图层进行排序

一旦创建了图层，可以按照名称、可见性、颜色、线宽、打印样式或线型为其排序。在"图层特性管理器"中，单击列标题，可在该列中按特性排列图层。图层名可以按字母的升序或降序排列。

3. 删除图层

在绘图过程中如需删除图层，可以打开"图层特性管理器"对话框，选择需要删除的图层，单击"删除图层"按钮 ✘ 即可。

注意：当前图层、0 层、依赖外部参照的图层或包含对象的图层不能被删除。

4. 改变对象所在图层

绘图中，如果要将某一图形对象从当前所在图层放置到另一图层中，可选中该对象，点击"图层"工具栏的图层控制下拉列表框中的三角按钮 ⌄，在下拉列表中选择将要放置该对象的图层名，然后按 Esc 键，完成对象所在图层的更改。

5. 使用图层工具管理图层

利用 AutoCAD 2010 中的图层工具可以更加方便地管理图层。选择菜单栏"格式"→"图层工具"中的子命令，就可以通过图层工具来管理图层，如图 6-28 所示。

图 6-28 "图层工具"子菜单

学习情境　设置和管理图层

【学习目标】

熟练掌握新图层的创建方法，包括设置图层的颜色、线型和线宽，以及图层的管理方法。

【情境描述】

（1）如图 6-29 所示，使用"图层特性管理器"对话框创建新的图层，包括设置图层的颜色、线型和线宽。

（2）管理图层，设置图层特性，并使用图层功能绘制图形。

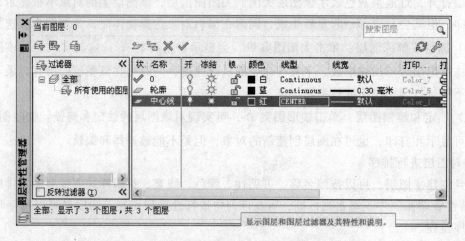

图 6-29　使用"图层设置管理器"来创建图层

【任务实施】

一、使用"图层设置管理器"来创建图层

（1）在"格式"菜单中选择"图层"选项，打开"图层特性管理器"对话框。

（2）在"图层特性管理器"对话框中，单击"新建图层"按钮。图层列表显示名为"图层 1"，修改图层名称为"轮廓"。

（3）为"轮廓"层选择颜色，在"索引颜色"选项卡中选择"蓝色"作为"轮廓"层的线型颜色。

（4）为"轮廓"层选择"线型"为默认的连续线型"Continuous"。

（5）为"轮廓"层选择"线宽"为"0.30mm"。

（6）在"图层特性管理器"中，单击"新建图层"按钮，修改图层名称为"中心线"。

（7）在"索引颜色"选项卡中选择"红色"作为"中心线"层的线型颜色。

（8）为"中心线"层选择线型，单击"中心线"图层中线型选项，在"选择线型"对话框中单击"加载"按钮，在"加载或重载线型"对话框中选择"CENTER"线型，单击"确定"按钮，将线型"CENTER"加入到线型库中，选择"CENTER"后单击"确定"按钮，将"中心线"层线型设置为"CENTER"。

（9）为"中心线"层选择线宽为"默认"，单击"确定"按钮。

（10）关闭"图层特性管理器"。

（11）在"图层"工具栏上，单击下拉箭头显示图层控制列表。两个新图层"轮廓"和"中心线"将出现在列表里，位于默认图层"0"的下方。

（12）保存文件。

二、修改对象线型比例

（1）在"格式"菜单中选择"线型"选项，打开"线型管理器"对话框。单击"显示细节"按钮，将"当前对象缩放比例"设置为"0.5"。

（2）把"中心线"层置为当前层，绘制如图 6-30 所示的两个圆。

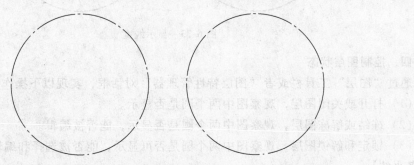

图 6-30　绘制两个圆

（3）选择第二个圆，单击鼠标右键，在快捷菜单中选择"特性"选项，弹出"特性"选项板，如图 6-31 所示。在"线型比例"中输入新值 2，当前对象线型比例重新生成。

比较：如图 6-32 所示，左侧圆形"线型比例"值为 0.5，右侧圆形"线型比例"值为 2。

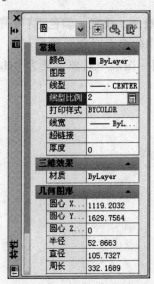

图 6-31　"特性"选项板

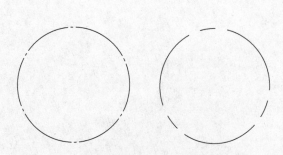

图 6-32　不同线型比例的对象

三、修改线宽

（1）在"图层特性管理器"中，把"中心线"层选择线宽为"0.35mm"。此时，两圆的线宽没有发生变化。

（2）单击状态栏上"线宽"按钮，打开线宽显示，线型效果如图 6-33 所示。

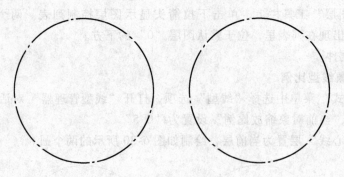

图 6-33　显示线宽

四、控制图层状态

通过"图层"工具栏或者"图层特性管理器"对话框，实现以下操作：

（1）打开或关闭图层，观察图中两个圆是否显示。

（2）冻结或解冻图层，观察图中两个圆是否显示，能否被编辑。

（3）锁定和解锁图层，观察图中两个圆是否可显示，能否被选择和编辑。

【任务小结】

运用图层可以对复杂图形进行有效的管理，提高绘图效率。"图层特性管理器"是进行图层操作和管理的主要工具。创建图层、重命名图层、将图层设置为当前图层、打开和关闭图层、冻结和解冻图层、锁定和解锁图层、指定图层特性等都是有关图层的重要操作，应熟练掌握。

【技能提高】

"对象特性"工具栏和"图层特性管理器"对话框都能对线型、线宽、颜色进行设置与修改。"对象特性"工具栏是对选定的对象（可以是不同图层中的多个对象）进行线型、线宽、颜色的设置与修改；而"图层特性管理器"对话框是对同一图层中对象特性为 ByLayer 的所有对象进行线型、线宽、颜色的设置与修改。

第二部分　形体的表达与绘制

项目七　投影的基本知识

【项目概述】

投影是将空间的三维物体表达为平面上的二维图形。建筑工程图样的基本要求是能在一个平面上准确地表达建筑物的几何形状和大小。建筑工程图中所使用的图样就是根据投影的方法绘制的，投影原理和投影方法是指导专业人员阅读和绘制专业图的重要理论。

本项目的任务有：

- 投影的概念和分类。
- 点的投影。
- 直线的投影。
- 平面的投影。

任务1　投影的概念和分类

【任务描述】

掌握投影的概念和分类，了解中心投影和平行投影的形成和特点，了解不同投影法的应用范围。掌握正投影的基本性质，了解三面投影图的形成过程，掌握三面正投影图的投影特性。

学习重点是：正投影的基本性质，三面正投影图的投影特性。

【任务实施前准备】

一、投影的形成

当灯光或太阳光照射物体时，在地面或墙上就会产生与原物体相同或相似的影子，这就是投影。人们根据这个自然现象，总结出用投影表示物体的形状和大小的方法，即投影法。而在实际绘制投影图时，需用人的视线代替光线，用图样代替墙面、地面、桌子表面。用投影法画出的物体图形称为投影图，如图7-1所示。

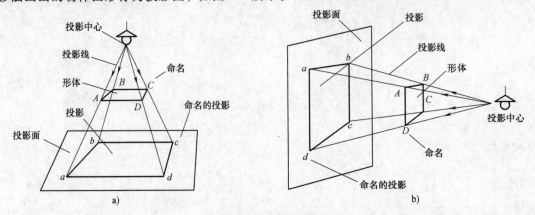

图 7-1　投影图的形成

在投影法中，将物体称为形体，光源称为投影中心，向物体投射的光线称为投射线，光线的射向称为投射方向，落影的平面（如地面、墙面等）称为投影面，影子的轮廓称为投影或投影图。

由此可知，产生投影必须具备的三个条件是：投射线、投影面和形体，即投影的三要素。

二、投影法的分类

根据投射方式的不同，投影法一般分为两类：中心投影法和平行投影法。

1. 中心投影法

由一点放射的投射线所产生的投影称为中心投影，如图 7-2a 所示，不管物体怎样摆放，光源发出的射线将物体的影子照在地面或墙面上，影子比实物大。用这种原理画出的投影图，效果和照片一样，近大远小、符合视觉的感受，又称作透视图。但由于它的投影有变形，无法表示物体的真实大小，故不宜用这种投影法画建筑施工图。

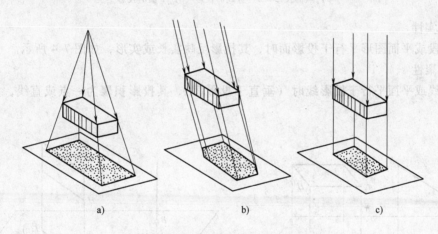

图 7-2　投影的分类
a）中心投影　b）斜投影　c）正投影

2. 平行投影法

由相互平行的投射线所产生的投影称为平行投影。平行投影即投影线相互平行。平行投影法又可分为两种：投影方向（投射线）倾斜于投影面，称为斜投影法，如图 7-2b 所示；投影方向（投射线）垂直于投影面，称为正投影，如图 7-2c 所示。

建筑工程制图都是用正投影法绘制出来的。本课程中，后文提到的投影，如无特别说明，均指正投影。

说明： 为了把形体各面和内部的形状变化都反映在投影图中，假设投射线能透过形体，并用虚线表示那些看不见的轮廓线，这样就可将形体的内部构造也表示出来。

三、正投影的基本性质

正投影一般具有以下几个特性：

1. 同素性

点的正投影仍然是点；直线的正投影一般仍为直线（特殊情况例外）；平面的正投影一般仍为原空间几何形状的平面（特殊情况例外），如图 7-3 所示。

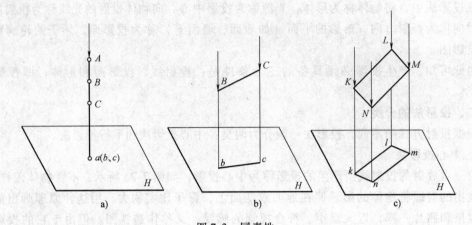

图 7-3　同素性

a) 点的投影　b) 直线的投影　c) 平面的投影

2. 真实性

当线段或平面图形平行于投影面时，其投影反映实长或实形，如图 7-4 所示。

3. 积聚性

当直线或平面平行于投影线时（垂直于投影面），其投影积聚为一点或直线，如图 7-5 所示。

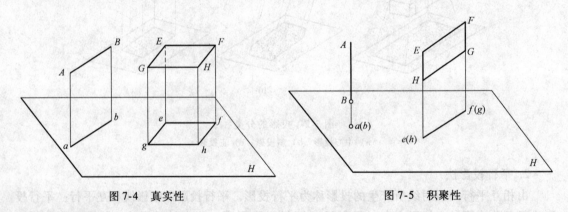

图 7-4　真实性　　　　　　　　　　　图 7-5　积聚性

4. 类似性

当直线或平面既不平行于投影面，又不平行于投影线时，其投影小于实长或实形，但与原形类似，如图 7-6 所示。

四、三面正投影图的形成

如图 7-7 所示，三个完全不同的物体，在 V 面上的投影都是一样的。可见，只用一个方向的投影是不能完全反映形体的真实形状和大小的。因此，在工程图中常用三面投影来表达物体的空间形状。

如果将形体放在三个互相垂直相交的投影面之间，然后采用正投影法分别作三个投影面的投影，如图 7-8 所示，就能准确反映出形体的真实形状和大小了。

1. 三面投影体系的建立

如图 7-9 所示，三个相互垂直的投影面，构成三面投影体系。其中水平投影面称为 H

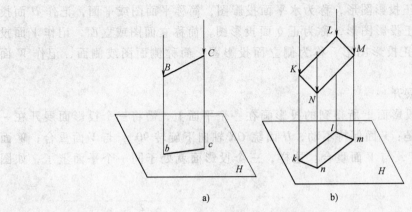

图 7-6 类似性

a）直线的投影 b）平面的投影

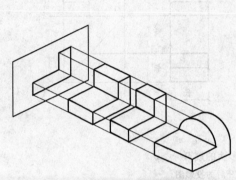

图 7-7 形体的单面投影

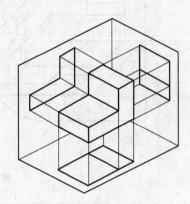

图 7-8 形体的三面投影

面、正面投影面称为 V 面、侧面投影面称为 W 面。两投影面垂直相交，其交线称为投影轴。图 7-9 中，V 面与 H 面相交于 OX 轴，H 面与 W 面相交于 OY 轴，V 面与 W 面相交于 OZ 轴。三投影轴 OX、OY、OZ 相互垂直，相交于点 O，点 O 称为原点。

2. 三面投影图的形成

如图 7-10 所示，把两步台阶放在三面正投影体系中，按箭头所指的投影方向分别向三个投影面作正投影。

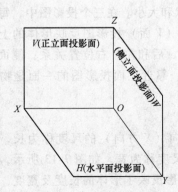

图 7-9 三投影面的建立

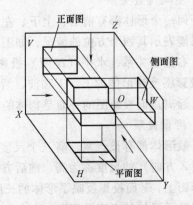

图 7-10 三投影图的形成

在 H 面上得到的正投影图形，称为水平面投影图，简称平面图或平面，记作 H 面投影；在 V 面上得到的正投影图形，称为正立面投影图，简称立面图或立面，记作 V 面投影；在 W 面上得到的正投影图形，称为侧立面投影图，简称侧面图或侧面，记作 W 面投影。

3. 三个投影面的展开

为了把空间三个投影面上所得到的投影画在一个平面上，需将三个投影面展开在一个平面上。展开规则是：V 面保持不动，H 面绕 OX 轴向下旋转 90°，与 V 面重合；W 面绕 OZ 轴向右旋转 90°，与 V 面重合。这样，三个投影面就处于同一个平面上了，如图 7-11 所示。

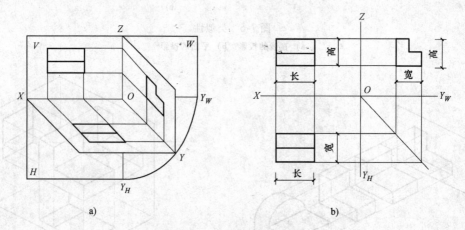

图 7-11　三个投影面的展开

a）展开过程　b）展开后的投影图

三个投影面展开后，三条投影轴成为两条垂直相交的直线。OY 轴被分为两处，在 W 面上的用 OY_W 表示，在 H 面上的用 OY_H 表示。

提示： 投影面是设想的，并无固定的大小边界，投影图与投影面的大小无关。因此，作图时也可以不用画出投影面的边界，投影轴一般也可不画出来。对于初学者，为能清晰地理解三投影面间的对应关系，应用细实线将投影轴绘出。

五、三面正投影图的投影规律

1. 空间位置关系

任何一个形体都有前后、上下、左右六个方向的形状和大小。在三个投影图中，每个投影图只能表示其四个方位的情况，如图 7-12 所示。正面（V 面）投影图反映形体的上、下和左、右位置关系；水平（H 面）投影图反映形体的前、后和左、右位置关系；侧面（W 面）投影图反映形体的上、下和前、后位置关系。例如：靠近正面投影图的一面是物体的后面，远离正面投影图的一面是物体的前面。

2. 度量关系

一般形体都有长、宽、高三个尺度，将形体左右方向（X 方向）的尺度称为长，上下方向（Z 方向）的尺度称为高，前后方向（Y 方向）的尺度称为宽。如图 7-13 所示，在三面投影图上，V 面投影反映了形体的长度及高度，H 面投影反映了形体的长度及宽度，W 面投影反映了形体的高度及宽度。

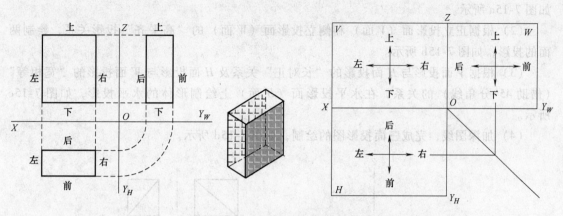

图 7-12 三面投影图与形体的方位关系

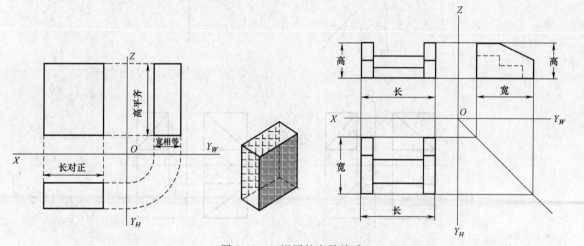

图 7-13 三视图的度量关系

三面投影图的关系归纳为：长对正、宽相等、高平齐。

长对正——水平投影图与正面投影图的长相等。

高平齐——正面投影图的高与侧面投影图的高相等。

宽相等——水平投影图的宽与侧面投影图的宽相等。

学习情境 绘制形体的三面投影图

【学习目的】

（1）熟知三投影面体系。

（2）熟知三面正投影的投影规律。

（3）初步了解三面正投影图的作图方法。

【情境描述】

绘制图 7-14 所示形体的三面投影图。

【任务实施】

（1）绘制水平和垂直相交线作为投影轴和 45°分角线，

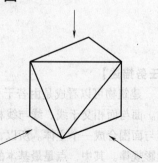

图 7-14 绘制形体三面投影图

　　如图 7-15a 所示。

　　（2）根据正立投影面（*V* 面）和侧立投影面（*W* 面）的"高平齐"投影关系，绘制两面的投影，如图 7-15b 所示。

　　（3）根据 *V* 面投影与 *H* 面投影的"长对正"关系及 *H* 面投影与 *W* 面投影的"宽相等"（借助 45°分角线）的关系，在水平投影面（*H* 面）上绘制形体的水平投影，如图 7-15c 所示。

　　（4）加深图线，完成三面投影图的绘制，如图 7-15d 所示。

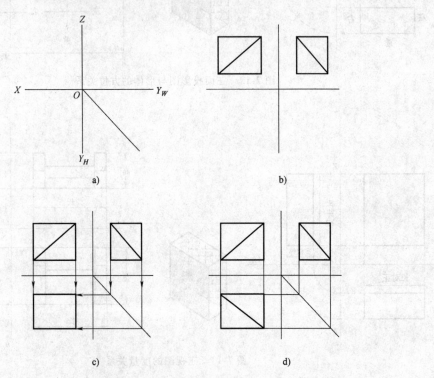

图 7-15　三面投影图的作图方法

【任务小结】

　　（1）投影法分为中心投影法和平行投影法两类。平行投影法分为正投影法与斜投影法。

　　（2）正投影的基本性质：同素性、真实性、积聚性和类似性等。

　　（3）形体三面投影体系的构成。形体的三面投影规律：长对正、宽相等、高平齐。

任务 2　点 的 投 影

【任务描述】

　　建筑物可以看成是由若干个几何形体组成的，又可以看成是由若干个平面或曲面围合而成的。面与面相交于线、线与线相交于点。反过来，两个点相连成一条线、线与线封闭成一个面、面与面围合成一个立体。所以，要想看懂和绘制出正投影图，就应熟练地掌握点、直线、平面的投影规律。其中，点是最基本的几何元素，点的投影规律是研究线、面、体投影的基础。

　　本任务通过掌握点的三面投影的投影规律及作图方法，认知点的三面投影图；能够判断点的空间位置；会绘制点的空间坐标和点到投影面的距离；会比较两点的相对位置。

【任务实施前准备】

一、点的三面投影图

如图 7-16a 所示，将空间点 A 置于三投影面体系中，自 A 点分别向三个投影面作垂线（即投射线），三个垂足就是点 A 在三个投影面上的投影。

点 A 在 H 面的投影记作 a，称为点 A 的水平投影或 H 面投影。

点 A 在 V 面的投影记作 a′，称为点 A 的正面投影或 V 面投影。

点 A 在 W 面的投影记作 a″，称为点 A 的侧面投影或 W 面投影。

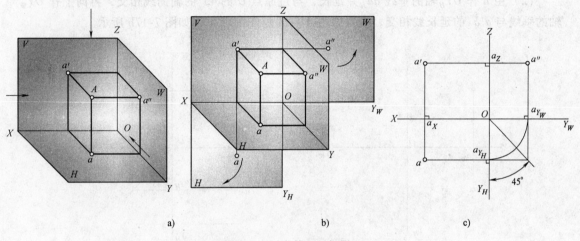

图 7-16 点的三面投影
a）直观图　b）投影图的展开　c）投影图

将三面投影面展开后，如图 7-16b 所示，即可得 A 点的三面投影图。

说明：在投影时，投影面的大小不受限制，表示投影面的边框在投影图上不必画出，如图 7-16c 所示。

为便于投影分析，在展开图上用细实线将点的相邻投影连起来，如 aa′、aa″ 称为投影连线。水平投影 a 与侧面投影 a″ 不能直接相连，作图时常以图 7-16c 所示的借助 45°斜角线或圆弧来实现这个联系。

二、点的投影规律

分析图 7-16c 中各面投影的相互关系，可以归纳出点的三面投影规律：

1）点的水平投影与正面投影的连线垂直于 OX 轴，即 $aa′ \perp OX$。

2）点的正面投影和侧面投影的连线垂直于 OZ 轴，即 $a′a″ \perp OZ$。

3）点的水平投影到 OX 轴的距离等于点的侧面投影到 OZ 的距离，即 $aa_X = a″a_Z$。

上述投影规律说明，在点的三面投影图中，每两个投影都有一定的联系。因此，只要给出一点的任意两个投影，就可以求出第三个投影。

学习情境1　根据点的两面投影绘制点的第三面投影

【学习目标】

掌握点的三面投影的投影规律及作图方法。

【情境描述】

　　已知点 A 的水平投影 a 和正面投影 a'，求侧面投影 a''，如图 7-17a 所示。

【任务实施】

　　分析：根据点的投影关系可知，点的水平投影 a 和正面投影 a' 的连线垂直于 OX 轴；点的正面投影 a' 和侧面投影 a'' 的连线垂直于 OZ 轴；点的水平投影 a 到 OX 轴的距离等于点的侧面投影 a'' 到 OZ 轴的距离。

　　作图步骤：

　　（1）由 a' 作 OZ 轴的垂线 $a'a_Z$ 并延长。

　　（2）由 a 作 OY_H 轴的垂线 aa_H 并延长，与过原点 O 的 45°的辅助线相交，再向上作 OY_W 轴的垂线与 $a'a_Z$ 的延长线相交，交点即为 A 点的侧面投影 a''，如图 7-17b 所示。

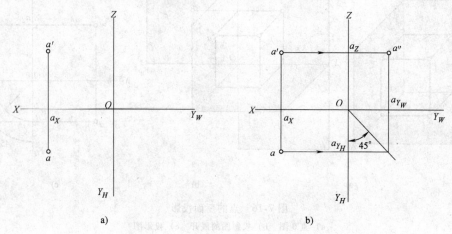

图 7-17　已知点的两投影求第三面投影

　　点的投影与坐标：在三面投影体系中，若把 H、V、W 投影面看成坐标面，三条投影轴 OX、OY、OZ 相当于坐标轴 X、Y、Z 轴，投影轴原点 O 相当于坐标系原点。如图 7-18a 所

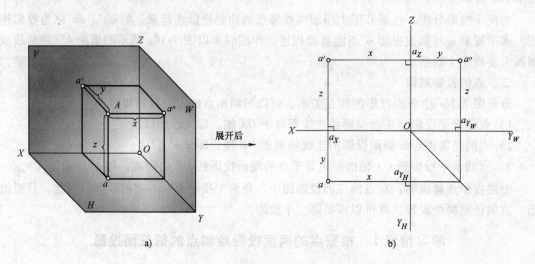

图 7-18　点的投影与直角坐标的关系

a）立体图　b）投影图

示，空间一点到三个投影面的距离，就是该点的三个坐标（用小写字母 x、y、z 表示）。也就是说，点 A 到 W 面的距离 Aa'' 即为该点的 X 坐标，点 A 到 V 面的距离 Aa' 即为该点的 Y 坐标，点 A 到 H 面的距离 Aa 即为该点的 Z 坐标。

如果空间点的位置用 A（x，y，z）形式表示，那么它的三个投影的坐标应为 a（x，y，0），a'（x，0，z），a''（0，y，z）。

利用点的坐标就能较容易地求作点的投影及确定空间点的位置，如图 7-18b 所示。

学习情境 2　根据点的坐标绘制点的第三面投影

【学习目标】

掌握点的投影与坐标的关系。

【情境描述】

已知点 A 的坐标 $x = 20$，$y = 10$，$z = 15$，即 A 为（20，10，15）。求点 A 的三面投影 a、a' 和 a''。

【任务实施】

分析：从点 A 的三个坐标值可知，点 A 到 W 面的距离为 20，到 V 面的距离为 10，到 H 面的距离为 15。根据点的投影规律和点的三面投影与三个坐标的关系，即可求得点 A 的三面投影。作图方法如图 7-19 所示。

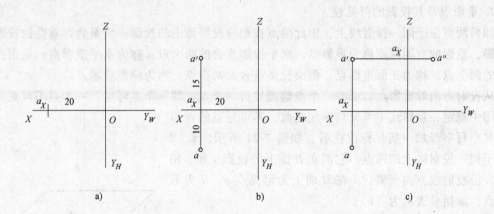

图 7-19　根据点的坐标求其三面投影

作图步骤：

（1）在 OX 轴上取 $Oa_X = x = 20$，如图 7-19a 所示。

（2）过 a_X 作 OX 轴的垂直线，使 $aa_X = y = 10$、$a'a_X = z = 15$，得 a 和 a'，如图 7-19b 所示。

（3）根据 a 和 a' 求出 a''，如图 7-19c 所示。

两点的相对位置和重影点

1. 两点的相对位置

空间两点的相对位置可用三面正投影图来标定；反之，根据点的投影也可以判断出空间两点的相对位置。

在三面投影中规定：OX 轴向左、OY 轴向前、OZ 轴向上为三条轴的正方向。在投影图中，X 坐标可确定点在三投影面体系中的左右位置，Y 坐标可确定点在三投影面体系中的前后位置，Z 坐标可确定点在三投影面体系中的上下位置，如图 7-20 所示。

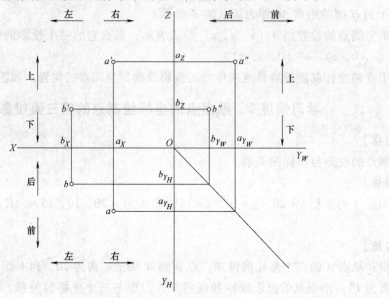

图 7-20　两点的相对位置

2. 重影点及其投影的可见性

如果两点位于同一投射线上，则此两点在相应投影面上的投影必然重叠，重叠的投影称为重影，重影的空间两点称为重影点。水平投影重合的两个点，称为水平重影点；正面投影重合的两个点，称为正面重影点；侧面投影重合的两个点，称为侧面重影点。

从投射方向看重影点，必有一个点遮挡住另一个点，即一个点可见，一个点不可见。在投影图中规定，重影点中可见点标注在前，不可见点的投影用同名小写字母加一括号标注在后。如图 7-21 所示，A、B 是位于同一投射线上的两点，它们在 H 面上的投影 a 和 b 相重叠。沿投射线方向观看，A 在 H 面上为可见点 a，B 为不可见点，加括号表示为 (b)。

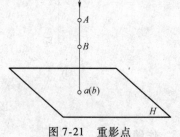

图 7-21　重影点

重影点投影可见性的判别方法是：

对水平重影点，从上向下看，上面一点看得见，下面一点看不见（上下位置可从正面投影或侧面投影中看出）。

对正面重影点，从前向后看，前面一点看得见，后面一点看不见（前后位置可从水平投影或侧面投影中看出）。

对侧面重影点，从左向右看，左面一点看得见，右面一点看不见（左右位置可从正面投影或水平投影中看出）。

学习情境 3　根据点的相对位置关系绘制点的三面投影

【学习目标】

（1）掌握点的投影与相对位置间的关系。

（2）掌握重影点的投影及表示方法。

【情境描述】

　　已知点 A 的三个投影，如图 7-22a 所示。点 B 在点 A 上方 80，左方 120，前方 100，点 C 在点 A 的正下方 120。求点 B、C 的三面投影。

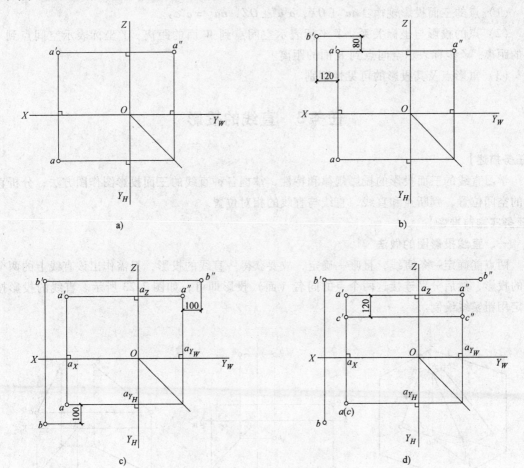

图 7-22　已知相对位置求另一点

【任务实施】

　　作图步骤：

　　1. 求点 B 的三面投影

　　（1）在点 A 的 V 面投影 a' 左方 120，上方 80 处确定点 B 的 V 面投影 b'，如图 7-22b 所示。

　　（2）由 b' 作 OX 轴的垂线并延长，在其延长线上 a 前 100 处确定点 B 的 H 面投影 b，如图 7-22c 所示。

　　（3）由 b' 作 OZ 轴的垂线并延长，在其延长线上 a'' 前 100 处确定点 B 的 W 面投影 b''；或根据点 B 的 H 面投影 b 和 V 面投影 b' 求得 W 面投影 b''。

　　2. 求点 C 的三面投影

　　（1）在点 A 的 V 面投影 a' 正下方确定 C 点的 V 面投影 c'；同理，在点 A 的 W 面投影 a'' 正下方确定点 C 的 V 面投影 c''，如图 7-22d 所示。

（2）由于点 A 在点 C 正上方，故在 H 面投影中，点 C 的 H 面投影 c 与点 A 的 H 面投影 a 重合在一起，a' 遮住 c'，记为 a（c），如图 7-22d 所示。

【任务小结】

（1）点的三面投影规律：$aa' \perp OX$，$a'a'' \perp OZ$，$aa_X = a''a_Z$。

（2）点的投影与坐标关系：X 坐标表示空间点到 W 面的距离；Y 坐标表示空间点到 V 面的距离；Z 坐标表示空间点到 H 面的距离。

（3）重影点及其投影的可见性判别。

任务 3　直线的投影

【任务描述】

学习直线的三面投影的投影规律和特性，掌握各种直线的三面投影图作图方法；分析直线的空间位置，判断点和直线、直线与直线的相对位置。

【任务实施前准备】

一、直线投影图的做法

两点能确定一条直线，且唯一确定，故要获得一直线的投影，只需作出该直线上的两个点的投影，然后分别连接这两个点的同名（面）投影即可，如图 7-23 所示。直线的投影按规定用粗实线绘制。

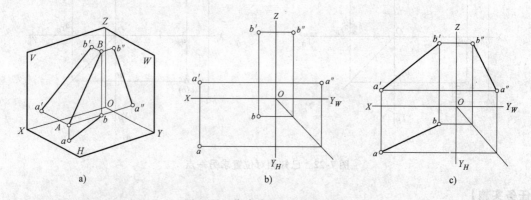

a)　　　　　　　b)　　　　　　　c)

图 7-23　作直线的三面正投影图

二、各种位置直线的投影

空间直线按其相对于三个投影面的不同位置关系，可分为三种：投影面平行线、投影面垂直线和投影面倾斜线。前两种称为特殊位置直线，后一种称为一般位置直线。

1. 投影面平行线

平行于某一个投影面，而倾斜于另外两个投影面的直线称为投影面平行线。投影面平行线可分为：水平线、正平线、侧平线。

水平线——平行于 H 面，倾斜于 V、W 面的直线。

正平线——平行于 V 面，倾斜于 H、W 面的直线。

侧平线——平行于 W 面，倾斜于 H、V 面的直线。

（1）投影面平行线的投影图和投影特性见表 7-1。

表 7-1　投影面平行线的投影特性

名称	立体图	投影图	投影特性
水平线	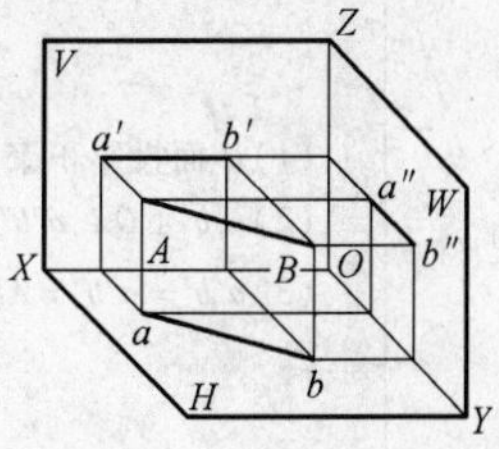	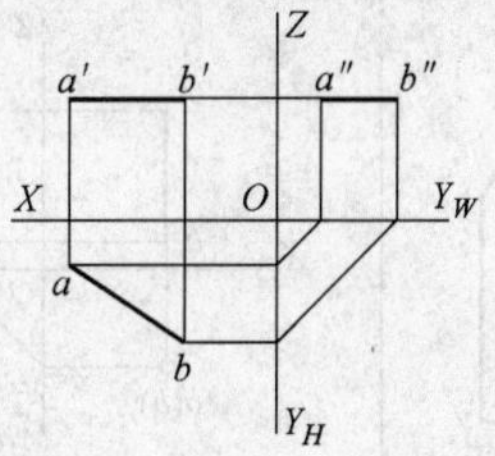	(1) $a'b'\,/\!/\,OX$，$a''b''\,/\!/\,OY_W$。 (2) $ab = AB$。 (3) 反映倾角 β、γ 的大小
正平线	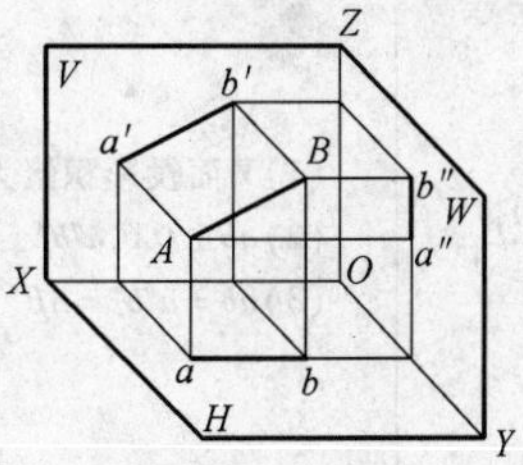	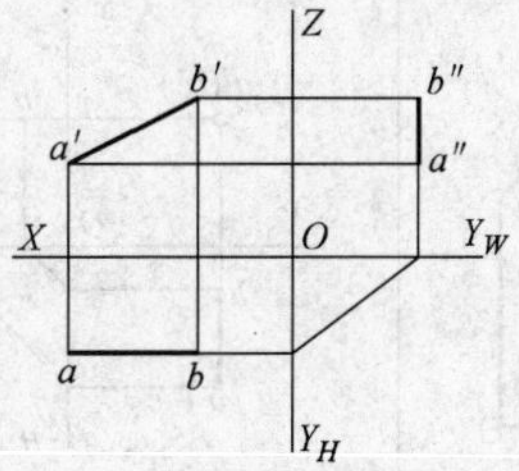	(1) $ab\,/\!/\,OX$，$a''b''\,/\!/\,OZ$。 (2) $a'b' = AB$。 (3) 反映倾角 α、γ 的大小
侧平线	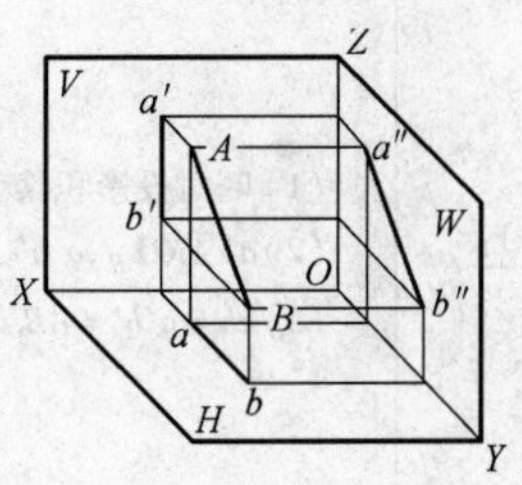	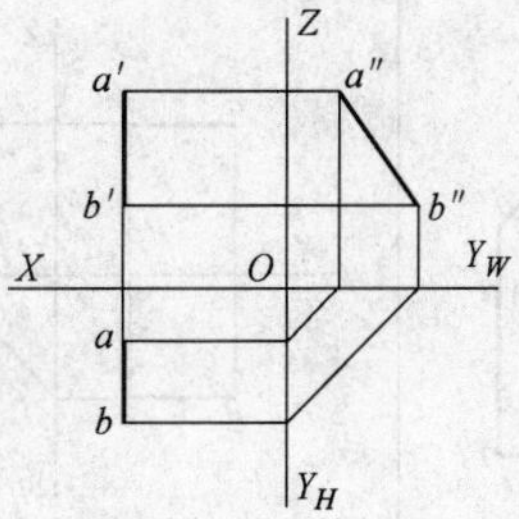	(1) $ab\,/\!/\,OY_H$，$a'b'\,/\!/\,OZ$。 (2) $a''b'' = AB$。 (3) 反映倾角 α、β 的大小

投影面平行线的投影特性归纳如下：

• 直线在所平行的投影面上的投影反映实长，此投影与投影轴的夹角反映直线与另两个投影面的倾角实形。

• 直线在另两个投影面上的投影，分别平行于相应的投影轴，但不反映实长。

（2）投影面平行线的判别方法：

当直线的投影有两个平行于投影轴，且第三投影与投影轴倾斜时，则该直线一定是投影面的平行线，且一定平行于其投影为倾斜线的那个投影面。

技巧口诀：平行线，实形现。

2. 投影面垂直线

垂直于一个投影面，而平行于另外两个投影面的直线称为投影面垂直线。投影面垂直线可分为：铅垂线、正垂线、侧垂线。

铅垂线——垂直于 H 面，平行于 V、W 面的直线。

正垂线——垂直于 V 面，平行于 H、W 面的直线。

侧垂线——垂直于 W 面，平行于 H、V 面的直线。

（1）投影面垂直线的投影图和投影特性见表 7-2。

投影面垂直线投影特性归纳如下：

• 直线在其所垂直的投影面上的投影积聚为一点。

• 直线在另两个投影面上的投影，分别垂直于相应的投影轴，且反映线段的实长。

表 7-2　投影面垂直线的投影特性

名称	立 体 图	投 影 图	投 影 特 性
铅垂线			(1) H 面投影积聚为一点。 (2) $a'b' \perp OX, a''b'' \perp OY_W$； (3) $a'b' = a''b'' = AB$
正垂线			(1) V 面投影积聚为一点。 (2) $ab \perp OX, a''b'' \perp OZ$； (3) $ab = a''b'' = AB$
侧垂线			(1) W 面投影积聚为一点。 (2) $ab \perp OY_H, a'b' \perp OZ$； (3) $ab = a'b' = AB$

（2）投影面垂直线的判别方法：三面投影一点两直（平）线，定是垂直线；点在哪个面，垂直哪个面。

技巧口诀： 垂直线，一个点。

3. 一般位置直线

与三个投影面均倾斜的直线，称为一般位置线。

（1）一般位置线的投影如图 7-24 所示。

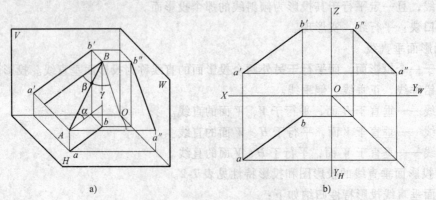

a)　　　　　　　　　　　　　　b)

图 7-24　一般位置直线的投影

一般位置线投影特性可归纳如下：

● 直线的三个投影均倾斜于投影轴。

● 直线的三个投影与投影轴的夹角，均不反映直线与任何投影面的倾角，α、β 和 γ 均为锐角；各投影的长度小于直线的实长。

（2）一般位置线的判别方法：若直线的投影与三个投影轴都倾斜，可判断该直线为一般位置直线。

学习情境 1　直线的三面投影图

【学习目标】

熟练掌握通过求直线上两点的投影确定直线的投影。

【情境描述】

已知正平线 AB 的水平投影 ab，如图 7-25a 所示，并知 AB 对 H 面的倾角为 30°，A 点距水平投影面 H 为 5mm，A 点在 B 点的左下方，求 AB 的正面投影 $a'b'$。

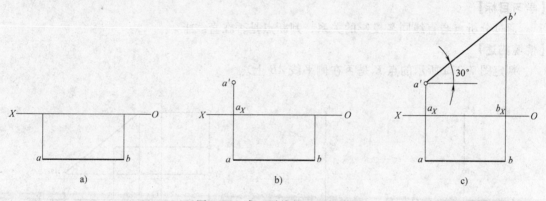

图 7-25　求正平线的 V 面投影

【任务实施】

作图步骤：

（1）过 a 作 OX 轴的垂直线 aa_X，在 aa_X 的延长线上截取 $a'a_X = 5$mm，如图 7-25b 所示。

（2）过 a' 作与 OX 轴成 30°的直线，与过 b 作 OX 轴垂线 bb_X 的延长线相交，因点 A 在点 B 的左下方，得点 B 的 V 面投影 b'，如图 7-25c 所示。

直线上的点

直线上的点的投影特性归纳如下：

（1）直线上的点的各个投影必定在该直线的同名（面）投影上，并且符合点的投影规律；反之，一个点的各个投影都在直线的同面投影上，则此点必在该直线上。例如图 7-26 中的 C 点的三面投影 c、c'、c'' 分别在直线 AB 的同名投影 ab、$a'b'$、$a''b''$ 上，所以 C 点在空间直线 AB 上。

特别是对于一般位置直线，只需看任何两个投影，就可确定空间点是否在空间直线上。

（2）如果直线上的点分线段成比例，则此点的各个投影相应地分该线段的同面投影成相同的比例（即定比性）。

图 7-26 中，C 点把直线 AB 分为 AC、CB 两段，则有 $AC:CB = a'c':c'b' = ac:cb = a''c'':c''b''$。

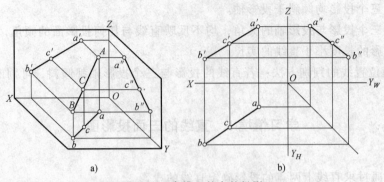

图 7-26　直线上的点的投影

学习情境 2　判断点是否在直线上

【学习目标】

通过分析点与直线同名投影的关系，判断点是否在直线上。

【情境描述】

判定图 7-27a 所示的点 K 是否在侧平线 AB 上。

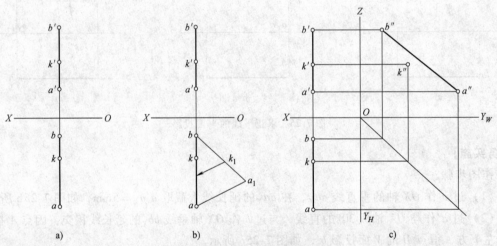

图 7-27　判定点 K 是否在直线 AB 上

【任务实施】

1. 作图

根据已知条件，作出直线 AB 和点 K 的 W 面投影 $a'b'$、k'，如图 7-27b 所示。

2. 判断

（1）利用定比性判断。如图 7-27b 所示，自点 B 的 H 面投影 b 作一辅助线 ba_1，使得 $ba_1 = b'a'$，$bk_1{:}k_1a_1 = b'k'{:}k'a'$；连接 a_1a，过点 k_1 作 a_1a 的平行线交于 ba。显然，$bk{:}ka \neq b'k'{:}k'a'$，故根据定比性可以判定点 K 不在侧平线 AB 上。

（2）利用三面投影判断。如图 7-27c 所示，虽然点 K 的 H 面、V 面投影 k、k' 都在侧平线 AB 的同名投影上，但点 K 的 W 面投影 k'' 不在侧平线 AB 的 W 面投影 $a''b''$ 上，故根据直线上点的投影规律可以判定点 K 不在侧平线 AB 上。

提示：本例说明，虽然点 K 的 H 面、V 面投影 k、k' 都在侧平线 AB 的同名投影上，但由于 AB 为特殊位置直线——侧平线，故不能仅根据此两面投影直接判断点 K 都在侧平线 AB 上，需要作出第三面投影或利用直线上点投影的定比性来判断。

两直线的相对位置

两直线在空间的相对位置关系有：平行、相交、交叉。前两种为同面直线，后一种为异面直线。

1. 两直线平行

若空间两直线相互平行，则它们的同名投影必然相互平行；反之，若两直线的同名投影都相互平行，则此两直线在空间也一定平行，如图 7-28 所示。

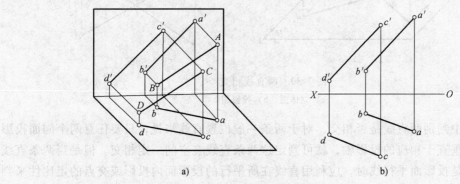

图 7-28　两直线平行

a）立体图　b）投影图

在投影图中，若要判别两直线是否平行，一般只要看它们的正面投影和水平投影是否平行就可以了。但对于两直线均为某投影面平行线时，若无直线所平行的投影面上的投影，仅根据另两投影的平行是不能确定它们在空间是否平行的，应从直线在所平行的投影面上的投影来判定是否平行，如图 7-29 所示。

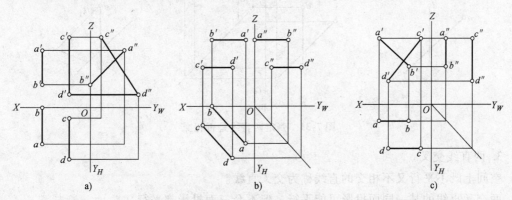

图 7-29　判定两条投影面平行线是否平行

a）不平行　b）平行　c）不平行

2. 两直线相交

若空间两直线相交，则它们的同名投影必定相交，交点是两直线的共有点，空间交点的同名投影就是两直线同名投影的交点，即交点的投影符合点的投影规律，如图 7-30 所示；

反之，若两直线的各同面投影都相交，且交点的投影符合点的投影规律，则该两直线必相交。

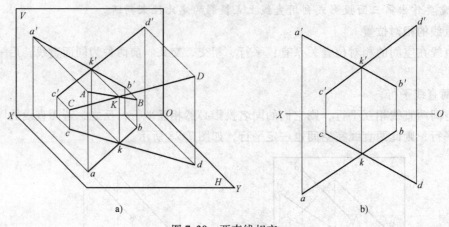

图 7-30　两直线相交
a）立体图　b）投影图

　　在投影图中判别两直线是否相交，对于两条一般位置直线来说，只要任意两个同面投影的交点的连线垂直于相应的投影轴，就可判定这两条直线在空间一定相交。但是当两条直线中有一条直线是投影面平行线时，应利用直线在所平行的投影面内投影或交点的定比性来判断，如图 7-31 所示。

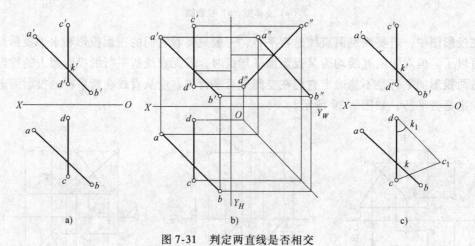

图 7-31　判定两直线是否相交

3. 两直线交叉

空间上既不平行又不相交的直线称为交叉直线。

两交叉直线的某一同面投影可能平行，但不会三面投影都平行。

两交叉直线的同面投影也可能相交，但各同面投影的交点不符合点的投影规律。交叉直线同面投影的交点是两直线上的一对**重影**点的重合投影，如图 7-32 所示。

既然两交叉直线同面投影的交点是两直线上两个点的投影重合在一起的。那么，两交叉线就有可见性的问题。

判定其可见性的方法：如图 7-32b 所示，从水平投影可看出，点Ⅰ在点Ⅱ之上，故其水

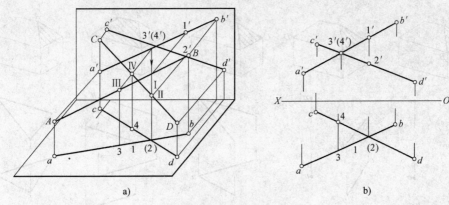

图 7-32　两直线交叉
a) 立体图　b) 投影图

平投影 1 为可见，2 为不可见，写成 1（2）。从正面投影可看出，点Ⅲ在点Ⅳ之前，故其正面投影 3′为可见，4′为不可见，写成 3′（4′）。

【任务小结】

（1）投影面平行线（正平线、水平线、侧平线）、投影面垂直线（正垂线、铅垂线、侧垂线）和一般位置线的投影特性和作图方法。

（2）直线上点的投影特性：直线上的点的各个投影必定在该直线的同名（面）投影上，并且符合点的投影规律；定比性。

（3）两直线平行、相交和交叉三种相对位置的投影特性。

任务 4　平面的投影

【任务描述】

掌握平面的表示方法；掌握各种位置平面的投影规律及作图方法；判断平面与平面、直线与平面、点与平面的相对位置。

【任务实施前准备】

一、平面的表示方法

平面是广阔无边的，在立体几何中平面可由以下五种几何元素来确定和表示。

（1）不在同一条直线上的三个点，如图 7-33a 所示的点 A、B、C。

（2）一直线和线外一点，如图 7-33b 所示的点 A 和直线 BC。

（3）两相交直线，如图 7-33c 所示的直线 AB 和 AC。

（4）两平行直线，如图 7-33d 所示的直线 AB 和 CD。

（5）闭合线框（平面图形），如图 7-33e 所示的△ABC。

二、平面投影图的绘制

平面一般是由若干轮廓线所围成，而轮廓线可以由其上的若干点来确定，所以平面投影图的绘制，实质上也就是绘制点和线的投影。如图 7-34 所示，空间一平面△ABC，若将其三个顶点 A、B、C 的投影作出，再将各同面投影连接起来，即为△ABC 平面的投影。

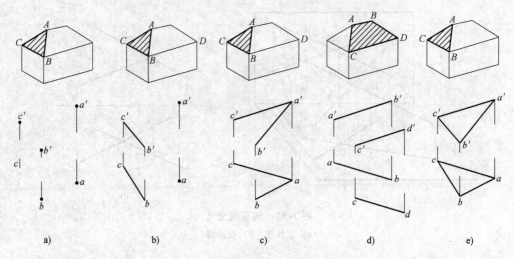

图 7-33　用几何元素表示平面

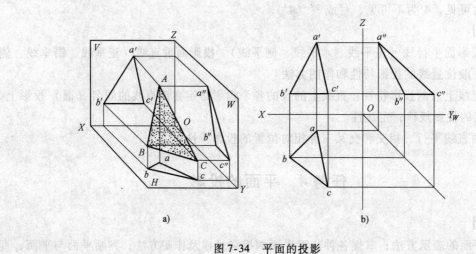

图 7-34　平面的投影

三、各种空间位置平面

根据平面与投影面的相对位置，平面可分为：投影面平行面、投影面垂直面、投影面倾斜面三种情况。前两种为特殊位置平面，后一种为一般位置平面。

1. 投影面平行面

平行于一个投影面，同时垂直于另外两个投影面的平面称为投影面平行面。投影面平行面可分为：

水平面——平行于 H 面而垂直于 V、W 面。

正平面——平行于 V 面而垂直于 H、W 面。

侧平面——平行于 W 面而垂直于 H、V 面。

（1）投影面平行面的投影特性见表 7-3。

投影面平行面的投影特性归纳如下：

● 平面在它平行的投影面上的投影反映实形。

● 平面的其他两个投影积聚成线段，并且分别平行于相应的投影轴。

表 7-3　投影面平行面的投影特性

名称	立 体 图	投 影 图	投 影 特 性
水平面			(1) H 面投影反映实形。 (2) V、W 面投影积聚成直线,分别平行于 OX、OY_W 轴
正平面			(1) V 面投影反映实形。 (2) H、W 面投影积聚成直线,分别平行于 OX、OZ 轴
侧平面			(1) W 面投影反映实形。 (2) V、H 面投影积聚成直线,分别平行于 OZ、OY_H 轴

（2）投影面平行面空间位置的判断：若在平面图形的投影中，同时有两个投影分别积聚成平行于投影轴的直线，而只有一个投影为平面图形，则此平面平行于该投影所在的那个投影面。该平面图形投影反映该空间平面图形的实形。

技巧口诀：一框两直线，定是平行面；框在哪个面，平行哪个面。或，平行面，实形现。

2. 投影面垂直面

垂直于一个投影面，同时倾斜于另外两个投影面的平面称为投影面垂直面。投影面垂直面可分为：

铅垂面——垂直于 H 面而倾斜于 V、W 面。

正垂面——垂直于 V 面而倾斜于 H、W 面。

侧垂面——垂直于 W 面而倾斜于 H、V 面。

（1）投影面垂直面投影特性见表 7-4。

投影面垂直面投影特性归纳如下：

• 平面在它所垂直的投影面上的投影积聚为一斜直线，并且该投影与投影轴的夹角等于该平面与相应投影面的倾角。

• 平面的其他两个投影不是实形，但有相似性。

（2）投影面垂直面空间位置的判断：若平面图形在某一投影面上的投影积聚成一条倾斜于投影轴的直线段，则此平面垂直于积聚投影所在的投影面。

表 7-4　投影面垂直面的投影特性

名称	立 体 图	投 影 图	投 影 特 性
铅垂面			（1）H 面投影积聚成一条斜直线，且反映 β、γ 的大小。 （2）V、W 面投影为面积缩小的类似形
正垂面			（1）V 面投影积聚成一条斜直线，且反映 α、γ 的大小。 （2）H、W 面投影为面积缩小的类似形
侧垂面			（1）W 面投影积聚成一条斜直线，且反映 α、β 的大小。 （2）H、V 面投影为面积缩小的类似形

技巧口诀：两框一斜线，定是垂直面；斜线在哪面，垂直哪个面。或，垂直面，一条线。

3. 一般位置平面

与三个投影面均倾斜的平面，称为一般位置面。

（1）投影特性：平面的三个投影既没有积聚性，也不反映实形，而是原平面图形的类似形，且形状缩小，如图 7-35 所示。

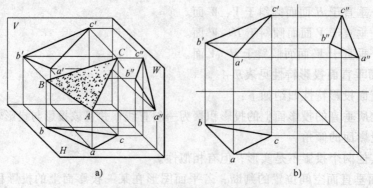

图 7-35　一般位置平面的投影

（2）一般位置线的判别：平面的三面投影都是类似的几何图形，则该平面一定是一般位置平面。

技巧口诀：三个投影三个框，定是一般位置面。

四、平面上的直线和点

1. 平面上的直线

一直线若通过平面上的两个点，或通过平面上的一个点且平行于平面上的任一直线，则此直线必位于该平面上；反之成立。由此可知，平面上直线的投影，必定是过平面上两已知点的同面投影的连线，如图 7-36 所示。

2. 平面上的点

如果点在属于平面的一条直线上，则此点必在平面上；反之成立，如图 7-36 所示。因此，在平面上取点，首先要在平面上取线。而在平面上取线，又离不开在平面上取点。

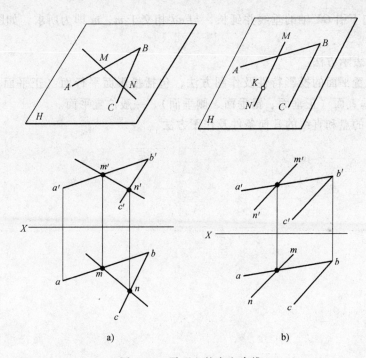

图 7-36　平面上的点和直线

学习情境　求已知平面上点的投影

【学习目标】

通过直线上的点和直线的投影特性，掌握在平面上取点和直线的方法。

【情境描述】

如图 7-37a 所示，已知 ΔABC 的两面投影和 ΔABC 平面上的点 M 的正面投影 m'，求作点 M 的水平投影图 m。

【任务实施】

（1）在 ΔABC 平面上过 M 点作辅助线：在正面投影上连 $a'm'$ 并延长，与 $b'c'$ 相交于 d'；自 d' 向下引 OX 轴的垂线，与 bc 相交于 d，连 ad，如图 7-37b 所示。

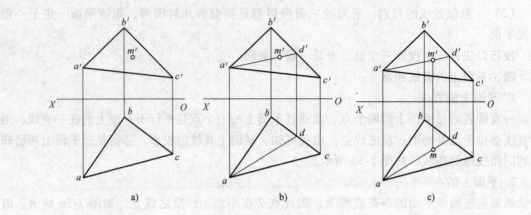

图 7-37　求平面上点的投影

（2）自 m' 向下引 OX 轴的垂线并延长，与 ad 相交于 m，m 即为所求，如图 7-37c 所示。

【任务小结】

（1）平面的表示方法。

（2）各种位置平面的投影特性及作图方法，包括投影面平行面（正平面、水平面、侧平面）、投影面垂直面（正垂面、铅垂面、侧垂面）、一般位置平面。

（3）平面上的点和直线的几何条件及作图方法。

项目八　组合体投影图的绘制

【项目概述】

组合体是由若干个基本形体组合而成的。常见的基本形体是棱柱、棱锥、圆柱、圆锥、球等，如图 8-1 所示。

表达组合体一般情况下是绘制三投影图。所谓三投影图是指在三面投影体系中，V 面投影通称为正面投影图，H 面投影通称为水平投影图，W 面投影通称为侧面投影图，合称三面投影图。

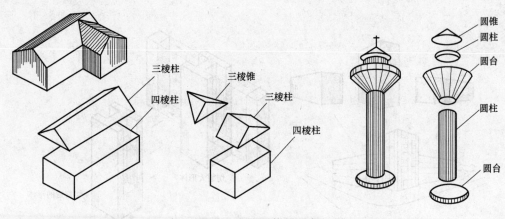

图 8-1　基本形体的组合

本项目的任务有：

- 组合体三面投影的绘制。
- 组合体的尺寸标注。
- 组合体投影图的识读。

任务 1　组合体三面投影的绘制

【任务描述】

熟悉组合体的形体分析方法，绘制组合体三面投影图。

【任务实施前准备】

一、组合体的组合形式

基本几何形体由一系列面围合而成。根据面的几何性质，基本几何体可以分为：

1. 平面体

平面体——全部由平面包围而成的形体。常见的平面体有：棱柱、棱锥、棱台。

2. 曲面体

曲面体——全部由曲面围成或由曲面和平面围成的形体。常见的曲面体有：圆柱、圆锥、圆台和球体等。

3. 组合体

由若干个基本几何体按一定方式组合起来的物体称为组合体。为了便于绘图、读图和尺寸标注，常常将复杂的组合体分解为若干个简单的基本几何体。通过研究基本几何体的形状及相互位置关系来表达和认识组合体，从而变难为易。

组合体的组合方式可以分为叠加型、切割型和综合型三种。

（1）叠加型：叠加型组合体即把组合体看成由若干个基本形体叠加而成，如图 8-2a 所示。

（2）切割型：切割型组合体即组合体是由一个大的基本形体经过若干次切割而成，如图 8-2b 所示。

（3）综合型：综合型组合体即把组合体看成既有叠加又有切割而组成，如图 8-2c 所示。

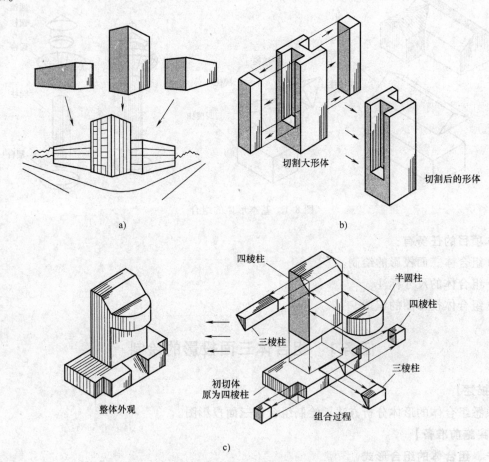

图 8-2　组合体的组合方式
a）叠加型组合体　b）切割型组合体　c）综合型组合体

二、形体分析

对组合体中基本形体的组合方式、表面连接关系及相互位置等进行分析，弄清各部分的形状特征，这种分析过程称为形体分析法。

房屋的简化模型的分解分析如图 8-3 所示。

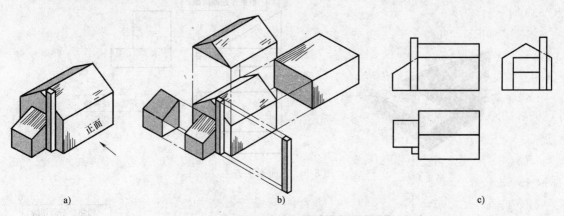

a)　　　　　　　　　　　　　b)　　　　　　　　　　　　　c)

图 8-3　房屋的轴测图形体分析及三面投影图

a）房屋轴测图　b）形体分析　c）三面投影图

三、组合体各部分之间表面连接关系及连接处的画法

所谓连接关系，就是指基本形体组合成组合体时，各基本形体表面间真实的相互关系。组合体各部分表面之间的连接关系不同，在视图上表现出的特征也就不同。为便于绘图和读图，如图 8-4 ~ 图 8-7 所示，将其分为以下四种情况：

1. 形体表面平齐

形体表面平齐——表示两部分表面在叠加后完全重叠，在视图上可见两部分之间无隔线，则两表面投影之间不画线，如图 8-4 所示。

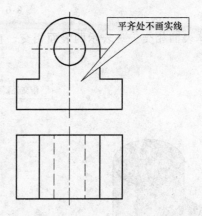

平齐处不画实线

图 8-4　表面平齐

2. 形体表面不平齐

形体表面不平齐——表示两表面叠加后不完全重叠，在视图上可见部分之间有图线隔开，则两表面投影之间画线，如图 8-5 所示。

3. 形体表面相切

两形体表面相切——表示两表面光滑过渡，在相切处不存在轮廓线，即在视图上相切处不画线，如图 8-6 所示。

4. 两形体表面相交

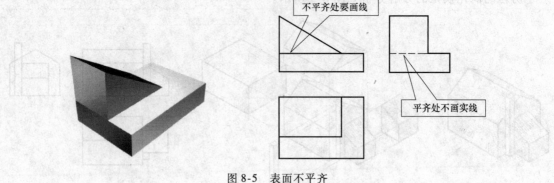

图 8-5　表面不平齐

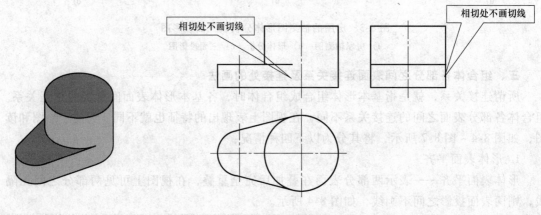

图 8-6　表面相切

两形体表面相交——表示两表面相交，在相交处存在交线，即两表面投影之间画线，如图 8-7 所示。

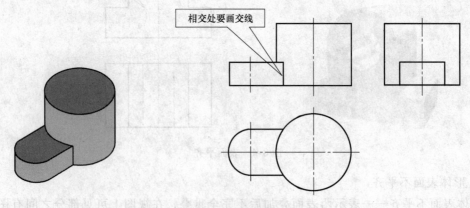

图 8-7　表面相交

组成组合体的基本形体之间除表面连接关系以外，还有相互之间的位置关系。叠加型组合体组合过程中的几种位置关系如图 8-8 所示。

四、组合体投影图的画法和步骤

画组合体的投影时，经常采用形体分析法，就是假想把组合体分解为几个基本形体，并

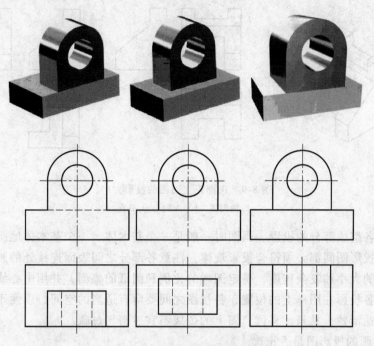

图 8-8　基本形体的几种位置关系

确定它们的组合形式和相互位置。这种方法是画图和看图的基本方法。绘制组合体三面投影图，一般要按照形体分析、视图选择、画图三步进行。

1. 形体分析

形体分析的目的是分析、了解组合体的各基本形体的形状、组合形式、相对位置及其在某方向是否对称，以便对组合体的整体形状有个总的概念，为画出它的视图做好准备。

2. 视图选择

视图选择的原则是：用尽量少的视图把物体完整、清晰地表达出来。视图选择包括确定物体的放置位置、选择正立面投影图的投影方向及确定投影图数量 3 个问题。

（1）确定物体的放置位置。物体通常按自然稳定的位置放置；有些物体按照制造加工时的位置摆放，如预制桩等杆状物体是按照加工位置平放。

（2）选择正立面图的投影方向。物体放置位置确定后，选择正立面图的投影方向时，应使正立面图尽可能多地反映物体的形状特征及各组成部分的相对位置；选择正立面图投影方向时，还要考虑尽可能减少视图中的虚线。另外，还要考虑合理地利用图纸。

以图 8-9a 所示形体为例，形体的放置位置选择的是自然稳定的安放位置，A、B 两个方向都可以作为正立面图的投影方向。从图 8-9b 中可以看出，以 A 方向作为正立面图的方向，就可以符合上述要求；从图 8-9c 中可以看出，B 向所作的正立面图不能充分反映形体的形状特征，侧立面图中有较多的虚线。

（3）确定投影图数量

如前所述，一般情况下，形体投影图有三面投影，即正立面图、平面图和侧立面图。在能够把形体表达足够充分的前提下，应尽量减少投影数量，如采用两面投影。

3. 画图

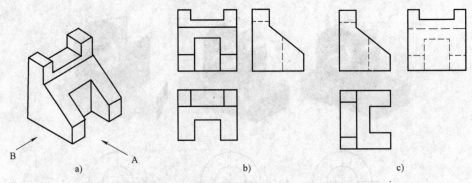

图 8-9　选择正立面图的投影方向

a）轴测图　b）A 向　c）B 向

逐个画出各组成部分的投影。画图时一般是一个基本体、一个基本体地画，画图时应注意每部分三面投影图间都必须符合投影规律，注意各部分之间表面连接处的画法。

根据物体的大小和复杂程度，确定图样的比例和图纸的幅面，并用中心线、对称中心线或基线，定出各投影在图样上的位置，各视图之间要留有适当的空间，以便于标注尺寸。选择原则为：表达清楚，易画，易读，图上的图线不宜过密与过疏。

4. 检查所画的投影图是否正确

底稿图画完后，应对照立体检查各图是否有缺少或多余的图线，改正错处，然后加深全图。

学习情境 1　叠加型组合体三面投影图的绘制

【学习目标】

运用形体分析法绘制叠加型组合体三面投影图。

【情境描述】

画出图 8-10a 叠加型组合体的三面投影图。

【任务实施】

1. 形体分析

图 8-10a 所示的组合体由一个水平放置的长方体（即形体 1）与右上方直立的一长方体

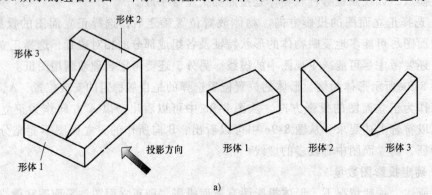

a）

图 8-10　叠加型组合体三面投影的画法

a）形体分析

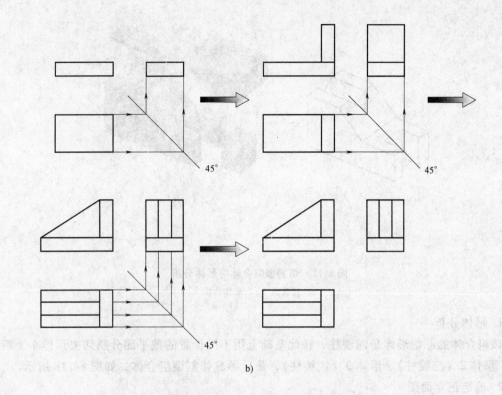

图 8-10 叠加型组合体三面投影的画法（续）

b）绘图步骤

（即形体 2）右面平齐，两形体中间平放一个三棱柱（即形体 3），共同组合而成。

2. 确定正立面图

如图 8-10a 所示，选择箭头方向作为正立面图的投影方向画投影图。

3. 绘制三面投影图

选比例、定图幅、进行图面布置，按相对位置分别画出各组成部分的三面投影图，绘图过程如图 8-10b 所示。画底稿线，先画形体 1 的三面投影，再画直立的形体 2 的三面投影，最后画形体 3 的三面投影。然后检查、修改，擦去多余的线条，按规定加深各类图线。

学习情境 2　切割型组合体三面投影图的绘制

【学习目标】

运用形体分析法绘制切割型组合体三面投影图。

【情境描述】

绘制图 8-11a 所示切割型组合体的三面投影图。

【任务实施】

绘制切割型组合体的三面投影图时，应先画出切割前完整基本体的三面投影图，然后按照切割过程逐个画出被切部分的投影，从而得到切割体的三面投影图。与绘制叠加型组合体类似，对于被切去的形体也应从反映形状特征的投影图入手，然后通过三等关系，画出其他两面投影。

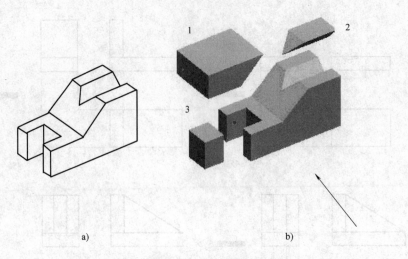

图 8-11　切割型组合体的形体分析

a）直观图　b）形体分析

1. 形体分析

该组合体的原始形体是四棱柱，在此基础上用不同位置的截平面分别切去形体 1 （四棱柱）、形体 2 （三棱柱）、形体 3 （四棱柱），最后形成切割型组合体，如图 8-11b 所示。

2. 确定正立面图

如图 8-11b 所示，选择箭头方向作为正立面图的投影方向。

3. 绘制投影图

对于切割型组合体，应先绘制未切割的原始形体的投影，再依次绘制切割之后的投影。画图时注意每切割一次，要画出截交线，并将被切去的图线擦去。

（1）绘制原始形体的三面投影图。先画基准线，布好图，再画出其原始形体的三面投影图，如图 8-12a、b 所示。

（2）绘制截平面的三面投影图。绘制各截平面的三面投影图时，应从各截平面具有积聚性和反映其形状特征的投影图开始画起，如图 8-12c ~ e 所示。

（3）检查、加深。各截平面的投影绘制完成后，仔细检查投影是否正确，是否有缺漏和多余的图线，准确无误后，按国家标准规定的线型加粗，如图 8-12f 所示。

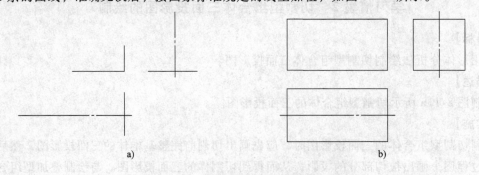

图 8-12　切割型组合体视图的绘图步骤

a）画基准线、位置线　b）画原始形体

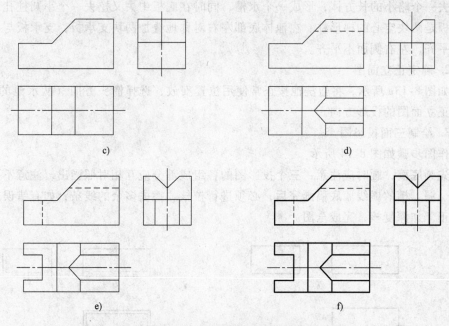

c) d)

e) f)

图 8-12 切割型组合体视图的绘图步骤（续）

c）画形体 1 切割 d）画形体 2 切割 e）画形体 3 切割 f）检查、加深

学习情境 3 综合型组合体三面投影图的绘制

【学习目标】

运用形体分析法绘制综合型组合体三面投影图。

【情境描述】

画出绘制如图 8-13a 所示盥洗池组合体的三面投影图。

【任务实施】

1. 形体分析

如图 8-13b 所示，该盥洗池由池体和支承板两大部分组成。池体是由一个大长方体从中

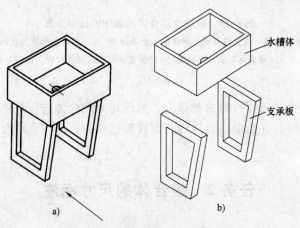

水槽体

支承板

a) b)

图 8-13 综合型组合体的形体分析

a）盥洗池直观图 b）分解图

间切去一个略小的长方体,形成一个水槽,同时在底板中央又挖去一个小圆柱孔而成;下方支承板是两块空心的梯形柱。在池体底部左右对称地叠加两块支承板,支承板与上部池体后侧面平齐,左右侧面不平齐。

2. 确定正立面图

如图 8-13a 所示,将盥洗池按正常使用位置安放,选择箭头方向(从水池的正前方向)作为正立面图的投影方向。

3. 绘制三面投影图

作图步骤如图 8-14 所示。

先画底稿,画时应注意:三个投影图的各组成部分应互相对照画出,注意不要遗漏不可见孔、洞、槽的虚线。底稿画完后,必须进行校核,擦去多余的线条,如有错误或遗漏,立即改正。加深复核,完成全图。

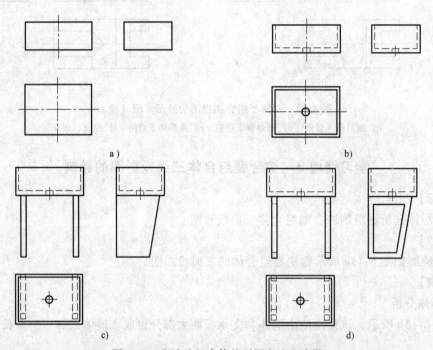

图 8-14 盥洗池组合体的画图方法和步骤

a)画基准线、位置线和原始形体的三面投影图 b)画切去形体的池体细部
c)画支承板的外形轮廓 d)画支承板的细部并检查、加深

【任务小结】

在掌握常用基本形体三面投影的基础上,熟练地对组合体进行形体分析是绘制组合体三面投影图的关键。同时,在绘制组合体的三面投影过程中,应注重综合运用点、线、面的投影原理。

任务 2   组合体的尺寸标注

【任务描述】

组合体的投影图除了要画出形状以外,还需标注出组合体各部分的尺寸来表达形体的大小以及各部分之间的相对位置关系。

【任务实施前准备】

一、基本形体的尺寸标注

组合体是由基本体经过叠加或切割而成的，因此必须熟悉常见基本体的尺寸标注。基本体的标注要把反映长、宽、高三个方向大小的尺寸都标注出来。常见基本形体的尺寸标注方法如图 8-15 所示。

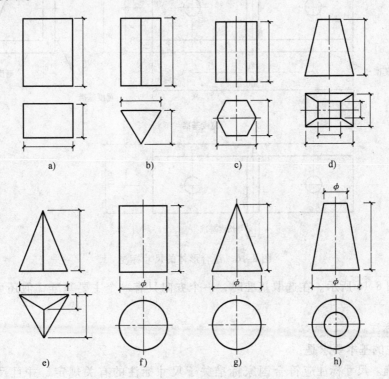

图 8-15　基本形体的尺寸标注

a) 长方体　b) 三棱柱　c) 六棱柱　d) 四棱台　e) 三棱锥　f) 圆柱　g) 圆锥　h) 圆台

说明：几何体标注尺寸后，有时可减少投影图的数量，如图 8-15f ~ h 中，当正立面投影标上直径尺寸后，水平面投影可不绘出。

二、组合体的尺寸标注

1. 尺寸的种类

（1）定形尺寸：用于确定组合体中各基本体大小的尺寸。图 8-16 中的 300、100 和 18 就是底板的定形尺寸，6ϕ25 是穿孔的定形尺寸。

（2）定位尺寸：用于确定组合体中各基本体之间相对位置的尺寸。图 8-16 中的 180、60 就是底板上穿孔的定位尺寸。

（3）总体尺寸：确定组合体总长、总宽和总高的外包尺寸。总体尺寸与定形尺寸一致时，不用重复标注。图 8-16 中的 300、200 和 100 就是底板的总体尺寸。

2. 尺寸基准

尺寸基准就是某一方向定位尺寸的起始位置。标注定位尺寸时，要选定三个方向上的定位基准。一般采用组合体的对称中心线、轴线和图形的端部、底面、侧面作为标注尺寸的定

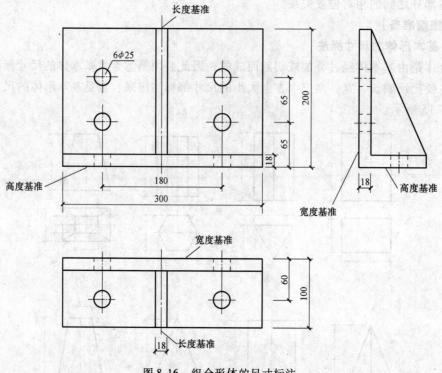

图 8-16　组合形体的尺寸标注

位基准，如图 8-16 所示。在选取基准时，一个方向只有一个主要基准，但还可有几个辅助基准。

3. 尺寸标注

尺寸标注的基本要求是：

（1）正确。尺寸标注应符合国家标准关于尺寸标注的有关规定，并且尺寸数字准确无误。

（2）完整。标注的尺寸要完整，不能有遗漏；尺寸排列要注意大尺寸在外、小尺寸在内，并在不出现尺寸重复的前提下，使尺寸构成封闭的尺寸链。

（3）清晰。尺寸标注要清晰，便于阅读。

• 反映某一形体的尺寸，最好集中标在反映这一基本形体特征轮廓的投影图上。

• 尺寸一般应布置在图形外，便于标注和看图。

• 与两个图形有关的尺寸应尽量标注在两个图形之间，以便对照识读。

• 组合体各项尺寸一般只标注一次，在房屋建筑图中，必要时允许重复。

• 尽量不在虚线图形上标注尺寸。

（4）整齐。尺寸应尽量标注在一条直线上。如果有多排尺寸，那么尺寸线之间的间隔应为 7~10mm 且相等。

学习情境　对组合体进行尺寸标注

【学习目标】

了解组合体尺寸标注要求，掌握组合体尺寸标注的方法和步骤。

【情境描述】

画出图 8-17 所示盥洗台的三面投影，并标注尺寸。

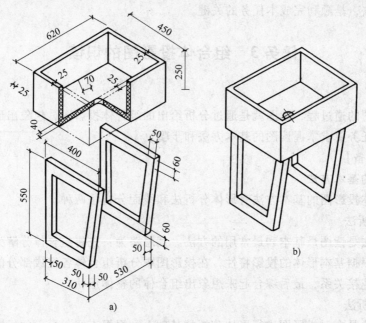

图 8-17 盥洗台的组成及尺寸
a）形体分析及尺寸情况 b）拼装以后实物的轴测图

【任务实施】

1. 绘制盥洗台（图 8-17）的三面投影。

2. 标注尺寸

标注组合体尺寸的基本方法同样是形体分析法。具体步骤为：

（1）形体分析。将组合体分解为若干基本形体及其切割体。本例中形体分析及尺寸情况如图 8-17 所示。

（2）选择尺寸基准。经分析，上部池体部分的水平投影呈对称，可选取其对称中心线为长度方向和宽度方向的尺寸基准，选择池体的底面作为高度方向的尺寸基准；下部支承结构可选取池体右端面作为长度方向的尺寸基准，选取组合体的后端面作为宽度方向的尺寸基准，选取组合体的底面作为高度方向的尺寸基准。

（3）标注定形尺寸、定位尺寸及总体尺寸。尺寸标注如图 8-18 所示。

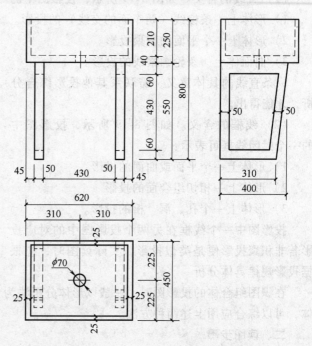

图 8-18 盥洗台的三面投影图及尺寸标注

【任务小结】

组合体的尺寸标注有定形尺寸、定位尺寸、总体尺寸。正确理解尺寸标注的要求，掌握尺寸标注的方法，是顺利完成本任务的关键。

任务 3　组合体投影图的识读

【任务描述】

读图是画图的逆过程，读图就是通过分析给出的组合体投影图，想象出形体空间立体形状的过程。本任务要求掌握读图的基本方法和步骤。

【任务实施前准备】

一、读图的基本方法

识读组合体投影图的基本方法有形体分析法和线面分析法两种。

1. 形体分析法

形体分析法是读图最基本和最常用的方法。其思路为：先将组合体分解为几个简单的基本形体，然后根据基本形体的投影特性，在投影图中分析组合体各组成部分的形状和相对位置，以及表面连接关系，最后综合起来想象出组合体的整体形状。

2. 线面分析法

线面分析法是在对投影图进行形体分析的基础上，根据直线、平面的投影特性，分析投影图中某条线或某个线框的空间意义，从而想象其空间形状，最后综合想象出组合体的空间形状。

应用线面分析法读图的关键在于掌握投影图中每条线和每个线框所代表的含义。

（1）直线的含义。如图 8-19 所示，投影图中的一条线可表示：

1）形体上一条棱线（两个面的交线）的投影。

2）形体上一个平面的积聚投影。

3）曲面体上一条轮廓素线的投影。

一条直线的具体意义，需联系其他投影综合分析，才能得出。

（2）线框的含义。如图 8-19 所示，投影图中的一个封闭线框可表示：

1）形体上一个平面或曲面的投影。

2）形体上一相切组合面的投影。

3）形体上一个孔、洞、槽的投影。

投影图中一个线框在另两个投影图中的对应投影若非积聚投影便是类似投影，实际读图时，应根据投影规律具体分析。

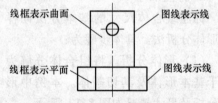

图 8-19　投影图中直线和线框的含义

在识图组合体的投影图时，一般以形体分析法为主，线面分析法为辅；对于复杂的组合体，可以综合应用上述两种方法。

二、读图步骤

1. 找出形体的特征投影

能使某一形体区别于其他形体的投影，称为该形体的特征投影（或特征轮廓），如图8-20所示。找出特征投影后，就能通过形体分析和线面分析，进而想象出组合体的形状。图8-20中所示形体的左侧面投影均为形体的特征投影。

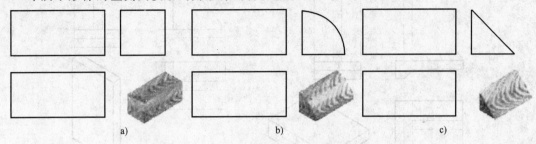

图 8-20   形体的特征投影

a）长方体   b）1/4 圆柱   c）三棱柱

2. 具体识读步骤

下面通过学习情境，说明组合体投影图的识读步骤。

学习情境 1   应用形体分析法识读组合体投影图

【学习目标】

掌握形体分析法识读组合体投影图的方法和步骤。

【情境描述】

应用形体分析法识读如图 8-21 所示的组合体三面投影图。

【任务实施】

1. 图形分析

由图 8-22 中的三面投影可看出，该组合体为平面体，可看成由 A、B、C 三部分叠加而成，故可用形体分析法进行识读。

2. 形体分析

具体方法如下：

（1）按线框，分形体。在线框分割明显的视图上，将视图分成几个线框，每个线框代表一个简单的形体。

（2）对投影，定形体。找到每个线框对应的其他投影、多个投影对照，确定简单形体的形状。

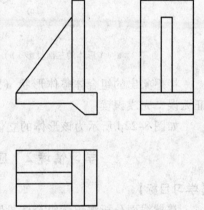

图 8-21   组合体三面投影图

由此，同时根据投影的"三等"关系，可判断出 A、B、C 三部分的投影。图 8-22a 中图线加深部分为 A 形体（五棱柱）的三面投影；图 8-22b 中图线加深部分为 B 形体（四棱柱）的三面投影；图 8-22c中图线加深部分为 C 形体（三棱柱）的三面投影。

3. 整体联想

根据三部分的前后、左右、上下位置关系及表面连接关系，想象出组合体的整体形状。初学者可将想象出的组合体画成立体草图，有助于三面投影图与整体形状的对应。

4. 对照验证

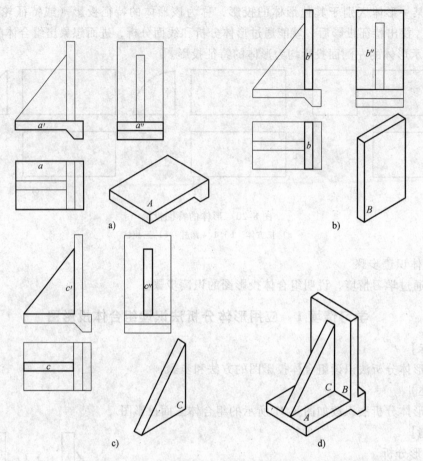

图 8-22　组合体的读图步骤

a）A 形体的三面投影　b）B 形体的三面投影　c）C 形体的三面投影　d）立体图

　　将想象出的组合体整体形状（或绘制出的草图）与图 8-22d 所示的图形进行比对，验证无误，完成识读。

　　如图 8-22d 所示为该形体的立体图。

学习情境 2　应用线面分析法识图组合体投影图

【学习目标】

　　掌握线面分析法识读组合体投影图的方法和步骤。

【情境描述】

　　应用线面分析法识读图 8-23 所示组合体的三面投影图。

【任务实施】

　　1. 图形分析

　　由图 8-23 中的三面投影可看出，该组合体为切割型平面体，可看成由一个四棱柱经切割而成，故可用线面分析法进行识读。

　　2. 线面分析

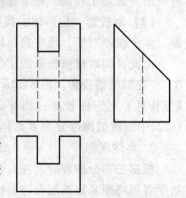

图 8-23　组合体的三面投影图

如图 8-24 所示，具体方法如下：

（1）抓外框，想原始形状。根据视图外框想象尚未切割的原始基本形体为一四棱柱体。

（2）对投影确定截面位置。通过分析投影图中某条线如图 8-24c 线 *ab* 或某个线框的空间意义，确定所截平面的位置，从而想象其空间形状，最后联想出组合体整体形状的分析方法。

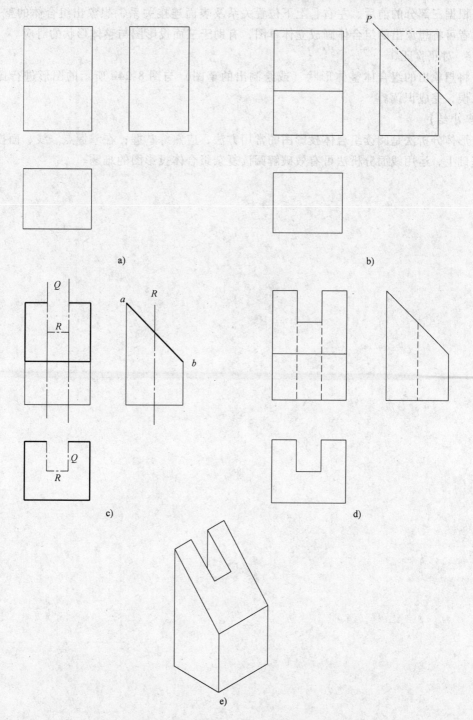

图 8-24　形体线面分析的三面投影图

首先用一个侧垂截平面 P 将四棱柱截断，形成如图 8-24b、c、d V 和 W 面投影的变化。

（3）搞清切割过程，想象物体形状。再一次用 3 个垂直于 H 面的截平面 Q、R、Q 在四棱柱的中后方截取一个小的四棱柱，形成了三视图的最终变化。

3. 整体联想

根据三部分的前后、左右、上下位置关系及表面连接关系，想象出组合体的整体形状。初学者可将想象出的组合体画成立体草图，有助于三面投影图与整体形状的对应。

4. 对照验证

将想象出的组合体整体形状（或绘制出的草图）与图 8-24e 所示的图形进行比对，验证无误，完成识读。

【任务小结】

形体分析法是阅读组合体投影图的常用方法，应熟练掌握；在掌握点、线、面投影规律的基础上，运用线面分析法可有效破解阅读复杂组合体投影图的难题。

项目九 剖面图和断面图的识读与绘制

【项目概述】

在绘制形体投影图时，不可见部分需用虚线画出。对于内部形状较为复杂的形体，投影图中将会出现较多的虚线，投影图中实线和虚线纵横交错，不便于画图、识图及标注尺寸。为了更加清晰地表达形体内部的形状和结构，工程制图中常需绘制形体的剖面图和断面图。

本项目任务：

- 剖面图的识读与绘制。
- 断面图的识读。

知识要点：

- 剖面图的形成和分类。
- 剖面图的图示方法和要求。

任务1 剖面图的识读与绘制

【任务描述】

通过学习情境1学会识读剖面图；通过学习情境2学会参照底板多孔的倒槽板的立体图，根据所给出的平面图和左视图，绘制出实体的剖面图。

学习情境1 剖面图的识读

【学习目标】

了解剖面图的形成和分类，掌握剖面图的图示内容和阅读方法。

【任务实施】

1. 剖面图的形成

（1）剖面图。假想用剖切面（平面或曲面）剖开物体，移去观察者和剖切面之间的部分，做出剩余部分的正投影图，并画上剖面符号，这样的投影图称为剖面图（图9-1）。

（2）剖切面。剖切面是指剖切被表达物体的假想平面或曲面。

2. 剖面图的画法及其规定

（1）确定剖切平面的位置。剖切平面位置应根据表达的需要来确定，一般应与基本投影面平行。剖切平面一般应通过物体的对称面或孔、槽、洞口的中心线，这样剖切，有利于表示形体的所有内部构造和特征。

（2）标注剖切符号。剖切符号是用来表示剖切信息的，它由剖切位置线、剖视方向及剖切编号构成，如图9-2所示，A－A和B－B为剖切符号。其标注规定：

1）剖切位置线是表示剖切平面的剖切位置的，用一对粗实线绘制，长度宜为6～10mm。该线不与图形轮廓线相交或重合。

2）剖视方向线是表示剖切后向哪个方向投影的，用两段粗实线绘制，垂直于剖切位置

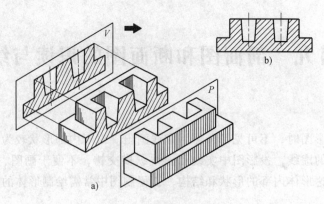

图 9-1　剖面图的形成

a）假想用剖切平面 *P* 剖开基础并向 *V* 面进行投影　b）基础的 *V* 向剖面图

线，长度宜为 4～6mm。

3）剖切编号是表示剖切平面名称的，用阿拉伯数字或英文字母表示，编号应注写在剖视方向线的端部。

（3）剖面符号：标注剖面符号，是为了区分投影层次，在剖切到的切断面投影上需画上剖面符号。剖面符号一般用剖面材料和剖面线来表示，无需指明材料时用 45°等距细实线表示；建筑制图中剖面材料的图例表示见后文表11-3。

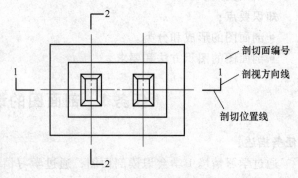

图 9-2　杯形基础的平面图

注意，剖面图与视图的区别：*剖面图有剖切符号，用它来表示剖切平面，剖切平面是假想的，需要在脑海中想象；剖面图有剖面符号而视图没有剖面符号；剖面图有名称，与剖切平面名称相对应；剖面图位置可以任意放置，不像三视图有着严格的位置关系。*

3. 剖面图的种类

根据剖切平面位置和数量的不同，剖面图可分为全剖面图、半剖面图、阶梯剖面图、局部剖面图和旋转剖面图等。

（1）全剖面图。用一个剖切平面将形体全部剖开后所得到的剖面图称作全剖面图，如图 9-1b 所示。它清楚地表达了形体内部的全部构造。

（2）半剖面图。半剖面图是将剖切平面折成直角状，对称地切去对称形体的 1/4，如图 9-3a 所示，这样得到形体的投影图和剖面图各占一半组合成的图形，称为半剖面图。半剖面图一般用于对称形体，以对称中心线为界，一半画成视图，表示外部形状，另一半画成剖面图，表示形体内部构造。这样一来，用一幅图表示了两幅图的内容，减少图的数量，也节约了图纸。反过来，在识读半剖面图时，要将一幅图看成两幅图，即外轮廓视图和内部剖面图。

通常在外形图部分不画不可见轮廓线（虚线），半外形图和半剖面图的分界线用细点划线表示，不能将其画成实线。一般左半部画成外形图，右半部画成剖面图；后半部画成外形

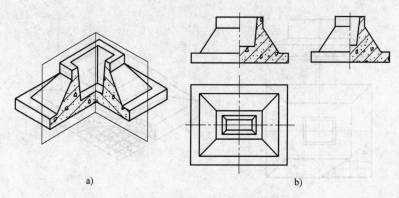

图 9-3　单杯形基础半剖面图的形成

a）直观图　b）半剖面图

图，前半部画成剖面图；上半部画成外形图，下半部画成剖面图，如图 9-3b 所示。半剖面图可以不用标注，其位置按三面投影图布置。

（3）阶梯剖面图。阶梯剖面图是按形体上不同部位剖切的需要，将剖切平面转折成所需的阶梯状对形体进行剖切，如图 9-4a 所示，这样所得到的剖面图称为阶梯剖面图，如图 9-4b 所示。阶梯剖的剖切符号表示方法如图 9-4b 中平面图，注意在中间要加两个剖切平面的转折符号；剖切是假想的，故阶梯剖面图中不应画出两个剖切平面的分界线，如图 9-4c 所示。

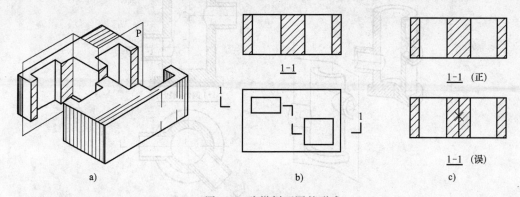

图 9-4　阶梯剖面图的形成

a）直观图　b）投影图　c）阶梯剖面图

（4）局部剖面图。当形体内有局部构造需要表达清楚，或形体的外形比较复杂，完全剖开后就无法表达它的外部形状时，可以保留原投影图的大部分，而只将局部地方画成剖面图，这种剖面图称作局部剖面图。如图 9-5、图 9-6 所示，它清楚地表达了基础、管道内部构造、所用材料及配筋情况。

局部剖面图的剖切位置用徒手绘波浪线为分界线，波浪线不能与视图中的轮廓线重合，也不能超出图形的轮廓线。

（5）旋转剖面图。旋转剖面图是将剖切平面转折成所需的角度剖切形体，如图 9-7a 所示。这样得到的剖面图，称为旋转剖面图，常用于旋转体。图 9-7b 中 1-1 剖面即旋转剖面图，剖切情况如图 9-7a 所示。图中因两根圆管的轴线不同时位于基本投影面（V 面）的平行面上，故用两个相交的剖切平面，右方的剖切平面平行于基本投影面，左方的剖切平面倾

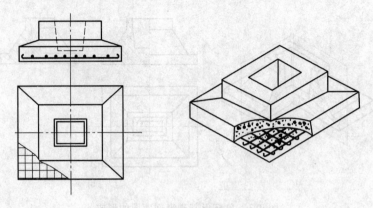

图 9-5　杯形基础的局部剖面图

斜于基本投影面，两剖切平面相交于圆柱轴线。
剖切后，将倾斜的部分以轴线为旋转轴，旋转
成平行于投影面的位置。

　　由于剖面是假想的，故两个相交的剖切平
面的交线不应画出。

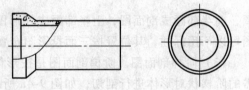

图 9-6　承插管道的局部剖面图

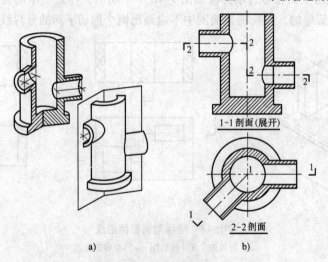

a)　　　　　　　　　　b)

图 9-7　旋转剖面图的形成

a）剖面图　b）剖切直观图

学习情境 2　剖面图的绘制

【学习目标】

　　掌握 AutoCAD 绘制剖面图的步骤和方法。

【情境描述】

　　如图 9-8 所示，根据剖面图的图示方法与要求，绘制倒槽板的 1-1 剖面图。

【任务实施】

　　1. 调出图形

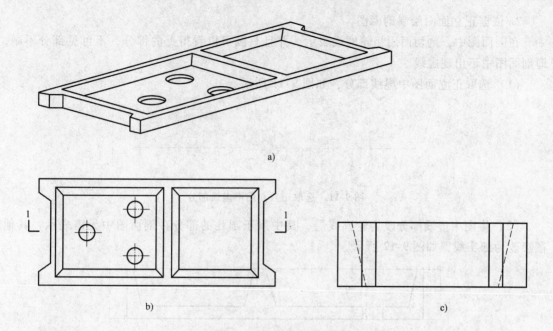

a)

b)　　　　　　　　　　　　　　　　　c)

图 9-8　底板多孔的倒槽板

a）立体图　b）底板多孔的倒槽板的平面图　c）底板多孔的倒槽板的左视图

根据图形中给出的平面图和左视图，绘制出底板多孔的倒槽板的正立面图（图 9-9），其中正立面的绘制思路如图 9-10 所示。

图 9-9　底板多孔的倒槽板的正立面图

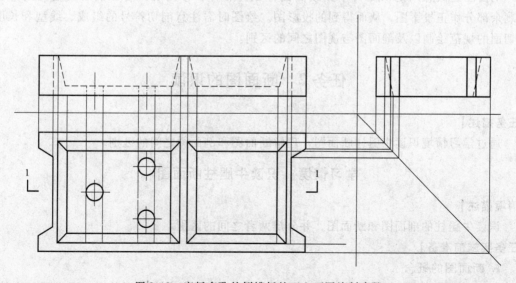

图 9-10　底板多孔的倒槽板的正立面图绘制步骤

2. 依据正立面图绘制剖面图

在剖面图中，剖切面用粗轮廓线表示，并且只画可以看得见的部分，不可见部分不画，即剖面图中不出现虚线。

（1）选取正立面图中虚线部分，如图 9-11 所示。

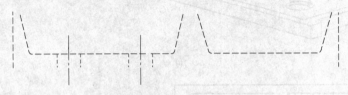

图 9-11　选取正立面图中虚线部分

（2）将图中虚线部分改为轮廓线层，其中属于圆孔的部分在剖面图中无需表示，其他图形改为细实线，如图 9-12 所示。

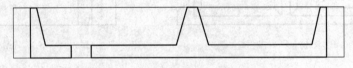

图 9-12　1-1 剖面图轮廓

（3）填充剖面材料，点取"绘图/图案填充"，选择图案"AR-CONC"进行填充，比例设为"3"，如图 9-13 所示。

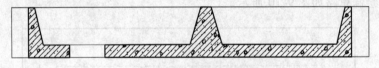

图 9-13　绘制完成的 1-1 剖面图

【任务小结】

剖面图是假想用剖切面（平面或曲面）剖开物体，移去观察者和剖切面之间的部分，对剩余部分作正投影图，从而得到的投影图。绘图时需注意剖切符号的组成、线型和长度，剖切面的规范绘制以及剖面图与视图之间的区别。

任务 2　断面图的识读

【任务描述】

通过学习情境识读牛腿柱断面图；理解断面图和剖面图之间的区别。

学习情境　识读牛腿柱断面图

【情境描述】

识读牛腿柱的剖面图和断面图，并分辨两者之间的区别。

【任务实施前准备】

1. 断面图的概念

断面图又称为截面图。在实际工程中，当需要表示形体的断面形状时，通常要画出其断面图。

2. 断面图的形成

假想用一个剖切平面 P 将形体按需要的位置剖开后，作出切断面的投影图，并画上剖面符号，这样的投影图称作断面图（或截面图），如图 9-14 所示。

断面图主要用于表示形体某一部位的断面形状。对于一些变截面的构件，常采用一系列的断面图表达变化的断面形状。

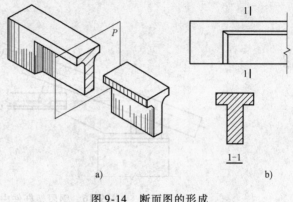

图 9-14　断面图的形成

3. 断面图的标注

画断面图时，在基本投影图中用剖切符号表明剖切位置和投影方向。剖切位置用剖切线表示，与剖面图相同，用两个粗短实线绘制；投影方向则用断面编号数字的标注位置来表示，数字标注在剖切线的哪一侧，就表示向哪个方向投影，如图 9-14b 所示。

4. 断面图的种类

根据断面图布置位置不同，断面图可分为移出断面图、重合断面图和中断断面图三种。

（1）移出断面图。将形体的断面图形画在投影图的一侧，称为移出断面图，如图 9-14b 所示。移出断面的断面图一般画在剖切位置附近，以便对照识读。断面图也可用较大比例画出，以利于标注尺寸和清晰显示其内部构造。

（2）重合断面图。将断面图直接画于投影图中，二者重合在一起，这种断面图称为重合断面图，如图 9-15 所示。重合断面图的轮廓线应与形体的轮廓线有所区别，当形体的轮廓线为粗实线时，重合截面的轮廓线应为细实线，反之则用粗实线。

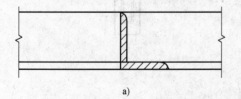 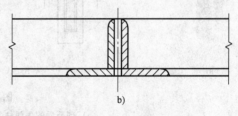

图 9-15　重合断面图
a）L 形截面　b）T 形截面

（3）中断断面图

当形体较长而且断面形状相同时，也可把断面图画在投影图中间的断开处，这种断面图称为中断断面图，如图 9-16 所示。

【任务实施】

如图 9-17 所示，断面图与剖面图的主要区别在三个方面：

（1）投影图的构成不同。剖面图是被剖开形体的投影，它是"体"的投影，而断面图只是一个截面的投影，即"面"的投影。所以断面图是剖面图的一部分，即剖面图中包含断面图，如图 9-17b 所示中剖面图，除包含剖切到的断面外，还表示出未被剖切的后方图形

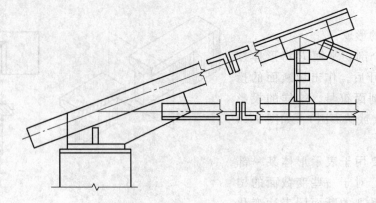

图 9-16　钢屋架杆件中断断面图

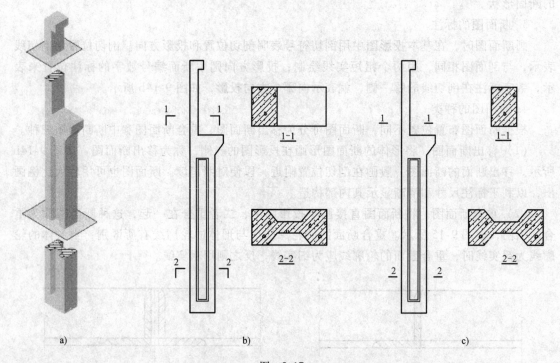

图　9-17

a）剖断后的牛腿柱　　b）剖面图　　c）断面图

的投影图。图 9-17c 中的断面图只是表示剖切到的断面投影图。

（2）剖切符号的标注不同。断面图是用两条粗短实线（剖切线）表示剖切位置，用数字的标注位置来表示投影方向；而剖面图还要在剖切线上画出垂直粗线段表示投影方向。

（3）剖切方法有区别。剖面图中的剖切平面可以转折，而断面图中剖切平面不可以转折。

【任务小结】

断面图又称为截面图，只需画出剖切平面剖切到部分的图形，所以投影构成和剖面图不同；断面图的剖切符号标注和剖面图剖切符号标注也不同，并且断面图只用一个平面不可以转折。

第三部分　建筑工程图
识读及绘制

项目十　建筑绘图环境设置

【项目概述】

AutoCAD 绘图环境的设置是减少重复设置、提高绘图效率的重要技巧。本项目根据有关建筑制图国家标准及常用符号的基本规定，通过绘图所需要的通用设置和初始绘图环境的设置，建立样板图文件，以便在相同或类似绘图环境参数下能够直接调用，以达到提高绘图效率和实际绘图能力的目的。

本项目的任务：

- 将建筑图样常用符号创建成块。
- 建筑绘图环境的设置。

知识要点：

- 制图标准中关于图纸幅面与格式、建筑图样常用符号的规定与绘制。
- 创建图块。
- 插入图块。
- 创建带属性的图块。
- 插入带属性的图块。
- 绘图比例及 AutoCAD 中出图比例的概念及相关设置。

任务 1　将建筑图样常用符号创建成块

【任务描述】

在建筑制图中，有很多符号在图样中经常出现，例如指北针、标高符号、轴线编号等。国家制图标准对这些符号的表达方法、图线及符号尺寸都有严格的规定和要求，它们在图样中的大小不因图形比例的变化而改变。为了提高绘图效率，在模板设置时，通常把这类符号以及经常反复使用的图形元素预先绘制并保存为图块，以便随时调出使用。本任务主要学习创建图块、插入图块；创建带属性的图块、插入带属性的图块；编辑图块。

【任务实施前准备】

一、建筑图样常用符号的规定与绘制

1. 定位轴线

定位轴线是用来确定建筑物中承重墙、柱、梁或屋架等主要承重构件位置尺寸及其标志尺寸的基准线，是设计和施工中定位、放线的重要依据。对于非承重的隔墙及其他次要承重构件，可用附加定位轴线来表示。表 10-1 所示为国家建筑制图中对定位轴线的画法及编号的有关规定。

2. 标高

标高符号是建筑图样中常见的符号之一。标高是表示建筑物各部位高度的一种尺寸形式，它反映建筑物中某部位与确定的基准点的高度差。标高符号的画法及标注方法如表 10-2 所示。

表 10-1　定位轴线的画法和编号规定

内容	图　示	说　明
定位轴线的画法和编号	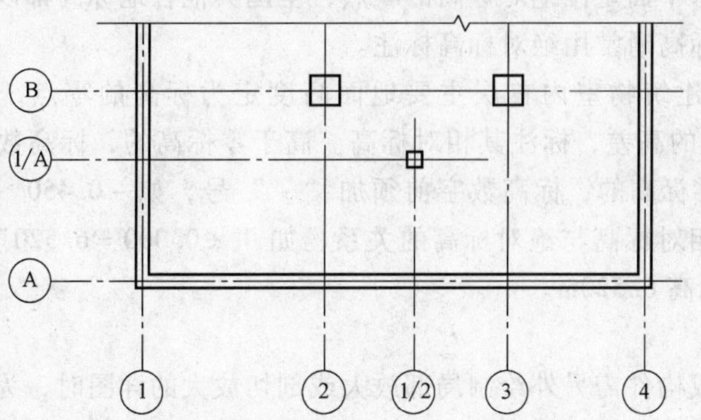	定位轴线应用细单点长画线绘制。 定位轴线末端画细实线圆,圆的直径为 8～10mm,圆心应在定位轴线的延长线上或延长线的折线上,并在圆内注写编号。 横向轴线编号用阿拉伯数字从左至右顺序编写;竖向轴线编号用大写拉丁字母从下至上顺序编写,其中 I、O、Z 三个字母不能用作定位轴线,以免与数字 0、1、2 混淆;如拉丁字母数量不够时,可用双字母(如 AA、BB)或单字母加下脚注(如 A$_1$)。 当图形组合较复杂时,可采用分区编号
附加轴线的编号	 ①/2 ①/A	两定位轴线之间,有时需要标注附加轴线,附加轴线用分数编号。分母表示前一轴线的编号,分子表示附加轴线的顺序标号,一律用阿拉伯数字顺序编写
详图的轴线编号	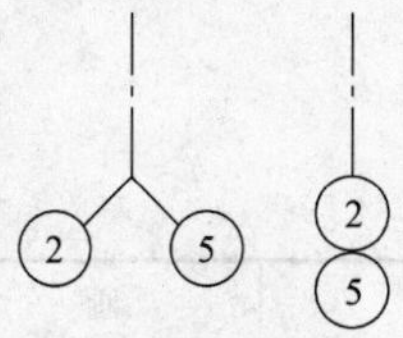 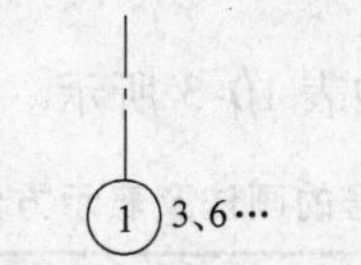 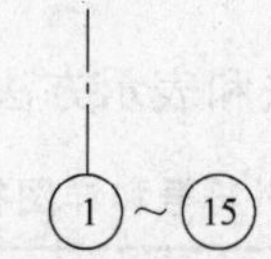 用于 2 根轴线时　用于 3 根或 3 根以上轴线时　用于 3 根以上连续编号的轴线时	当详图表达的内容具有通用性时,如当一个详图适用几根定位轴线时,应同时注明各有关轴线的编号

表 10-2　标高符号的画法及标注方法

内容	图示及画法	说　明
平面图的楼地面标高符号		符号为细实线等腰直角三角形,高 3mm
总平面图室外整平标高符号		符号为涂黑的等腰直角三角形,高 3mm
立面图、剖面图各部位的标高符号	 所注部位的引出线	符号中短横线是所注高度部位的位置界线
立面与剖面图标高符号	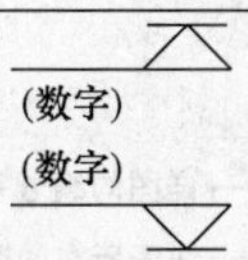 (数字) (数字)　左边标注时 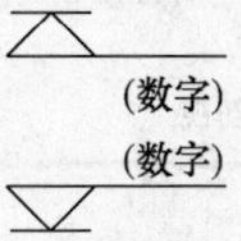 (数字) (数字)　右边标注时 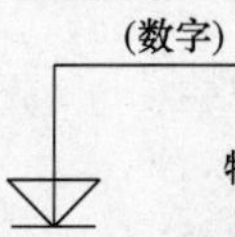 (数字) 特殊情况下	标高符号的尖端可向上,也可向下。 在长横线之上或之下标注标高数字,长横线长度以能放置标高数字为宜,标高数字应为 3.5 号字。 标高数字以 m 为单位,注写到小数点后第三位(在总平面图中可注写到小数点以后第二位)
多层标注时	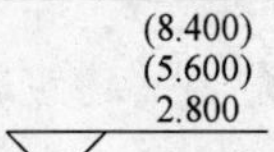 (8.400) (5.600) 2.800	在标准层平面图中,同一位置可同时标注几个标高数字

标高有绝对标高和相对标高两种。

（1）绝对标高。绝对标高是指以一个国家或地区统一规定的基准面作为零点的标高。我国规定以青岛附近黄海的平均海平面定位绝对标高的零点，全国其他各地标高都以它作为基准。在总平面图中的室外整平标高通常用绝对标高标注。

（2）相对标高。相对标高把建筑物室内首层主要地面高度定为标高的零点，标注为"±0.000"，其他部位根据与零点的高差，标注其相对标高。高于零标高的，标高数字前可省略"+"号，如 2.800；低于零标高的，标高数字前须加"-"号，如 -0.450。通常在建筑工程图的总说明中需要说明相对标高与绝对标高的关系，如"±0.000 = 6.520"，即表示该工程的 ±0.000 相对于绝对标高 6.520m。

3. 索引符号和详图符号

当施工图中建筑物某一部位或构件需另外绘制局部放大或剖切放大的详图时，为便于查阅，可通过索引符号和详图符号来说明详图在图样上的位置和关系。

（1）索引符号。在图样中某些需要绘制详图的地方注明详图的编号和详图所在图样的编号，这种符号称为索引符号。

（2）详图符号。在所绘制的详图中应注明详图的编号和被索引的详图所在图样的编号，这种符号称为详图符号。

索引符号和详图符号的具体画法和表示方法如表 10-3 所示。

表 10-3　索引符号和详图符号的画法及表示方法

名称	图示及说明	画　法
详图的索引符号	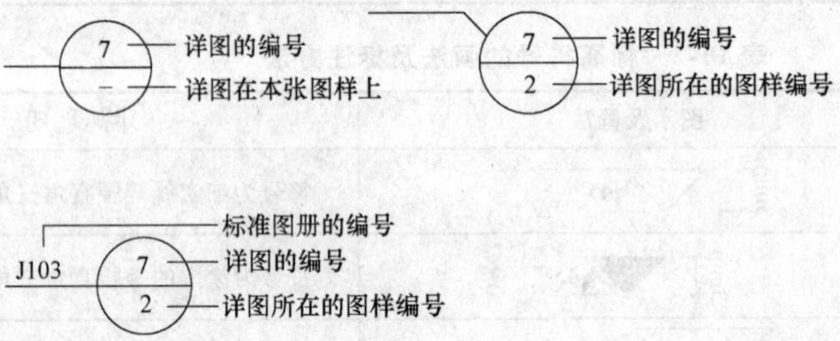 　7／— 详图的编号；— 详图在本张图样上　　7／2 — 详图的编号；详图所在的图样编号 J103　7／2 — 标准图册的编号；详图的编号；详图所在的图样编号	圆圈直径为 10mm，圆及水平直径和引出线均以细实线绘制。 索引详图引出线应对准索引符号的圆心
剖面详图的索引符号	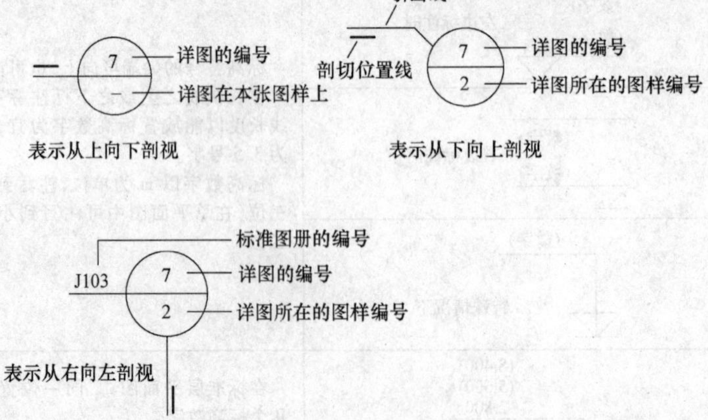 7／— 详图的编号；详图在本张图样上 表示从上向下剖视 引出线　7／2 — 详图的编号；详图所在的图样编号　剖切位置线 表示从下向上剖视 J103　7／2 — 标准图册的编号；详图的编号；详图所在的图样编号 表示从右向左剖视	圆圈画法同上，粗短实线为剖切位置线，引出线所在的一侧为剖视方向

（续）

名称	图示及说明	画　法
详图符号	 详图编号　　　　　详图编号 被索引的图样编号 与被索引图样同在一张图纸内的详图符号　　与被索引图样不在同一张图样内的详图符号	圆圈用直径为14mm的粗实线绘制

4. 其他符号

有关符号的用途、画法及说明如表 10-4 所示。

表 10-4　指北针、对称符号的画法及表示方法

名称	图示及说明	画　法
指北针	北 β	指北针圆用细实线绘制，圆的直径为24mm，指针尾部的宽度为3mm；指针端部应注写"北"或"N"；需用较大直径绘制指北针时，指针尾部宽度为直径的1/8
对称符号		对称符号由对称画线和两端的两对平行线组成。对称中心线用细单点长画线绘制；平行线用细实线绘制，长度为6～10mm，间距为2～3mm；平行线在对称中心线两侧的长度应相等

二、创建图块

图块是由一个或多个图形对象组成的图形单元或集合，通常用于绘制复杂、重复的图形。在图块中，各图形实体都有各自的图层、线型及颜色等特性，AutoCAD 将图块作为单个整体的对象来操作，可以将图块多次插入图形中的任意指定位置，也可以采用不同的比例和角度插入图形。

调用"创建块"命令的方式有 3 种。

• 下拉菜单："绘图"→"块"→"创建"。

• 工具栏：单击绘图工具栏中的"创建块"图标 。

• 命令行：输入"block"（或"b"）。

执行命令后，系统弹出"块定义"对话框，如图 10-1 所示。

"块定义"对话框中各选项的功能如下：

（1）"名称"下拉列表框。"名称"下拉列表框用于输入图块名称，下拉列表框中还列出了图形中已经定义过的图块名。

（2）"基点"选项区。"基点"选项区用于指定图块插入时的基准点。可以通过在"X"、"Y"、"Z"文本框中直接输入坐标值确定，也可以单击"拾取点"按钮 ，切换到绘图区，在图形中直接用鼠标指定。一般地，基点选择在块的中心、角点或其他有特征的

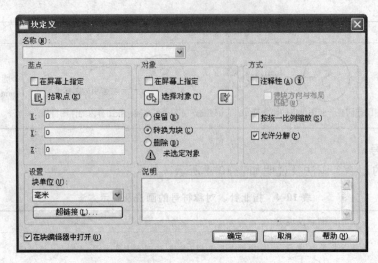

图 10-1 "块定义"对话框

位置。

（3）"对象"选项区。"对象"选项区用于设置组成块的对象。

● 单击"选择对象"按钮，可切换到绘图窗口选择组成块的图形对象。

● 单击"快速选择"按钮，可用于快速选择满足指定过滤条件的对象。

● 选择"保留"单选框，创建块后绘图区域中仍保留组成块的各图形对象。

● 选择"转换为块"单选框，创建块后绘图区域中组成块的各图形对象转换为块对象。

● 选择"删除"单选框，创建块后，删除绘图区域中组成块的所有图形对象。

（4）"方式"选项区。"方式"选项区用于设置块组成对象的显示方式，通常接受系统默认设置。

（5）"设置"选项区。"设置"选项区用于设置块的基本属性。可以选择插入块时的插入单位；单击"超链接"按钮可以定义与块相关联的超链接文档。

（6）"在块编辑器中打开"复选框。当选择了该复选框，在单击"确定"按钮后，将在块编辑器中打开当前的块定义，一般用于动态块的创建和编辑。对于初学者，可先跳过动态块的学习。

特别注意：图块应定义在"0"图层上，且"颜色"、"线型"两个属性定义为"随层"；调用后，它会被赋予插入层的图层、颜色与线型属性。相反，如果图块不是定义在"0"图层上，无论在哪个层插入，它将保留原先的颜色与线型属性。

三、图块的插入

在图样绘制过程中，可以根据需要随时插入已经定义好的图块到当前图形文件的指定位置。插入图块时，一般需要确定块的 4 个特征参数：插入的块名、插入点的位置、插入比例系数和旋转角度。

调用"插入块"命令的方式有 3 种。

● 下拉菜单："插入"→"块"。

● 工具栏：单击绘图工具栏中的"插入块"图标。

● 命令行：输入"insert"（或"i"）。

执行命令后，系统弹出"插入"对话框，如图 10-2 所示。

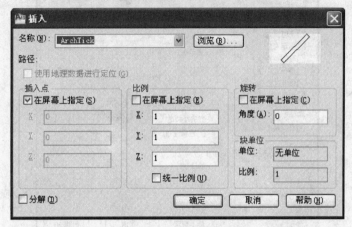

图 10-2 "插入"对话框

"插入"对话框中各选项的功能如下：

● "名称"下拉列表框。"名称"下拉列表框用于选择已定义的需要插入到图形中的内部图块，或单击"浏览"按钮弹出"选择图形文件"对话框，选择要插入的外部图块。选择完毕后，可以在预览区看到图块。

● "插入点"选项区：用于指定图块的插入位置，通常选择"在屏幕上指定"复选框，在绘图区上指定插入点，也可直接输入坐标。

● "比例"选项区：用于设置图块插入后的比例。选择"在屏幕上指定"复选框，则可以在命令行里指定缩放比例；也可以直接在"X"、"Y"、"Z"文本框中输入数值来指定各个方向上的缩放比例；若选择"统一比例"复选框，X、Y、Z 三个方向将按相同比例缩放。

说明：若比例因子为负值，则插入的图块为镜像图，如图 10-3 所示。

● "旋转"选项区：用于设定图块插入后的旋转角度。通常可以在"角度"文本框中输入旋转角度，也可以选择"在屏幕上指定"复选框，在命令行里指定旋转角度。

● "分解"复选框：可以控制插入后的图块是否自动分解成组成块的各图形对象。

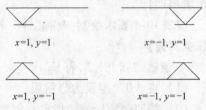

图 10-3 不同比例因子的图块效果

四、创建带属性的图块

创建带属性的块可以通过 2 种方式。

● 下拉菜单："绘图"→"块"→"定义属性"。

● 命令行：输入"attdef"（或"att"）。

执行命令后，系统弹出"属性定义"对话框，如图 10-4 所示。

"属性定义"对话框中各选项的功能如下：

（1）"模式"选项区。"模式"选项区中内容一般接受系统默认设置。

（2）"属性"选项区。"属性"选项区用于设置属性的一些参数。

● "标记"文本框用于输入显示标记。

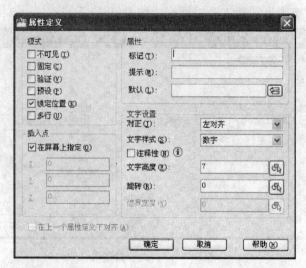

图 10-4 "属性定义"对话框

- "提示"文本框用于输入提示信息，提醒用户指定属性值。
- "默认"文本框用于输入 默认的属性值 。

（3）"文字对正"选项区。"文字对正"选项区用于设定属性值的一些基本参数。

（4）"插入点"选项区的操作与"块定义"对话框中相类似，这里不再赘述。

设置好相关参数后，按"确定"按钮，定义好属性。再通过"块定义"对话框将图块和定义的属性重新定义为一个新的图块。

学习情境1　建立"指北针"图块

【学习目标】

熟练使用"创建块（block）"命令创建图块。

【情境描述】

按表 10-4 要求绘制"指北针"符号，并创建一个名为"指北针"的图块。

【任务实施】

1. 绘制"指北针"符号

（1）将"0"层设为当前层。

（2）按照制图标准的规定，创建"指北针"符号。

- 绘制圆：调用"圆（c）"命令，圆的直径为 24mm。
- 绘制箭头：调用"多段线（pl）"命令，捕捉圆的上象限点为起点，下象限点为终点绘制直线，起点线宽为 0，终点线宽为 3mm。
- 创建文字：调用"单行文字（dt）"命令，文字对正（J）——中下（BC），捕捉箭头顶点为基点，文字高度为 5，输入"北"。

结果如图 10-5 所示。

2. 调用"创建块"命令

如图 10-6 所示，弹出"块定义"对话框。

（1）在"名称"栏中输入"指北针"。

图 10-5 "指北针"图形（一）

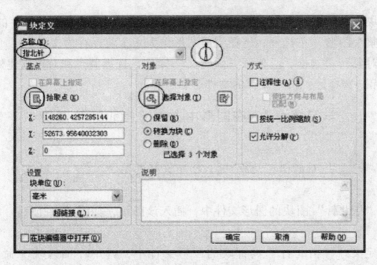

图 10-6　"指北针"块定义

（2）在"基点"选项区中单击"拾取点"按钮，切换到绘图区，命令行出现提示信息：

命令：block 指定插入基点：　　　　　　　　　　　　（在图形中选择圆心作为基点）

（3）指定基点后，切换回"块定义"对话框，在"对象"选项区中单击"选择对象"按钮，切换到绘图区，命令行出现提示信息：

选择对象：　　　　　　　　　（选择整个符号，包括文字，单击鼠标右键确认）

（4）切换回"块定义"对话框，可以预览到"指北针"图块图标，其他选项接受系统默认设置。单击"确定"按钮，完成"指北针"图块的创建。

【技能提高】

创建外部图块：用 block 命令定义的图块只能保存在当前文件中，也只能在当前图形中调用，而不能在其他图形中调用，因此用 block 命令定义的图块被称为内部块。如果需将图块插入其他图形文件中，可以使用 wblock 命令将图块以图形文件的形式保存，这种方式可以将常用的图块作为公共绘图资源来建立图库，以便随时调用，用 wblock 命令定义的图块被称为外部块。

执行 wblock 命令后，弹出"写块"对话框，如图 10-7 所示。

"写块"对话框中各选项的功能如下：

（1）"源"选项区：

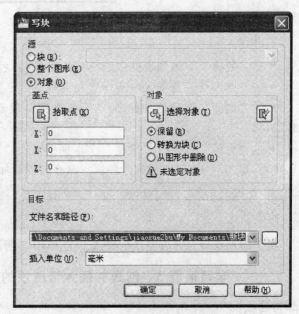

图 10-7　"写块"对话框

- 选择"块"单选框，可以在下拉列表框中选择当前图形文件中已保存的图块。
- 选择"整个图形"单选框，选择当前图形作为一个块保存为文件。
- 选择"对象"单选框，类似于"块定义"操作，选择基点和对象创建外部块。

（2）"目标"选择区：指定保存的文件名和路径。

学习情境 2　　在图形中插入"指北针"图块

【学习目标】

熟练使用"插入块（insert）"命令插入已定义好的图块。

【情境描述】

在已建好"指北针"图块的图形文件中，插入该图块，如图10-8所示。

【任务实施】

（1）在已定义好"指北针"内部块的图形文件中，调用"插入块"命令，在弹出的"插入"对话框中作如下设置，如图10-9所示。

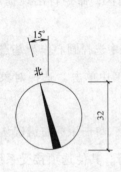

图 10-8　"指北针"
图形（二）

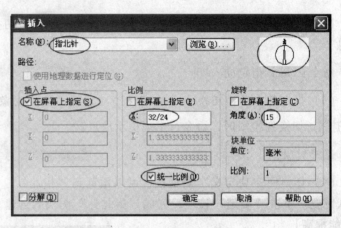

图 10-9　块插入的设置

- 在"名称"下拉列表框中选择"指北针"，可以预览到"指北针"图块。
- 在"插入点"选项区中选择"在屏幕上指定"复选框。
- 在"比例"选项区中选择"统一比例"复选框，在"X"文本框中输入放大因子"32/24"。
- 在"旋转"选项区"角度"文本框中输入"15"。

（2）单击"确定"，回到绘图区，命令行提示如下：

命令：_insert
指定插入点或［基点（B）/比例（S）/旋转（R）］：　　　（在屏幕合适位置指定插入点）

指定插入点后，完成图块的插入，如图10-5所示。

学习情境 3　　创建并插入带属性的"横向轴线编号"图块

【学习目标】

熟练掌握创建带属性的图块并在图形中插入该图块。

【情境描述】

(1) 创建带属性的图块——"横向轴线编号"。

(2) 在图形中插入创建好的"横向轴线编号"图块。

【任务实施】

1. 定义属性

(1) 将"0"层设为当前层。

(2) 使用"圆"命令绘制一个直径为 8mm 的圆。

(3) 在下拉菜单中，选择"绘图"→"块"→"定义属性"，在弹出的"属性定义"对话框中进行各项参数的设置，如图 10-10 所示。

(4) 按"确定"按钮，返回绘图区。命令行提示"指定起点："，捕捉圆心作为属性文字的插入点，结果如图 10-11 所示。

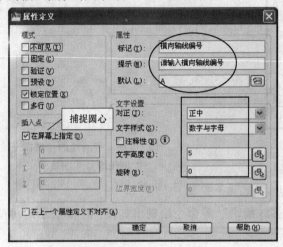

图 10-10 设置"块属性定义"参数   图 10-11 设置属性效果

(5) 单击绘图工具栏中"创建块"图标，弹出"块定义"。

2. 定义块

(1) 调用"创建块 (block)"命令，弹出"块定义"对话框，如图 10-12 所示。

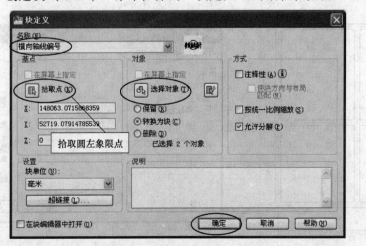

图 10-12 设置"块定义"参数

（2）在"名称"文本框中输入块名"横向轴线编号"。

（3）单击"拾取点"按钮，切换到绘图区，捕捉圆左象限点。

（4）切换回"块定义"对话框，单击"选择对象"按钮，再次切换回绘图区，将图 10-11 中对象全部选中。

（5）单击"确定"按钮，弹出如图 10-13 所示"编辑属性"对话框，点击"确定"按钮，完成带属性的"横向轴线编号"图块的创建，如图 10-14 所示。

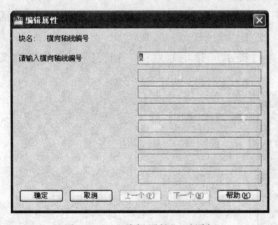

图 10-13 "编辑属性"对话框

图 10-14 带属性的"横向
轴线编号"图块

3. 插入带属性的"横向轴线编号"图块

（1）用"多线"、"直线"、"偏移"、"多线编辑"等命令绘制出如图 10-15 所示的房屋平面轴线及墙线。

（2）设置"尺寸"图层并"置为当前"。

（3）单击绘图工具栏中的"插入块"图标，弹出如图 10-16 所示"插入"对话框，按图中圈内所示作好相关设置。

（4）单击"确定"按钮，切换到绘图区，命令行提示信息：

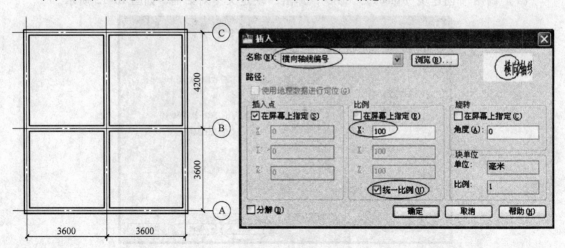

图 10-15 房屋平面示意图　　　　　　　　图 10-16 插入图块参数设置

命令：_insert
指定插入点或[基点(B)/比例(S)/旋转(R)]：　　　（捕捉最下面一条横轴线的右端点）
输入属性值
输入横向轴线编号〈A〉：　　　　　　　　　（直接回车，接受默认值）

图形中插入了 A 轴线编号图块。

重复调用"插入块"命令，操作同上，命令行提示信息：

指定插入点或[基点(B)/比例(S)/旋转(R)]：　　　（捕捉最中间一条横轴线的右端点）
输入属性值
输入横向轴线编号〈A〉：B　　　　　　　　　　（输入 B 轴线编号）

图形中插入 B 轴线编号图块。

同样方法插入 C 轴线编号图块，完成横向轴线编号的标注，效果如图 10-15 所示，图中尺寸不需注写。

【任务小结】

严格遵守制图标准的有关规定，理解和绘制建筑工程图中的常用符号；AutoCAD 中图块（包括带属性的图块）的应用很广，应熟练掌握图块的建立、调用及编辑方法。

【技能提高】

编辑图块属性： 在图形中，插入带有属性的图块后，有时需要对个别图块属性进行修改。

1. 属性编辑命令

调出属性编辑的命令方式有 4 种。

• 双击需编辑属性的图块。

• 下拉菜单："修改"→"对象"→"属性"→"单个"。

• 命令行：输入"attedit"。

• 单击需编辑属性的图块，单击鼠标右键，快捷菜单中选择"编辑属性"，如图 10-17 所示。

在绘图区双击需要编辑属性的图块，如 B 轴线编号，弹出"增强属性编辑器"对话框，对话框中的各选项页的功能如图 10-18 所示。

(1) 在"属性"选项卡的"值"文本框中，可以修改属性的值（图 10-18a）。

(2) 在"文字选项"选项卡中，可以修改文字有关属性（图 10-18b）。

(3) 在"特性"选项卡中，可以对属性所在图层、线型、颜色和线宽等进行修改（图 10-18c）。

图 10-17　单击图块后，单击鼠标右键弹出快捷菜单

2. 通过"特性"选项板编辑图块的属性

单击"标准"工具栏中的"特性"图标 ▤（或按〈Ctrl + 1〉），调出"特性"选项板，如图 10-19 所示，选择需进行属性编辑的图块，在选项板内可以进行相关属性的编辑。

说明： 如果需要编辑整个图形中相同的所有图块及其属性，可以利用"在位编辑块"、"块编辑器"等方法进行编辑，可用鼠标右键快捷菜单调用"在位编辑块"、"块编辑器"、

"编辑属性"等选项，如图 10-17 所示，"在位编辑块"、"块编辑器"的具体用法此处省略。

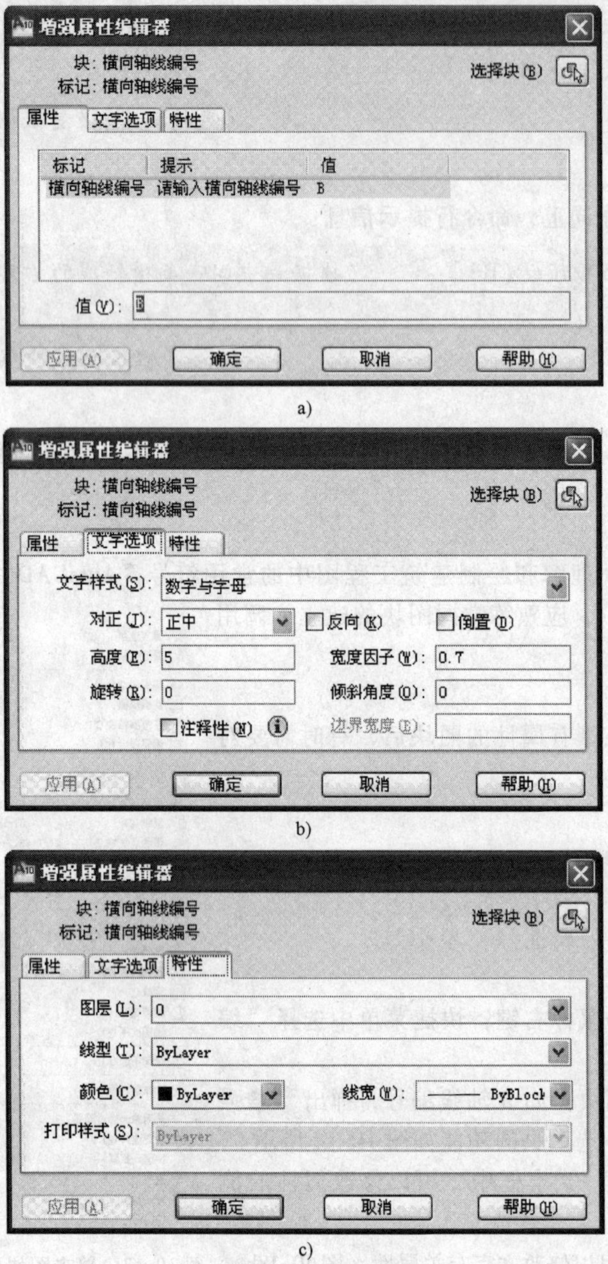

图 10-18 增强属性编辑器

图 10-19 在"特性"选项板
中编辑图块属性

任务2 建筑绘图环境的设置

【任务描述】

用 AutoCAD 绘制建筑工程图样时，在绘制图形前，每次都要设置图纸大小、绘图图框、标题栏；还需要设置不同的图层、线型、线宽及图线颜色以表达不同的含义，区分图形的不同部分；设置图形常用的字体和标注形式；绘制常用的建筑符号图块等。因此，往往将这些绘制图形以外的通用设置和图样事先绘制成一张基础图形，将其保存为样板图，每次使用时调用该样板图，在此基础上进行绘图，可避免重复劳动，提高绘图效率。

本任务以 A3 图幅为例，设置建筑制图绘图环境，创建样板图。

【任务实施前准备】

一、图纸幅面与格式

为了合理使用图纸和便于管理、装订，GB/T 50001—2010《房屋建筑制图统一标准》中对图纸幅面与规格做了统一规定。

1. 图纸幅面及图框尺寸

（1）图幅与图框的尺寸规定。图纸幅面，简称图幅，是指图纸的大小规格。图框是图纸上绘图区的边界线。设计图纸的幅面应符合表10-5 的规定。各种规格图幅间的尺寸关系如图 10-20 所示，A1 图幅是A0 图幅的对裁，A2 图幅是 A1 图幅的对裁，其余类推。

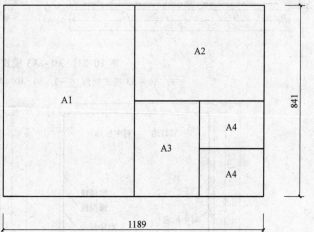

图 10-20　各种规格图幅间的尺寸关系示意图

在工程实践中经常遇到需要加大图纸的情况，因此国标规定，必要时允许按规定加长幅面，图纸的短边尺寸不应加长，A0 ~ A3 幅面长边可以加长，但应符合规定。

表 10-5　图纸幅面及图框尺寸　　　　　　　　　　　（单位：mm）

尺寸代号 ＼ 幅面代号	A0	A1	A2	A3	A4
$b \times l$	841 × 1189	594 × 841	420 × 594	297 × 420	210 × 297
c	10			5	
a	25				

注：b 为幅面短边尺寸，l 为幅面长边尺寸，a 为图框线与装订边间宽度，c 为图框线与幅面线间宽度，如图 10-21、图 10-22 所示。

（2）图纸使用的基本格式。图纸的使用有横式和立式两种格式。图纸以短边作为垂直边时称为横式；以短边作为水平边时称为立式。对中标志应画在图纸内框各边长的中点处，线宽应为 0.35mm，并应伸入内框边，在框外为 5mm。一般 A0 ~ A3 图纸宜横式使用，必要时也可立式使用，A0 ~ A3 横式幅面格式如图 10-21 所示。A4 图纸实际工程中使用较少，一般用于图纸目录及表格，宜立式使用，A0 ~ A4 立式幅面格式如图 10-22 所示。一个工程设计中，每个专业所使用的图纸，一般不应多于两种幅面（不含目录及表格所采用的 A4 幅面）。

2. 标题栏

在每张正式的工程图样上都应有设计单位、设计人签字、工程名称、图名、图样编号、会签栏区等内容。把它们集中列成表格形式放在图样的右边或下边，就是图样的标题栏，简称"图标"，国标中规定的标题栏格式有两种尺寸规格，如图 10-23 所示。

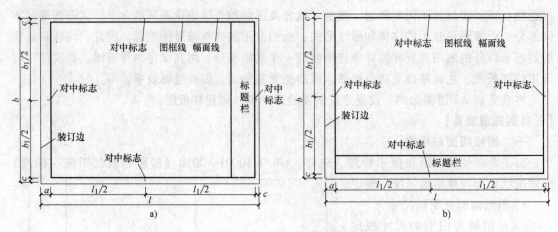

图 10-21 A0 ~ A3 横式幅面

a) A0 ~ A3 横式幅面（一） b) A0 ~ A3 横式幅面（二）

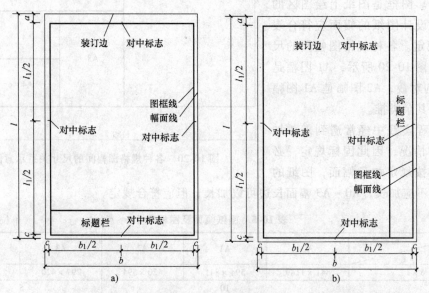

图 10-22 A0 ~ A4 立式幅面

a) A0 ~ A4 立式幅面（一） b) A0 ~ A4 立式幅面（二）

学生在校学习期间，制图作业的标题栏可在图框右下角按图 10-24 所示格式绘制。

二、绘图比例、AutoCAD 中出图比例及相关设置

1. 建筑制图标准中有关绘图比例的规定

所谓绘图比例就是图样上图形与实物相对应的线性尺寸之比。

建筑物的形体比图样要大得多，因此，建筑工程图样都是用缩小的比例绘制的。比例应以阿拉伯数字表示，如 1:1、1:2、1:100 等。比例的大小是指其比值的大小，如 1:50 大于 1:100。比例宜注写在图名的右侧，字的基准线应取平；比例的字高宜比图名的字高小一号或二号，如图 10-25 所示。

绘图所用的比例，应根据图样的用途与被绘制对象的复杂程度，从表 10-6 中选用，并优先用表中的常用比例。一般情况下，一个图样应选用一种比例。根据专业制图需要，同一图样可选用两种比例。

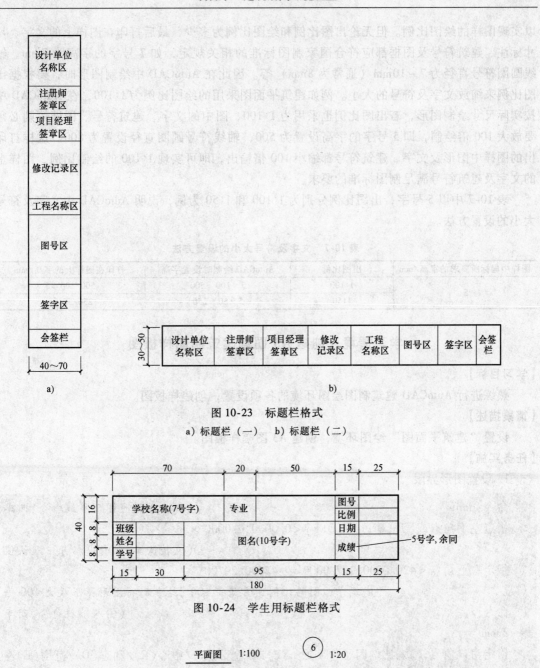

图 10-23　标题栏格式
a）标题栏（一）　b）标题栏（二）

图 10-24　学生用标题栏格式

图 10-25　比例的注写

表 10-6　绘图所用的比例

常用比例	1:1、1:2、1:5、1:10、1:20、1:50、1:100、1:150、1:200、1:500、1:1000、1:2000、1:5000、1:10000、1:20000、1:50000、1:100000、1:200000
可用比例	1:3、1:4、1:6、1:15、1:25、1:30、1:40、1:60、1:80、1:250、1:300、1:400、1:600

2. AutoCAD 中出图比例及相关设置

所谓出图比例就是 AutoCAD 打印图样时设置的打印比例。

在 AutoCAD 中，通常按照实际尺寸绘制图形，打印图样时再根据需要设定出图比例，以实现图样的绘图比例。但无论出图比例和绘图比例为多少，最后打印在图样上的文字、尺寸标注、建筑符号及图框都应符合国家制图标准的相关规定，如 7 号字的字高为 7mm、轴线圆圈符号直径为 7~10mm（通常为 8mm）等。因此在 AutoCAD 中绘制图形时，要根据出图比例来缩放文字及符号的大小。例如建筑平面图采用的绘图比例为 1:100，在 AutoCAD 中按实际尺寸绘制图形，若出图比例也采用为 1:100，图中的文字、建筑符号、图框等则必须要放大 100 倍绘制，即 5 号字的字高设置为 500，轴线符号圆圈直径设置为 800。这样打印出的图样中图形及文字、建筑符号都缩小 100 倍输出，即可实现 1:100 的绘制比例，图样上的文字及建筑符号满足制图标准的要求。

表 10-7 中以 5 号字，出图比例分别为 1:100 和 1:50 为例，说明 AutoCAD 中文字及符号大小的设置方法。

表 10-7　文字及符号大小的设置方法

图样中国标所要求的字高/mm	出图比例	AutoCAD 绘制时设置字高	打印在图样上的字高/mm
5	1:100	5×100 = 500	500/100 = 5
	1:50	5×50 = 250	250/50 = 5

学习情境　创建 A3 图幅建筑制图样板图

【学习目标】

熟练进行 AutoCAD 建筑制图绘图环境的各项设置，创建样板图。

【情景描述】

设置"建筑平面图"绘图环境，创建 A3 图幅样板图。

【任务实施】

1. 设置图形界限

命令:limits　　　　　　　　　　　　　　　　　　　　　（输入设置图形界线命令,回车）

指定左下角点或[开(ON)/关 OFF]<0.0000,0.0000>

　　　　　　　　　　　　　　　　　　　　　（直接回车,接受尖括号中默认值）

指定右上角点<420.0000,297.0000>:42000,29700

　　　　　　　　　（建筑平面图的比例通常为 1:100,绘制时将图形界限放大 100 倍）

命令:z　　　　　　　　　　　　　　　　　　　　　　　（输入缩放命令,回车）

Zoom

指定窗口角点,输入比例因子(nX 或 nXP)或[全部(A)/中心(C)/动态(D)/范围(E)/上一个(P)/比例(S)/窗口(W)]<实时> a　　　　　　　　　　（选择全部缩放方式）

2. 设置图形单位和精度

在下拉菜单中选择"格式"→"单位"，打开"图形单位"对话框，如图 10-26 所示，设置相关参数值。点击"方向"按钮，弹出"方向控制"对话框，接受"东/0.00"默认选项，单击"确定"按钮。

3. 设置图层

样板图中可先设置一些常用图层，在具体绘图中，可根据需要进行增减。

在下拉菜单中选择"格式"→"图层"，或单击图层工具栏中的"图层特性管理器"图

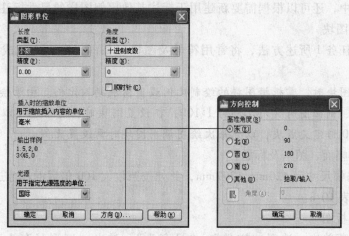

图 10-26　"图形单位"设置对话框

标，打开"图层特性管理器"对话框，单击"新建图层"按钮，创建建筑平面图绘制过程中需要的各种图层，如图 10-27 所示为建筑平面图的基本图层设置。

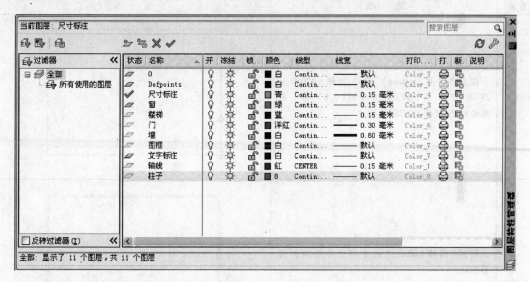

图 10-27　图层设置

4. 设置文字样式

按照项目四中所述方法，建筑制图中一般设置两种文字样式：一种用于标注图中汉字，另一种用于标注图中数字和字母。

5. 创建尺寸标注样式

按照项目五任务 1～任务 4 中所述方法和参数值，设置"建筑制图 100"标注样式。

一般建筑施工图中，平面图、立面图、剖面图的绘图比例为 1:100，为使尺寸线、尺寸界线、尺寸起止符号及文字等尺寸标注要素与图形大小匹配，"全局比例"的数值应为图形绘制比例的倒数，此处设置为 100，即在图样中各尺寸标注要素的实际大小为"设置值 × 100"。

同样方法继续设置用于绘制 1:50 图样的尺寸标注样式"建筑制图 50"。

在绘图过程中，还可以根据需要新建用于标注其他比例图样的尺寸标注样式。

6. 定义常用图块

按照本项目任务 1 所述方法，将常用符号及图样（如门、窗）定义成块，以便绘图时随时调用。

注意：插入图块时，需根据图样的绘制比例设置图块插入比例。由于绘制建筑施工图的平面图、立面图、剖面图时常用比例为 1∶100，在设置图块时，通常也可以按照各类符号的规定尺寸放大 100 倍定义成块，以免每次绘图调用图块时需设置比例。

7. 绘制图纸幅面、图框及标题栏

A3 图幅的图幅尺寸为 420mm × 297mm，此处按照放大 100 倍后的尺寸进行绘制。

具体步骤见表 10-8。

8. 保存为样板图

（1）在下拉菜单中，选择"文件"→"另存为"，弹出"图形另存为"对话框，如图 10-28 所示。

表 10-8　绘制图纸幅面、图框及标题栏

步骤	做　法	图　示
1	使用"矩形（rectang）"命令绘制（42000 × 29700）矩形，第一角点绝对坐标（0,0），第二角点绝对坐标（42000,29700）	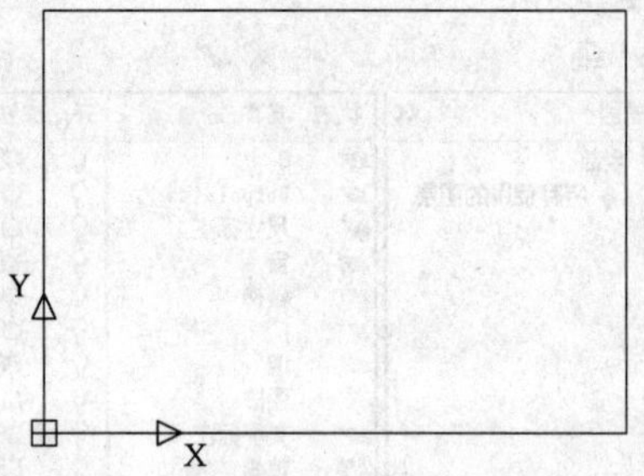
2	使用"偏移（offset）"命令将长方形向内偏移 500	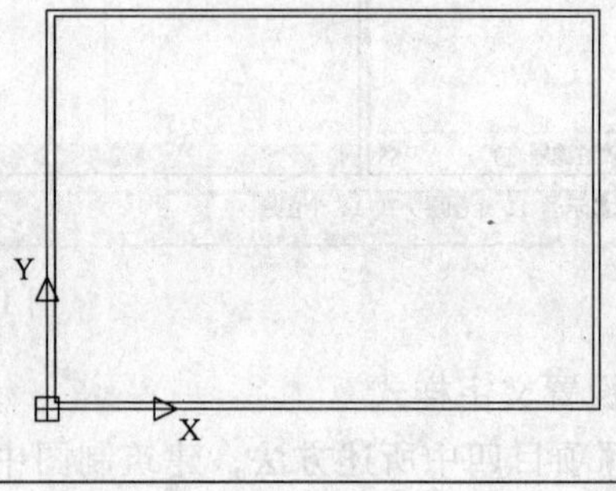
3	使用"拉伸（stretch）"，用交叉窗口选中内部矩形的左侧边线向右拉伸 2000	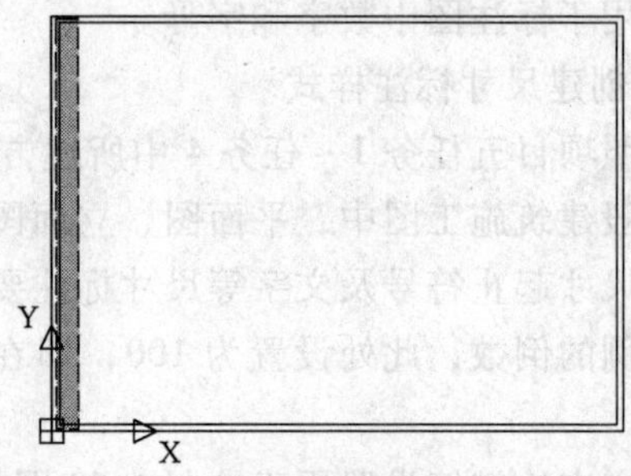

（续）

步骤	做　　法	图　　示
4	用"直线（line）"、"偏移（offset）"等命令在图框内右下角绘制标题栏，标题栏具体样式和尺寸如图 10-24 所示	
5	根据制图标准规定，设置图框线、标题栏外框线、标题栏分格线相应线宽。具体规定见表 6-3	
6	将"文字"图层置为当前，填写标题栏。"学校名称"为 7 号字，字高设为 700；"图名"为 10 号字，字高设为 1000；其余为 5 号字，字高设为 500	

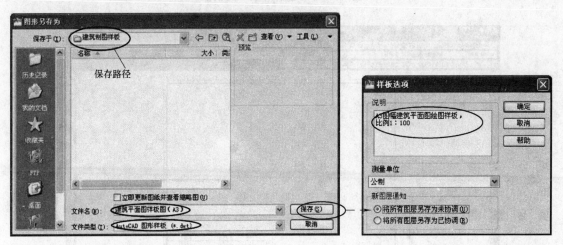

（2）将文件类型选择为"AutoCAD 图形样板（＊.dwt）"，然后选择要保存的路径及"建筑制图样板"文件夹，将文件名命名为"建筑平面图样板图（A3）"。

（3）单击"保存"后，弹出"样板选项"对话框，如图 10-29 所示。

图 10-28　"图形另存为"对话框　　　　图 10-29　"样板选项"对话框

（4）在"说明"文本框中输入描述样板图的文字。

（5）单击"确定"按钮，完成样板图的创建。

9．样板图的调用

（1）在下拉菜单中，选择"文件"→"新建"，弹出"选择样板"对话框，在"查找范围"下拉列表框中，选择样板图保存的路径及"建筑制图"文件夹，如图 10-30 所示。

（2）在"名称"选项框中选择"建筑平面图样板图（A3）"。

（3）单击"打开"按钮，即新建了一个具有样板图所设置的绘图环境的图形文件，如图 10-31 所示。

（4）绘制具体的建筑图样，保存为图形文件。

【任务小结】

绘图环境包括绘图界限、图幅大小、字体样式、尺寸样式、图层等，绘图环境的设置是绘制建筑工程图的基础性工作，按照制图规范熟练设置绘图环境可以提高绘图效率和绘图质量。

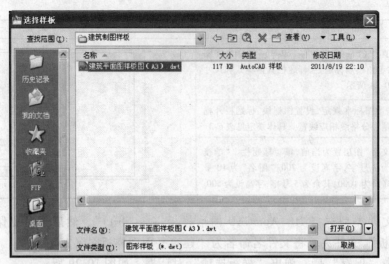

图 10-30 "选择样板"对话框

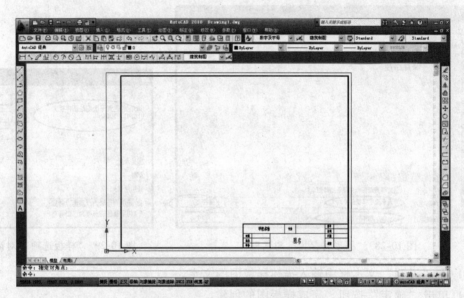

图 10-31 新建具有样板图设置的文件

项目十一　建筑施工图的识读与绘制

【项目概述】

了解建筑施工图的分类，通过建筑工程实例，识读建筑施工图总说明、建筑总平面图、平面图、立面图、剖面图及建筑详图的图示内容，了解其用途；应用 AutoCAD 软件，遵守国家相关制图标准绘制建筑平面图、立面图、剖面图和建筑详图。

本项目的任务：

- 施工总说明、建筑总平面图识读。
- 建筑平面图识读与绘制。
- 建筑立面图识读与绘制。
- 建筑剖面图识读与绘制。
- 建筑详图识读与绘制。

知识要点：

- 施工图的分类。
- 建筑施工图总说明的用途及主要内容。
- 建筑总平面图的作用。
- 建筑平面图、立面图、剖面图的形成和用途。
- 建筑平面图、立面图、剖面图图示内容。
- 建筑平面图、立面图、剖面图的图示方法。
- 采用不同比例绘制图样时的相关设置。

【任务实施前准备】

施工图的分类：

建筑工程图是表达建筑物造型和构造情况的图样。要正确识读和绘制建筑工程图，必须掌握建筑工程图中的基本知识和基本规定，了解建筑物的基本组成和作用。

1. 建筑物的组成

建筑物的主要组成部分有：基础、墙（或柱）、楼（地）面、屋顶、楼梯和门窗等。此外，一般建筑物还有台阶、雨篷、阳台、雨水管、明沟、散水、勒脚等，图 11-1 所示是某住宅各组成部分示意图。

2. 建筑工程图的产生

建筑物的建造有两个过程：设计和施工。

建筑工程设计工作一般有三个阶段：初步设计、技术设计和施工图设计。有些中小型建筑工程将初步设计和技术设计合并为扩大初步设计，如图 11-2 所示。

因为初步设计的工程图和有关文件知识只在提供研究方案和报上级审批时用，不能作为施工的依据，所以初步设计图也称为方案图。

在施工图设计阶段，为了满足工程施工各项具体的技术要求，设计人员必须提供一套房屋建筑工程施工图，用来指导工程施工。施工图的内容必须详细、完整，尺寸标注必须准确

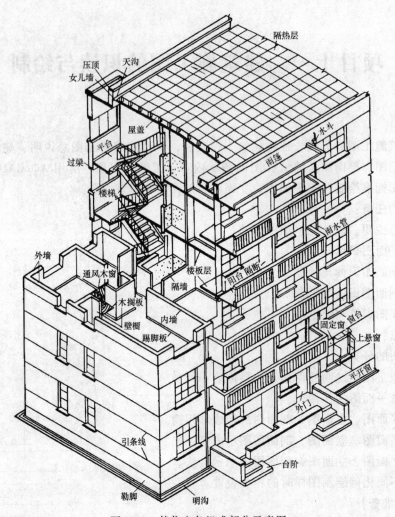

图 11-1　某住宅各组成部分示意图

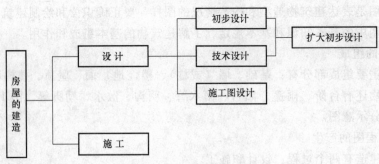

图 11-2　房屋建造的过程

无误，画法必须符合国家有关建筑制图标准。

　　3. 房屋建筑工程图的分类

　　房屋建筑工程图是将建筑物的平面轮廓、外形轮廓、尺寸大小、结构构造和材料做法等内容，用正投影方法，详细准确画出的图样。

　　建筑工程图依其内容和作用不同，可分为：

（1）建筑施工图（简称"建施"）。建筑施工图主要表示建筑物的总体布局、外部造型、内部布置、细部构造、内外装饰等。建筑施工图分为基本图和详图。基本图包括：施工图首页（设计说明）、建筑总平面图、建筑平面图、立面图、剖面图；建筑详图包括：局部放大图、节点构造详图，构配件详图。

（2）结构施工图（简称"结施"）结构施工图主要表示房屋的结构设计内容，如房屋承重构件的布置、形状、大小、材料以及连接情况。图样内容包括施工说明、基础图、结构布置图和结构构件详图。

（3）设备施工图（简称"设施"）。设备施工图主要表示建筑内上、下水及暖气管道管线布置，卫生设备及通风设备等的布置，电气线路的走向和安装要求等。图样内容包括给水排水、采暖通风、电气等专业设备工程图。

4. 房屋建筑工程图的编排顺序

为了便于施工，方便图样的查找和阅读，国家建筑标准设计图集对房屋施工图的编排制定了统一的标准，其排列顺序是：首页图（包括图样目录、设计总说明、建筑总平面图、汇总表等）、建筑施工图、结构施工图、设备施工图，如图 11-3 所示。

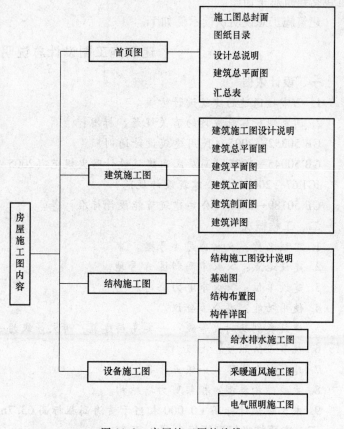

图 11-3　房屋施工图的编排

各专业施工图的编排顺序是：基本图在前、详图在后；总体图在前、局部图在后；主要部分在前，次要部分在后；先施工的在前，后施工的在后。

任务 1　施工总说明、建筑总平面图识读

【任务描述】

通过建筑工程实例，了解"建筑施工图总说明"的作用及主要内容；识读总平面图，学习总平面图的图示内容及用途。

学习情境 1　建筑施工图总说明的识读

【学习目标】

通过建筑工程实例，了解"建筑施工图总说明"的作用及主要内容。

【情境描述】

识读"某工程建筑施工图总说明"。

【任务实施前准备】

建筑施工图总说明一般在施工图的首页，包括工程设计依据、设计说明、门窗表以及有关的技术经济指标等。一般地，首页除设计总说明外，还有图纸目录、标准图集目录，有时也包括建筑总平面图。

建筑施工总说明识读示例如下。

建筑施工图设计总说明

一、设计依据

1. 已审核通过的建筑设计方案。

2. 国家现行建筑设计的有关规范、标准：

GB 50352—2005《民用建筑设计通则》

GB 50045—1995《高层民用建筑设计防火规范（2005 年版）》

JGJ 67—2006《办公建筑设计规范》

GB 50189—2005《公共建筑节能设计标准》等。

二、工程概况

1. 工程名称：××公司 4 号楼。

2. 建设地点：××市高新区 A 号地。

3. 建设单位：××市电力公司。

4. 使用功能：办公、会议。

5. 建筑类别及耐火等级：一类高层建筑，耐火等级为一级。

6. 抗震设防烈度：七级。

7. 建筑耐久年限：一级五十年。

8. 主要结构类型：框架剪力墙结构。

9. 本工程设计标高 ±0.000 相当于黄海高程标高 63.7m，室内外高差 0.900m。

三、主要技术经济指标（见下表）

主要技术经济指示

序　号	名　　称			单　位	数量
1	总用地面积			m²	6368.56
2	总建筑面积			m²	16942.69
	其中	负一层建筑面积		m²	2277.60
		一层建筑面积		m²	2277.60
		二层建筑面积		m²	1714.09
		三层建筑面积		m²	666.60
		四～十六层建筑面积之和		m²	10006.80
3	建筑基地面积			m²	2277.60
4	计入容积率面积			m²	17718.61
5	容积率				2.78
6	建筑密度			%	35.76

四、建筑构造做法要求（限于教材篇幅，此处仅以屋面防水做法示例，其余构造做法略）

（一）防水

1. 屋面防水

屋面防水等级Ⅱ级；做法详见"建施-2"、"建筑构造统一做法表"。

防水层次：二道设防。

防水材料：高聚物改性沥青卷材及配筋细石混凝土。

建筑屋面为现浇钢筋混凝土屋面板，用高聚物改性沥青卷材防水，上人屋面为刚柔防水屋面，当用建筑找坡时用陶粒混凝土，坡度2%，坡向雨水管。

屋面排水为内排水，用PVC雨水斗管汇集后接入室外排水管网（见水施图）。

屋面防水层施工完后，必须做好蓄水试验，经检验合格后才能进行下道工序。

2. 卫生间防水

3. 外墙防水

（二）墙体（非承重墙）

（三）楼地面

（四）建筑装修

（五）门窗、五金及油漆

（六）其他

学习情境2　建筑总平面图识读

【学习目标】

熟悉建筑总平面图的图示内容、图示方法并能熟练识读。

【情境描述】

识读如图11-4所示"某项目建筑总平面图"。

【任务实施前准备】

建筑总平面图的作用：建筑总平面图是表明新建建筑物所在地基范围内的总体平面布置图。在画有等高线或加上坐标方格网的地形图上，画上原有的和新建的建筑物外轮廓的水平正投影，即为建筑总平面图。它反映新建建筑物的位置和朝向，平面轮廓形状和层数，与原有建筑物的相对位置，室外场地、道路、绿化等布置及地貌，标高等内容。

建筑总平面图是新建建筑物定位、放线以及布置施工现场的依据。对于一些较简单的工程，可把总平面图放在首页图中，也可不绘出等高线和坐标方格网。

【任务实施】

（1）了解工程名称。在总平面图中，除了在标题栏内注有工程名称外，各单项工程的名称在图中也要注明，以便识读。

（2）了解图样比例。总平面图由于表达的范围较大，所以绘制时都用较小的比例，如1:2000、1:1000、1:500等。本图绘制比例为1:5000。

（3）了解图例。建筑总平面图中常用图例见表11-1。

（4）了解建筑地域的环境状况、地理位置、用地范围、地形、原有建筑物、构筑物、道路等。

建筑地域的地点及范围由已经批准的建筑红线决定。从图11-4中可知：由公路中心线引出的建筑红线为10m。围墙外墙皮纵横长度为126m和260m，建设区域占地面积为$(126 \times 260) \text{m}^2$。

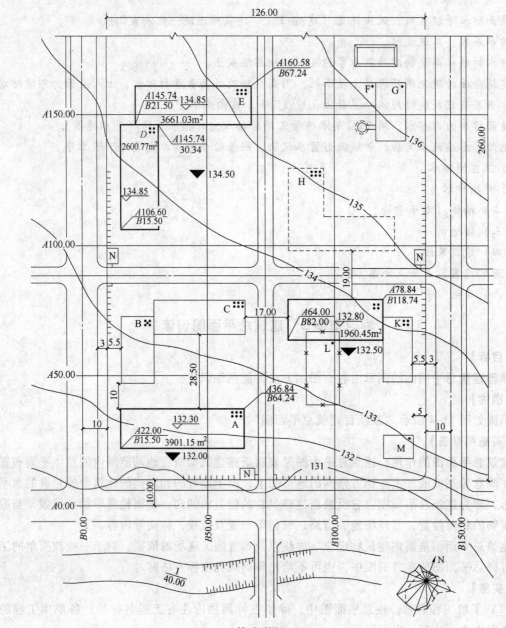

图 11-4　某项目建筑总平面图

　　从地形来看，图中共有 6 条等高线。等高线的标高是绝对标高，从 131~136m，每两条相邻等高线的高差均为 1m，由南向北越来越高。从地势来看，右下角坡陡，左上角坡缓。

　　图中 B、C 幢等为原有建筑，L 幢为拆除建筑。B、K 幢与围墙间的距离为 5.5m。

　　(5) 了解新建工程在建筑地域内的位置、平面尺寸及层数。

　　确定新建建筑物位置有两种方式：第一种，对于小型工程或在已有建筑群中的新建工程，一般是根据与邻近的永久固定设施（建筑物、道路等）间的距离来定位；第二种，对于项目多、规模大的大型工程，由于占地广阔、地形复杂，为确保定位放线的准确，通常采用坐标方格网来确定它们的位置，常用的坐标网有测量坐标和施工坐标两种形式。

表 11-1　建筑总平面图中常用图例

图　例	名　称	图　例	名　称
 8F ▲	新建建筑物（右上角以点数或数字表示层数）		原有建筑物
	计划扩建的建筑物	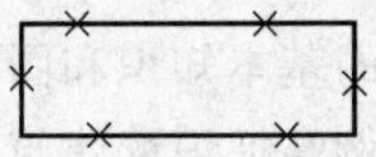 ×　　　× ×　　　×	拆除的建筑物
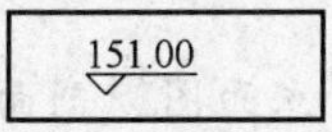 ▽151.00	室内地坪标高	 ▼143.00	室外整平标高
	散状材料露天堆场		原有的道路
	公路桥		计划扩建道路
	铁路桥	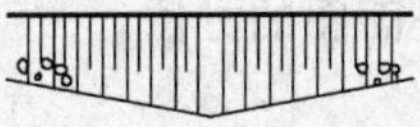	护坡
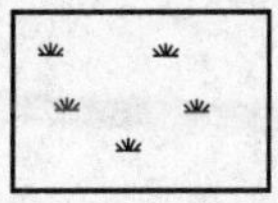	草坪		指北针

图 11-4 中画有施工坐标网，作为房屋定位放线的基准。例如 A 与 C 幢建筑物的间距为 28.5m，并以它对角线上的两个点的施工坐标 [（22.00，15.50）、（36.84，64.24）] 来定位。

A、D、E、J 幢建筑物分别有六层、四层、六层、四层。

（6）了解新建建筑物首层室内地面、室外整平地面和道路的绝对标高以及新建建筑物、道路（绿地）等的有关距离尺寸。在总平面图中，标高、距离以米（m）为单位，并取至小数点后两位。如图 11-4 中 A 幢建筑物室内首层地坪标高为 132.30m，室外整平标高为 132.00m，室内外高差为 0.30m。

（7）了解建筑地域方位、建筑物朝向及风向。

根据图 11-4 中的指北针可知新建建筑物的朝向，根据当地风向玫瑰图⊖（图 11-4）可了解该地区常年的主导风向以及夏季主导风向。有的总平面图中绘出风玫瑰图后就不绘制出指北针。

图 11-4 中风向玫瑰图表示当地主导风向为西南风，夏季主导风向是西南风和东风。

⊖ 风向玫瑰图是根据当地的风向资料将全年中不同风向的吹风频率用同一比例画在 16 方位线上连接而成。图中实折线距中点最远的风向表示吹风（指从外面吹向中心）频率最高，称为常年主导风向；图 11-4 中虚折线表示当地夏季 6、7、8 三个月的风向频率。

（8）了解新建建筑物室外附属设施，如道路、绿化、围墙等。

【任务小结】

施工总说明、总平面图是建筑工程图的重要组成部分，应了解建筑工程图的分类，熟练阅读施工总说明、总平面图的内容及图例符号。

任务 2　建筑平面图识读与绘制

【任务描述】

（1）学习建筑平面图的基本知识和图示内容。

（2）通过小型建筑实例掌握识读建筑平面图的方法。

（3）应用 AutoCAD 软件绘制建筑平面图。

说明：本项目任务 2～任务 5 中采用同一工程项目说明建筑平面图、立面图、剖面图及详图的识读及绘制。

学习情境 1　识读某住宅建筑平面图

【学习目标】

（1）掌握建筑平面图的基本知识和图示内容。

（2）掌握识读建筑平面图的方法。

【情境描述】

识读图 11-5 所示"某住宅底层平面图"。

【任务实施前准备】

一、建筑平面图的形成和用途

建筑平面图实际上是建筑物的水平剖面图（除屋顶平面图外），也就是假想用一水平剖切面，沿某层门窗洞口的位置将建筑物剖开，移去上面部分，对剖切面以下部分作水平正投影形成的。建筑平面图又简称平面图，如图 11-5 所示。它反映出建筑物的平面形状、大小和房间的布置，墙（柱）的位置、厚度，门窗的类型、位置以及出入口和楼梯的位置等。

一般地，应绘制建筑物每一层平面图，并在图形的下方注明相应的图名，如"首层平面图"、"二层平面图"、"三层平面图"等。但很多情况下，建筑物层数较多而中间层（除去首层和顶层的中间楼层）完全相同，则可共用一张平面图，图名为"标准层平面图"，也可称为"中间层平面图"。因此 3 层及 3 层以上的建筑物，至少应有四个平面图，即首层平面图、中间层平面图、顶层平面图以及屋顶平面图。

在首层平面图中，还应画出室外的台阶、花池、散水或明沟，以及剖面的剖切符号、指北针符号。在标准层平面图中，还应画出本层室外的雨篷、阳台等。

二、建筑平面图图示内容

（1）图名和比例。建筑平面图的比例一般选用 1:200、1:100、1:50。

（2）建筑物的朝向。在底层平面图上画一指北针表示建筑物朝向。

（3）定位轴线。将建筑物中的墙、柱子等承重构件的轴线，用细单点长画线画出，并进行编号，即为定位轴线；对于非承重的分隔墙、次要承重构件等，用附加定位轴线表示。

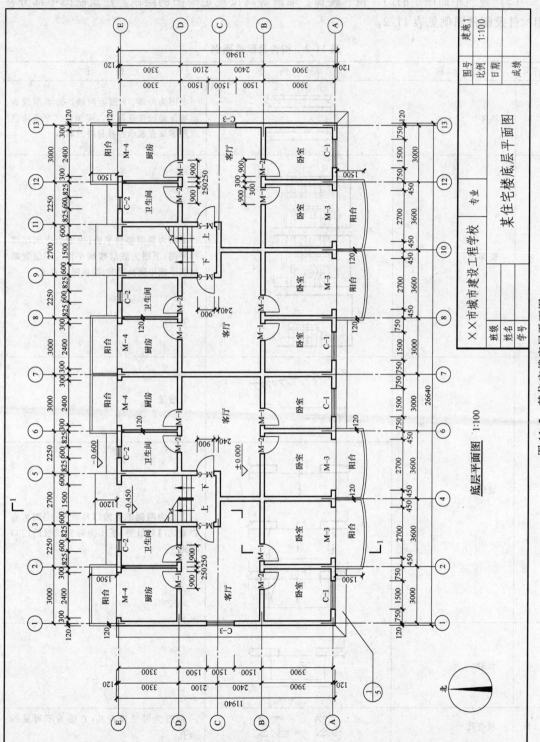

底层平面图 1:100

图 11-5　某住宅楼底层平面图

（4）房间的平面布置和功能划分。

（5）建筑平面图中的门、窗、楼梯、墙洞等均按规定的图例绘制。建筑制图中部分常用构件及配件图例见表11-2。

表11-2　构件及配件图例

序号	名　称	图　例	备　注
1	墙体	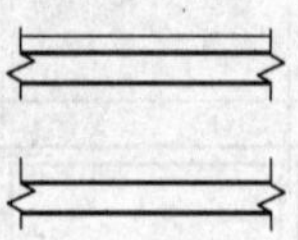	上图为外墙，下图为内墙。外墙细线表示有保温层或有幕墙。应加注文字或涂色或图案填充表示各种材料的墙体
2	楼梯	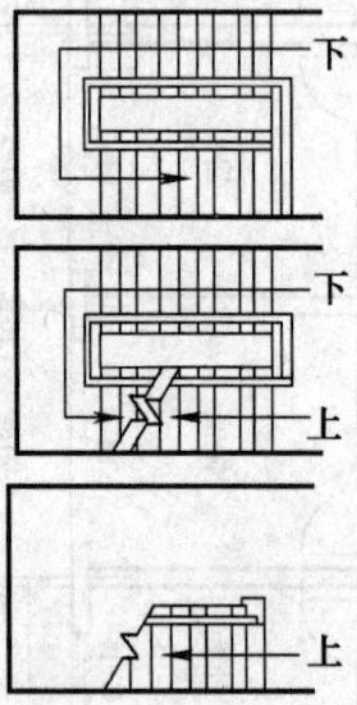	上图为顶层楼梯平面；中图为中间层楼梯平面；下图为底层楼梯平面。需设置靠墙扶手或中间扶手时，应在图中表示
3	坡道		长坡道 上图为两侧垂直的门口坡道；中图为有挡墙的门口坡道；下图为两侧找坡的门口坡道
4	台阶	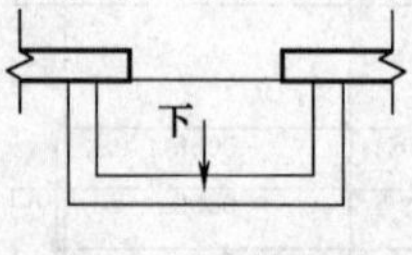	—
5	检查孔		左图为可见检查孔；右图为不可见检查孔
6	孔洞		阴影部分亦可用填充灰度或涂色代替

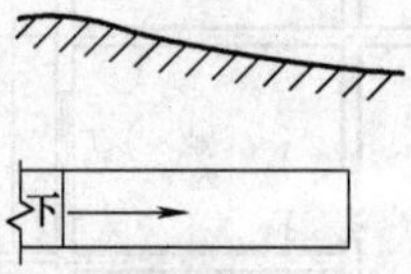

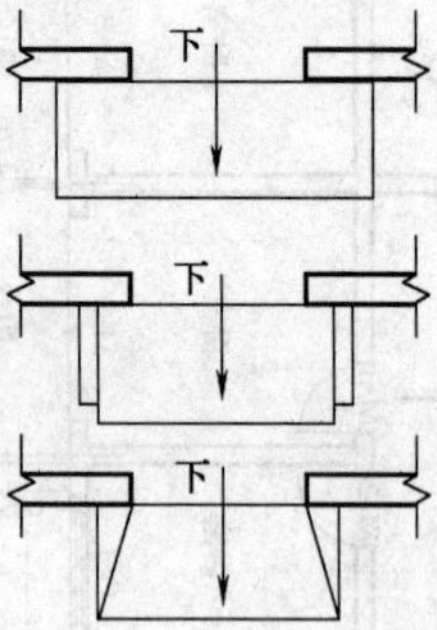

（续）

序号	名　称	图　例	备　注
7	新建的墙和窗	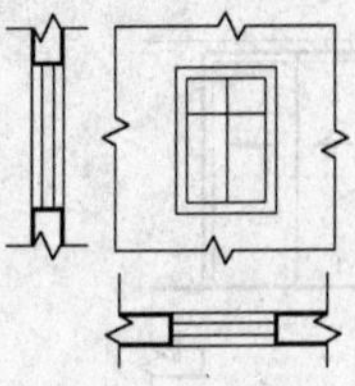	—
8	空门洞	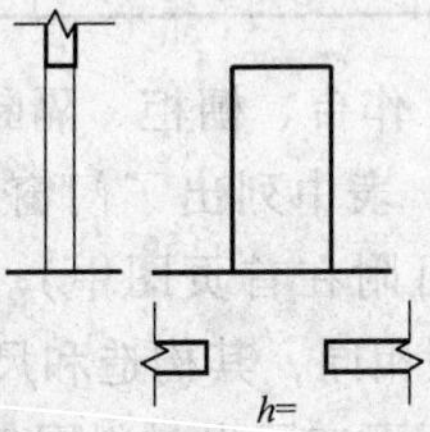	h 为门洞高度
9	单面开启单扇门（包括平开或单面弹簧）	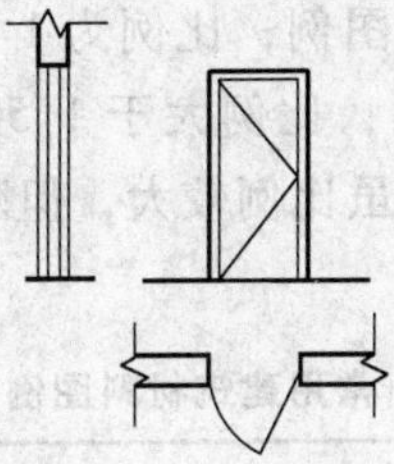	
10	双面开启单扇门（包括双面平开或双面弹簧）	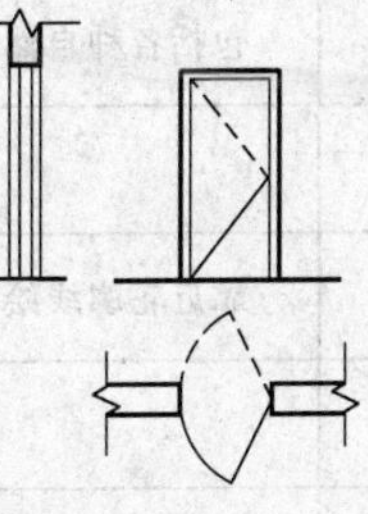	门的名称代号为 M。平面图中下为外，上为内；门开启线为90°、60°或45°，开启弧线宜绘出。立面图中，开启线实线表示外开，虚线表示内开。开启线交角的一侧为安装合页的一侧。开启线在建筑立面图中可不表示，在建筑大样图中可根据需要绘出。剖面图中，左为外，右为内。立面形式应按实际情况绘制
11	双层单扇平开门	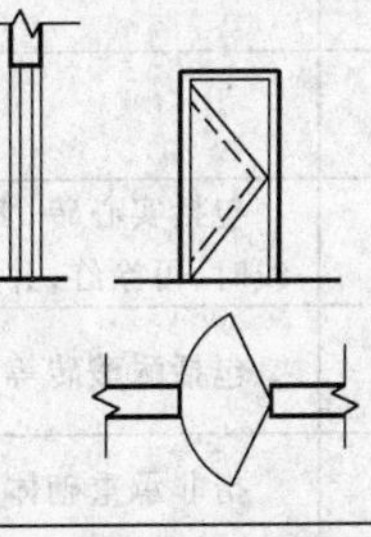	
12	墙洞外单扇推拉门	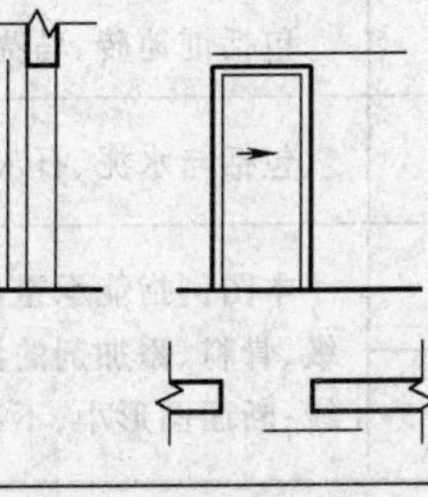	门的名称代号为 M。平面图中，下为外，上为内。剖面图中，左为外，右为内。立面形式应按实际情况绘制

（续）

序号	名　称	图　例	备　注
13	墙洞外双扇推拉门	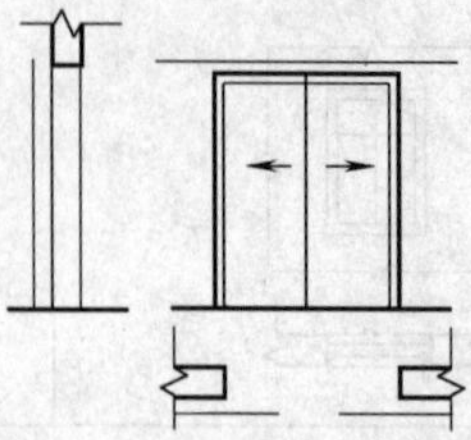	门的名称代号为 M。平面图中，下为外，上为内。剖面图中，左为外，右为内。立面形式应按实际情况绘制

（6）表示固定的卫生器具、水池、工作台、橱柜、隔断等设施及重要设备位置。

（7）建筑平面图中一般附有门窗表，表中列出了门窗的编号、名称、尺寸、数量及其所选标准图集的编号等内容（门窗表也可附在首页图中）。门的代号为 M、窗的代号为 C，代号后面是编号，同一编号表示门窗类型相同，其构造和尺寸均相同。

（8）建筑平面图中，凡是被剖到的断面应画出材料图例，见表 11-3。其基本规定如下：比例小于 1:200 时，平面图可不画出材料图例；比例为 1:100 ~ 1:200 时，平面图中可简化材料图例，如砖墙涂红，钢筋混凝土涂黑；比例大于 1:50 时，平面图中宜画出材料图例。对于剖到的钢筋混凝土构件的断面，有时虽比例较大，但断面较窄，不易画出图例线时，也可采用涂黑表示。

表 11-3　常用建筑材料图例

序号	名　称	图　例	备　注
1	自然土壤	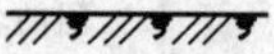	包括各种自然土壤
2	夯实土壤	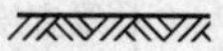	—
3	砂、灰土	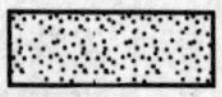	靠近轮廓线绘较密的点
4	砂砾石、碎砖三合土		—
5	石材	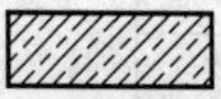	—
6	毛石		—
7	普通砖	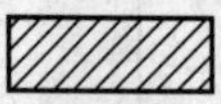	包括实心砖、多孔砖、砌块等砌体。断面较窄不易绘出图例线时，可涂红，并在图样备注中加注说明，画出该材料图例
8	耐火砖		包括耐酸砖等砌体
9	空心砖		指非承重砌体
10	饰面砖		包括铺地砖、马赛克、陶瓷锦砖、人造大理石等
11	焦渣、矿渣	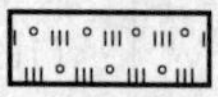	包括与水泥、石灰等混合而成的材料
12	混凝土	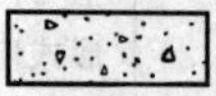	本图例指能承重的混凝土及钢筋混凝土；包括各种强度等级、骨料、添加剂的混凝土；在剖面图上画出钢筋时，不画图例线；断面图形小，不易画出图例线时，可涂黑
13	钢筋混凝土		

（续）

序号	名　称	图　例	备　注
14	多孔材料		包括水泥珍珠岩、沥青珍珠岩、泡沫混凝土、非承重加气混凝土、软木、蛭石制品等
15	纤维材料	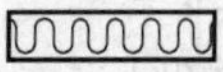	包括矿棉、岩棉、玻璃棉、麻丝、木丝板、纤维板等
16	泡沫塑料材料		包括聚苯乙烯、聚乙烯、聚氨酯等多孔聚合物类材料
17	木材		上图为断面图，左上图为垫木、木砖或木龙骨；下图为纵断面

（9）建筑平面图中注有外部和内部尺寸，尺寸单位以毫米（mm）计。

外部尺寸：一般在图样的下方及左侧注写三道尺寸。最内侧的第一道尺寸是外墙门窗洞的宽度和位置的尺寸，标注这道尺寸时，应与定位轴线联系起来；中间第二道尺寸是定位轴线的间隔尺寸，一般为房间的开间和进深尺寸；最外侧的第三道尺寸是外包尺寸，表示建筑物两端外墙面之间的总尺寸。另外，阳台、雨篷、窗台、通风道、台阶、散水等细部尺寸，可单独标注。

内部尺寸：表示建筑物内外墙厚度，内墙上门、窗洞洞口尺寸及其定位尺寸，底层楼梯的起步尺寸和各房间某些固定设备的定位尺寸等。

（10）标高。通常以底层主要房屋的室内地坪为零点（标记为±0.000），分别标注出各层楼地面、楼梯休息平台、台阶、阳台等处的相对标高，单位是米（m），精确到小数点后三位数。

（11）表示电梯、楼梯位置及楼梯上下方向、踏步数及主要尺寸。

（12）表示地下室、地坑、检查孔、墙上预留洞、高窗等位置与标高，如不可见，则应用细虚线画出。

（13）在底层平面图中，需画出剖面图的剖切符号，以便与剖面图对照查阅。

（14）标注有关部位节点详图的索引符号。

（15）屋顶平面图的图示内容。如果屋顶平面图比较简单，可以用较小的比例（1:200等）来绘制。在屋顶平面图中，一般标明：屋顶形状、屋顶水箱、屋面排水方向和坡度、天沟或檐沟的位置、女儿墙和屋脊线、雨水管的位置、建筑的避雷带或避雷针的位置等。

【任务实施】

识读图 11-5 所示的"某住宅底层平面图"的方法和步骤如下：

（1）从图框图名区及图形下方标注可知，图 11-5 为"某住宅底层平面图"，比例为1:100。

（2）从图 11-5 中左下方的指北针可知，房屋主要立面朝向为正南方向，入口位于北向。

（3）该房屋平面形状基本呈规则的矩形，房屋平面外轮廓总长为 26640mm，总宽为 11940mm。

（4）从图 11-5 中墙的分隔情况和房间的名称，可了解到建筑物内部各房间的配置、用途、数量及其相互间的联系情况，如图 11-5 中所示的卧室、客厅、厨房、卫生间等。

（5）图 11-5 中横向编号的轴线有①～⑬，竖向编号的轴线有Ⓐ～Ⓔ，轴线均位于墙的中心线。从定位轴线的标号及其轴线间尺寸，可了解各房间的开间、进深尺寸。从图 11-5

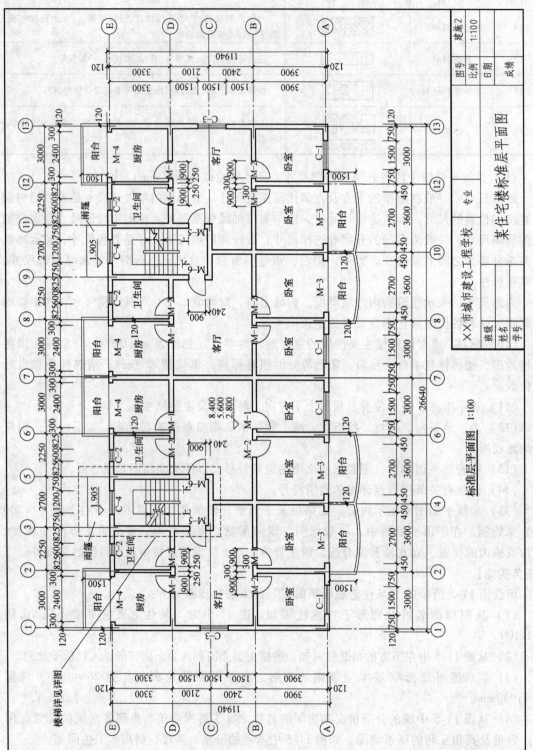

图 11-6 标准层平面图

中还可看出卫生间和厨房间隔墙厚为 120mm，其余未标明的墙厚均为 240mm。

（6）底层主要室内地面标高为 ±0.000，室外地坪标高为 −0.600，室内外高差为 0.600m。

（7）从图中绘制的门、窗图例符号及其尺寸标注可以了解到门窗的类型、数量、位置及尺寸。例如图 11-5 中门的类型有 M-1、M-2 等，窗的类型 C-1、C-2 等；M-1 的平面尺寸（宽）为 900mm，C-1 的平面尺寸（宽）为 1500mm。

（8）本住宅南北向均设有阳台，阳台宽为 1500mm；南向阳台呈弧形，阳台搁板厚 120mm。

（9）图中还表示出室外台阶、散水等的大小和位置。入口处设有 4 级台阶，室外 1 级，入口处平台宽 1200mm。在外墙四周设有散水，散水具体做法根据索引符号见图号"建施5"图样中编号为①的详图。

（10）图 11-5 中有一个编号为 1-1 的剖切符号，剖切面位于②～④轴线间，且为通过楼梯、室外台阶、卧室房门、阳台的阶梯剖，剖视方向向东。

【任务拓展】

识读图 11-6、图 11-7 所示标准层平面图、屋顶平面图。

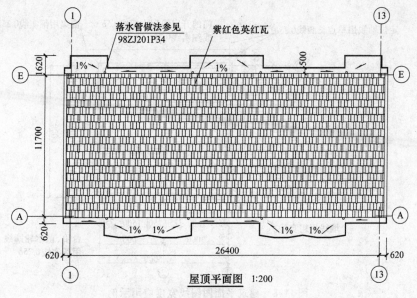

图 11-7　屋顶平面图

学习情境 2　绘制某住宅建筑平面图

【学习目标】

（1）掌握有关制图标准。

（2）熟练掌握 AutoCAD 软件绘制建筑平面图的方法和步骤。

【情景描述】

绘制图 11-5 所示"某住宅底层平面图"。绘制要求：A3 图幅，绘图比例 1∶100。

【任务实施前准备】

绘制建筑平面图要注意以下 4 点。

1. 图幅与比例

（1）图幅的具体选择方法可参见项目十中"图纸幅面与格式"的相关介绍。

（2）常用比例有 1:50、1:100、1:200，实际工程中常用 1:100 的比例绘制。

2. 线型

建筑平面图中的线型一般有 5 种（图 11-8）：

（1）剖到的墙柱断面轮廓用粗实线（b）。

（2）门的开启扇线用中实线（$0.5b$）或细实线（$0.25b$）。

（3）定位轴线用细单点长画线（$0.25b$）。

（4）看到的构配件轮廓和剖到的窗扇用细实线（$0.25b$）。

（5）被挡住的构配件轮廓用细虚线（$0.25b$）。

3. 尺寸标注与标高

如前所述，建筑平面图标注的尺寸有三类：外部尺寸、内部尺寸及标高。

外部尺寸共有三道尺寸：由外向内，第一道为总尺寸；第二道为轴线尺寸；第三道为细部尺寸。三道尺寸线之间的距离一般为 7～10mm，通常为 8mm；第三道尺寸线距图形最外轮廓线宜为 15～20mm。

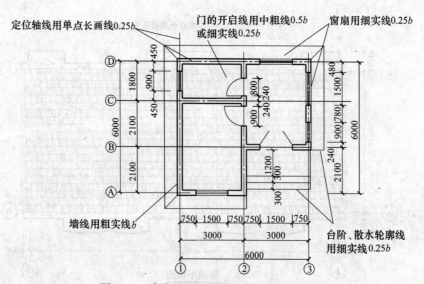

图 11-8   建筑平面图图线宽度应用示例

当平面图的上下或左右的外部尺寸相同时，只需要标注左侧尺寸与下方尺寸即可，否则，平面图的上下与左右均应标注尺寸。

4. 建筑图样常用符号

建筑图样常用符号的规定与绘制参见项目十任务 1。

【任务实施】

1. 调用样板图

调用"项目十"中设置好的 A3 样板图，将"建筑制图 100"尺寸样式置为当前。

2. 绘制定位轴线

由于本住宅是由两个完全相同的单元组合而成，而单元的平面图左右对称，因此可采取先绘制一个单元图形左侧的一半,再通过镜像、复制得到整个平面图形的方法。

　　将"轴线"图层设置为当前层,打开"正交"模式,根据图中①～④轴、Ⓐ～Ⓔ轴,各轴线间尺寸,用"直线(line)"和"偏移(offset)"命令绘制横向和竖向轴线,如图11-9所示。

　　注意:图中尺寸是为方便说明、辅助绘图而标记的,并不是平面图的尺寸标注,以下步骤中的尺寸均同。平面图的尺寸标注应在整个图形绘制完成之后进行。

　　3. 绘制墙体

　　(1)设置多线样式。

　　调用下拉式菜单"格式"→"多线样式"命令,弹出"多线样式"对话框;单击"新建"按钮弹出"创建新的多线样式"对话框,在"新样式名"栏中输入"墙",如图11-10所示。单击"继续"按钮,则

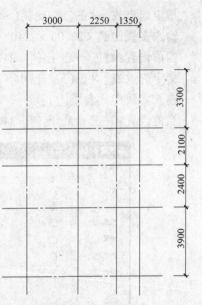

图11-9　绘制定位轴线

弹出"新建多线样式:墙"对话框,将其中的图元偏移量设为"0.5"和"-0.5",单击"确定"按钮完成墙体多线的设置,如图11-11所示。

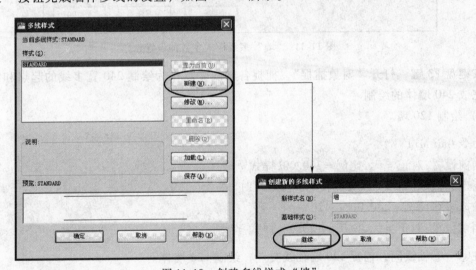

图11-10　创建多线样式"墙"

　　(2)将"墙"图层设置为当前层,绘制240mm、120mm厚墙体及阳台栏板。

　　1)绘制240mm墙。

```
命令:ml(MLINE)
当前设置:对正=上,比例=20.00,样式=STANDARD
指定起点或[对正(J)/比例(S)样式(ST)]:j
输入对正类型[上(T)/无(Z)/下(B)]<上>:z
当前设置:对正=无,比例=20.00,样式=STANDARD
```

指定起点或[对正(J)/比例(S)/样式(ST)]:s

输入多线比例 <20.00>:240

当前设置:对正 = 无,比例 = 240.00,样式 = STANDARD

指定起点或[对正(J)/比例(S)/样式(ST)]:st

输入多线样式名或[?]:墙

当前设置:对正 = 无,比例 = 240.00,样式 = 墙

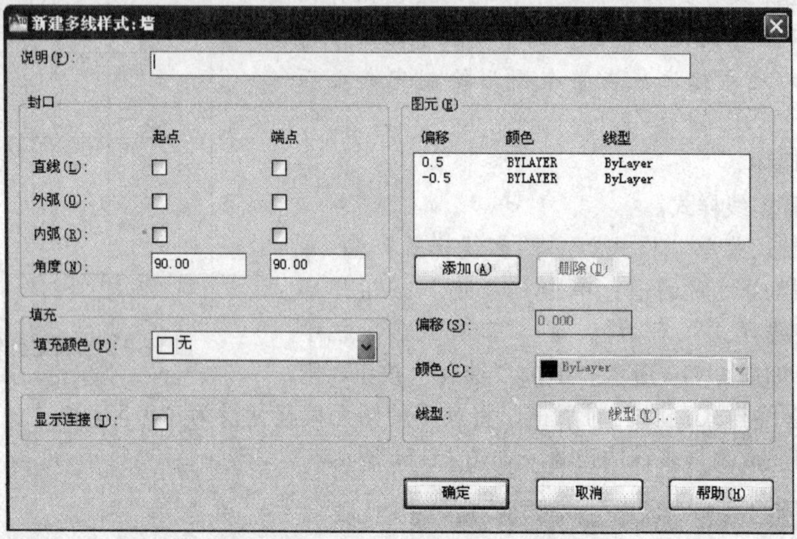

图 11-11　"墙"多线样式参数的设置

　　按键盘 F3 键,打开"对象捕捉",捕捉各轴线交点作为绘制 240 宽多线的起点和终点,即可完成 240 墙体的绘制。

　　2)绘制 120 墙。

命令:ml(MLINE)

当前设置:对正 = 无,比例 = 240.00,样式 = 墙

指定起点或[对正(J)/比例(S)/样式(ST)]:s

输入多线比例 <240.00>:120

当前设置:对正 = 无,比例 = 120.00,样式 = 墙

　　在①~⑤轴线间,捕捉 120 墙轴线交点,绘制 120 墙体。

　　3)绘制阳台栏板。

命令:ml(MLINE)

当前设置:对正 = 无,比例 = 240.00,样式 = 墙

指定起点或[对正(J)/比例(S)/样式(ST)]:j

输入对正类型[上(T)/无(Z)/下(B)] <无>:t

当前设置:对正 = 上,比例 = 120.00,样式 = 墙捕捉②轴与④轴墙外轮廓线交点作为起点,④轴与④轴墙外轮廓线交点作为终点,按照图中尺寸绘制南向阳台栏板线;同样方法绘制北向阳台栏板线,此时需要注意,调整"对正"为"下(B)"。

绘制结果如图 11-12 所示。

4. 确定门窗位置

（1）以确定Ⓔ轴线横墙上窗的位置为例。选择"偏移（offset）"命令，将轴线按照图中窗与轴线间尺寸进行偏移，确定门窗位置线，偏移距离如图 11-13（a）所示。

（2）将偏移后的轴线图层改为"墙"图层，调用"修剪（trim）"命令对窗洞口处进行修剪，结果如图 11-13b 所示。

用同样方法确定其他门窗的位置。

（3）在"修改"下拉菜单中选择"对象"→"多线"，调出"多线编辑工具"，如图 11-13c 所示使用"T 形合并"等工具对墙体多线进行编辑。

（4）单击"修改"工具栏中的"分解"按钮，将各多线图元进行分解。分解图形后，利用"修剪（trim）"命令，对墙体交接处及门窗洞口处进行修剪。

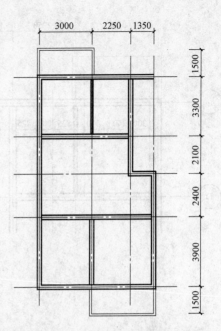

图 11-12　用多线绘制墙体和阳台栏板

（5）使用"圆弧（arc）"、"偏移（offset）"、"延伸（extent）"、"修剪（trim）"等命令完成南向阳台弧线的绘制。

（6）为了使图形镜像准确，对镜像线处墙线及阳台隔板线进行相应处理。

结果如图 11-13d 所示。

5. 绘制门窗

（1）创建"窗平面"图块。

将"0"图层设置为当前层（在"0"图层上创建图块）；使用"直线（line）"和"偏移（offset）"命令完成长为 1000，间距为 80 的四条平行线段的绘制，如图 11-14 所示；使用"定义块（block）"命令完成"窗平面"图块的创建。

（2）插入图块"窗平面"。

首先将"窗"图层设置为当前层，然后调用"插入块（insert）"命令，选择"窗平面"图块，根据插入的具体窗宽设置插入比例，确定好插入点，完成窗的插入。比如图形左下角第一个窗的宽度为"1500"，其 X 方向的插入比例应设置为"1.5"。

注意："图块的创建与插入"参见项目十任务 1。

（3）创建"门平面"图块。

将"0"图层设置为当前层；使用"直线（line）"和"圆弧（arc）"命令完成长为 900 的线段及半径为 900、圆心角为 90°的圆弧，如图 11-15 所示；使用"定义块（block）"命令完成"门平面"图块的创建。

（4）插入图块"门平面"。

将"门"图层设置为当前层，然后调用"插入块（insert）"命令，选择"门平面"图块，根据插入的具体门宽及位置设置插入比例和旋转角度，确定好插入点完成窗的插入。比如进户的左开门的宽度为 950，其 X 方向的插入比例应设置为" $-950/900$ "，Y 方向的插入

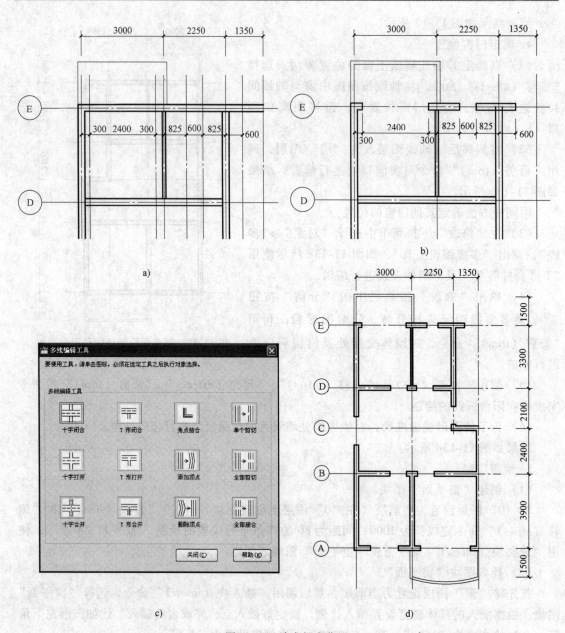

图 11-13　确定门窗位置

a) 偏移轴线至窗位置　b) 修剪出窗洞口　c) "多线编辑工具" 对话框　d) 编辑结果

比例应设置为 "950/900"，旋转角度为 90°，如图 11-16 所示。

　　注意：不同开启方向的门图样可利用 X、Y 方向比例的正负号的设置来实现，如图 11-17

图 11-14　窗块的绘制　　　图 11-15　门块的绘制　　　图 11-16　左开、宽度为 "950" 的门块

所示。

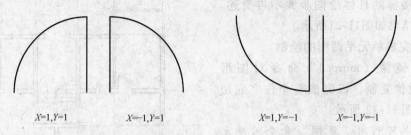

图 11-17　宽为 900，不同开启方向的门块的插入

门窗绘制结果如图 11-18 所示。

6. 镜像完成单元平面图的绘制

利用"镜像（mirror）"命令完成整个住宅一个单元的平面图，对右侧墙线及阳台隔板线进行相应处理，以利于下一步镜像，结果如图 11-19 所示。

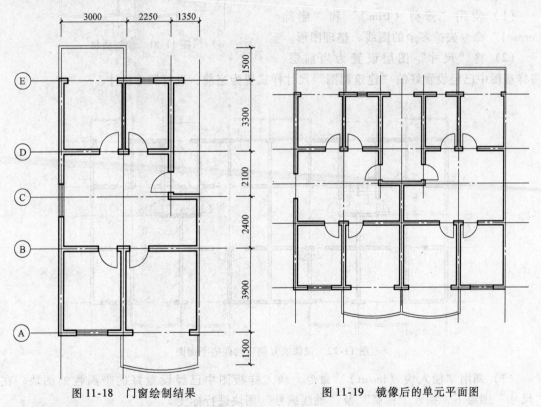

图 11-18　门窗绘制结果　　　　　图 11-19　镜像后的单元平面图

7. 绘制楼梯

将"楼梯"图层置为当前图层。

（1）使用"直线（line）"、"偏移（offset）"及"修剪（trim）"等命令绘制踏步、扶手、折断线，楼梯平面的具体尺寸如后文图11-47所示。

（2）调用"多段线（pl）"命令绘制箭头，尺寸如图 11-20 所示。

（3）调用"单行文字（dtext）"命令注写文字，字号为 5 号字，

图 11-20　绘制箭头

字高设为 500。

本例中楼梯的具体绘图步骤不再赘述。楼梯的绘制结果如图11-21所示。

8. 镜像完成单元平面图的绘制

使用"镜像（mirror）"命令对图形11-21进行镜像复制，以完成整个住宅底层平面图，如图 11-22 所示。

说明：也可利用"复制"命令对单元图形进行复制，以完成整个住宅底层平面图。如果用"复制"命令，则需将左侧墙线及阳台栏板线作相应处理，同时注意楼梯位置的不同。

9. 标注

（1）使用"修剪（trim）"和"删除（erase）"命令去掉多余的图线，整理图形。

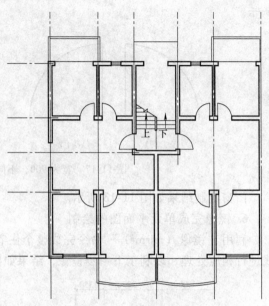

图 11-21   绘制楼梯

（2）将"尺寸"图层设置为当前层，将样板图中已经设置好的"建筑制图"尺寸样式置为当前，进行尺寸标注。

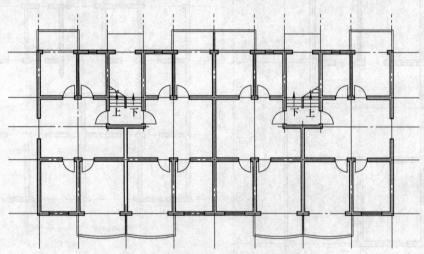

图 11-22   镜像或复制后的住宅平面图

（3）调用"插入块（insert）"命令，插入样板图中已经设置好的带属性的图块。在"尺寸"图层下，插入"标高"及"轴线编号"图块进行标注。

说明：创建及插入"带属性的图块"的方法见"项目十"。

（4）将"文字"图层设置为当前层，使用"单行文字（dtext）"或"多行文字（mtext）"命令进行文字标注。门窗编号用 3.5 号字，字高设为 350；图名用 7 号字，字高设为 700；其余文字用 5 号字，字高设为 500。

提示：文字标注时，也可使用"镜像（mirror）"命令。镜像文字时，如果文字成反向状态，可调用"mirrtext"命令，当命令行显示："输入 MIRRTEXT 的新值 ＜1＞："时，输入"0"。即值为"0"时，文字成正向；值为"1"时，文字成反向，如图 11-23 所示。

10. 绘制剖切符号、散水线、索引符号、插入"指北针"图块

（1）绘制剖切符号。使用"多段线（pl）"命令绘制剖切符号。设置多段线宽度为50，在平面图下方要剖切的部位拾取一点为剖切位置线起点，绘制长为600的投影剖切位置线和长度为400的投影方向线。然后，使用"单行文字（dt）"命令，在投影方向线端部输入编号"1"，如图11-24所示。

图 11-23　镜像文字　　　　　　　　　　图 11-24　剖切符号

图11-24中的剖切方式为阶梯剖，同样方法绘制其他位置的剖切符号。

（2）绘制散水线。调用"偏移（offset）"命令，将外墙轴线向外偏移720，然后将偏移后的轴线放置在"墙"图层上，线宽设为0.18。使用"修剪（trim）"、"直线（line）"等命令完成散水的绘制。

（3）绘制索引符号。将"尺寸"图层设置为当前层，绘制索引符号，索引符号的画法及表示方法见表10-3。

（4）插入"指北针"图块。在图形中适当位置插入样板图中已设置好的"指北针"图块。

11. 插入图框

（1）将"图框"图层置为当前；调用"插入块（insert）"命令，插入"A3图框"图块，将底层平面图布置在图框的合适位置。

（2）单击"修改"工具栏中的"分解"按钮，选择 A3 图框，将图框分解。

（3）将"文字"图层置为当前，在标题栏中填写各项内容："学校名称"为7号字，字高设为700；"图名区"注写图名"某住宅底层平面图"为10号字，字高设为1000；其余为5号字，字高设为500。

最终绘制结果如图11-5所示。

【任务小结】

建筑平面图的图示内容较多，在掌握建筑平面图的图示内容和图示方法的基础上，需多练习才能逐步提高识读能力；建筑平面图的绘制是 AutoCAD 建筑制图的一项综合应用任务，掌握正确的绘图步骤可提高绘图效率；绘图过程中，应严格遵守制图标准，灵活且合理地选择运用 AutoCAD 的各种技能。

任务 3　建筑立面图识读与绘制

【任务描述】

（1）学习建筑立面图的基本知识和图示内容。

（2）通过小型建筑实例掌握识读建筑立面图的方法。

（3）应用 AutoCAD 软件绘制建筑立面图。

学习情境1　识读某住宅建筑立面图

【学习目标】

（1）掌握建筑立面图的基本知识和图示内容。

（2）掌握识读建筑立面图的方法。

【情境描述】

识读如图 11-25 所示"①～⑬立面图"。

【任务实施前准备】

一、建筑立面图的形成和用途

在与房屋立面平行的投影面上所作的正投影图，称为建筑立面图。它主要反映房屋的外貌、门窗等构配件的位置及形式，以及立面装修做法等。它是建筑及装饰施工的基本图样。

二、建筑立面图图示内容

1. 图名

建筑立面图的命名一般有 3 种方式：

（1）按立面特征命名。房屋有多个立面，通常把反映房屋的主要出入口及房屋外貌主要特征的立面图称为正立面图，与其相对的一侧称为背立面图；两侧则为左、右立面图。这种方式一般适用于建筑平面图方正、简单，入口位置明确的情况。

（2）按房屋朝向命名。例如南立面图、北立面图、东立面图、西立面图等。这种方式一般适用于建筑平面图规整、简单，而且朝向相对正南正北、偏转不大的情况。

（3）按定位轴线命名。根据立面图两端的轴线编号来命名立面图，如①～⑧立面图、Ⓐ～Ⓔ立面图等。这种方式命名准确，便于查对，特别适用于平面较复杂的情况。

一般地，在建筑施工图中，有定位轴线的建筑物，建筑立面图应该根据其两端轴线编号标注立面图的名称，无定位轴线的建筑物可按平面图中各面的朝向确定名称。

2. 定位轴线

在建筑立面图中，一般只画出两端或分段的轴线和编号，编号与建筑平面图的轴线编号一致，以便与建筑平面图对照阅读。

3. 细部处理

细部处理包括女儿墙顶、檐口、柱、室外楼梯和消防梯、烟囱、雨篷、阳台、门窗、门斗、勒脚、雨水管、台阶、坡道、花池、其他装饰构件和粉刷分格线示意等的处理；外墙的留洞应标注尺寸与标高（宽×高×深及定位尺寸）。

4. 在平面图上表示不出的窗编号，应在立面图上标注

平面图、剖面图未能表示出来的屋顶、檐口、女儿墙、窗台等标高或高度，应在立面图上分别注明。

5. 标高、尺寸标注、文字说明及索引符号

（1）在建筑立面图中，高度方向的尺寸主要使用标高的形式标注。应标注房屋主要部位的相对标高，如室外地坪、室内地面、各层楼面、窗台、阳台、檐口、女儿墙压顶、雨篷等处。

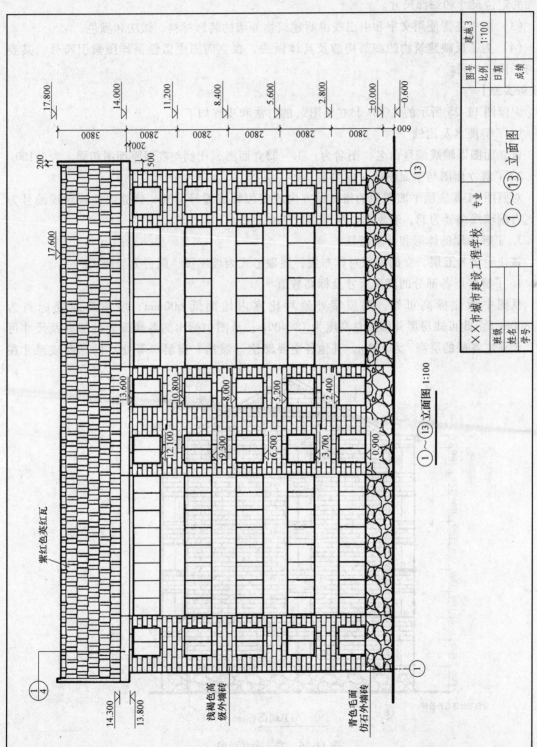

图 11-25　①~⑬立面图

（2）除标高外，有时还需注出一些无详图的局部尺寸，用以补充建筑构造、设施或构配件的定位尺寸和细部尺寸。

（3）图中还需使用文字和引出线说明建筑物外墙的装饰材料、做法和颜色。

（4）为了反映建筑物的细部构造及具体做法，在立面图中需绘制详图索引符号，其要求与平面图相同。

【任务实施】

识读图 11-25 所示的"①~⑬立面图"的方法和步骤如下：

1. 了解图名及比例

该立面图以轴线编号命名，图名为：①~⑬立面图，比例与底层平面图相同，为 1∶100。

2. 了解立面图与平面图的对应关系

对照图 11-5 底层平面图中的指北针方向或定位轴线编号可知，该立面左端轴线编号为①，右端轴线编号为⑬，表示的是房屋南向的立面图。

3. 了解房屋的体形和外貌特征

该住宅楼为五层，立面造型对称布置，屋顶形式为坡屋顶，阳台为封闭式。

4. 了解房屋各部分的高度尺寸及标高数值

从图中所注标高可知，房屋室外地坪比室内地面低 600mm，屋顶最高处标高为 17.800m，由此可知房屋外墙的总高度为 18.400m；从图中标出的各楼面处的标高及尺寸可知，该住宅各层的层高[一]为 2.8m。其他各主要部位（屋檐、窗洞口等处）的标高或尺寸在

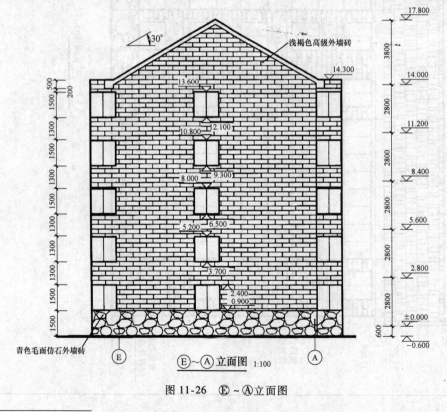

图 11-26　Ｅ~Ａ立面图

[一]　层高即上下相邻两层楼地面之间的距离。

图中均已标出，屋檐挑出墙面 500mm，从图中窗洞口上下的标高可以推算出，每层窗台距离相应楼地面高度为 900mm，窗户高度为 1500mm。

5. 了解窗户的形式及数量

该楼的窗户均为铝合金双扇推拉窗，封闭式阳台的窗户为 8 扇。

6. 了解房屋屋顶及外墙面的装修做法

从图 11-25 文字说明可知，屋顶为紫红色英红瓦铺面，外墙面材料为浅褐色高级外墙砖，勒脚处墙面采用青色毛面仿石外墙砖饰面。

【任务拓展】

识读图 11-26 所示Ⓔ ~ Ⓐ立面图。

学习情境 2　绘制某住宅建筑立面图

【学习目标】

（1）掌握有关制图标准。

（2）熟练掌握 AutoCAD 软件绘制建筑立面图的方法和步骤。

【情景描述】

绘制如图 11-25 所示"① ~ ⑬立面图"。绘制要求：A3 图幅，绘图比例 1:100。

【任务实施前准备】

一、建筑立面图的图示方法

1. 图名与比例

图名可按立面图的特征、朝向、轴线来命名，比例应与建筑平面图所用比例一致。

2. 线型

为使立面图轮廓清晰、重点突出和层次分明，增强图示效果，如图 11-27 所示，国家标准将立面图线型分为 4 种：

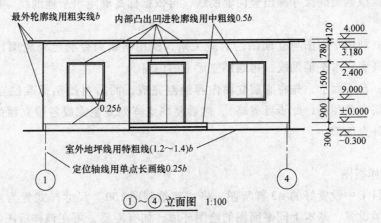

图 11-27　建筑立面图图线宽度应用示例

（1）室外地坪线用线宽为 （1.2 ~ 1.4）b 的特粗实线绘制。

（2）房屋立面的外墙和屋脊轮廓线用线宽为 b（b 常取 0.7mm 或 1.0 mm）的粗实线绘制。

（3）在外轮廓线之内的凹进或凸出墙面的轮廓线，用线宽为 0.5b 的中实线绘制，如窗台、门窗洞口、檐口、阳台、雨篷、柱、台阶等构配件的轮廓线。

（4）门窗扇、栏杆、雨水管和墙面分格线等均用线宽为 $0.25b$ 的细实线绘制；房屋两端的轴线用细单点长画线绘制。

3. 立面图的数量

一个建筑物需要绘制几个立面，取决于建筑立面本身的复杂程度。一般房屋需要从四个方向分别绘制四个立面图，以反映各个立面的形状。对于平面形状比较复杂的立面，如圆弧形、折线形、曲线形等，这些立面与投影面不平行，可以先将该立面展开到与投影面平行，然后再用投影法绘出其立面图，但应在图名后注写"展开"二字。

如果房屋的左右立面完全相同，可以只画一个侧立面；对称式建筑物，可以沿对称面一半绘出正立面图，另一半绘出背立面图，并在对称轴线处画对称符号，这样正立面图和背立面图可以合成一个图样绘出，简单明了。

4. 标高与尺寸标注

立面图中的标高和尺寸，应注写在立面图的轮廓线以外，分两侧就近注写。标高注写时要上下对齐，尽量位于同一铅垂线上。对于一些位于建筑物中部需标注标高或尺寸的部分，也可就近标注，但应注意不要影响图面清晰。

5. 图例

由于立面图的比例小，因此立面图上的门窗应按表 11-2 所示图例立面样式表示，开启线在建筑立面图中可不表示，同一类型的门窗只需画出 $1\sim2$ 个完整图形，其余均用简单图例来表示。

二、建筑立面图的绘制方法

AutoCAD 绘制建筑立面图，一般需要灵活应用复制、镜像、阵列、填充、块及块属性的定义和块插入等操作。立面图的绘制通常可以单独使用或综合使用以下几种方法。

方法一：根据轴线尺寸画出竖向辅助线，再依据标高确定水平辅助线，再绘制立面上的门窗。

方法二：利用平面图与立面图的对应关系，使用画线命令确定外轮廓、门窗的竖向位置；依据标高确定水平辅助线，再绘制立面上的门窗。

方法三：自下而上，先将底层立面内容绘制完成，而后再绘制标准层立面内容（有时底层和标准层立面相同，此步可省略），然后复制或阵列复制完成各层立面的绘制，再绘制屋顶，最后补充细部。

【任务实施】

1. 调用样板图

调用项目十中设置好的 A3 样板图，将"建筑制图 100"尺寸样式置为当前。绘制立面图的绘图环境设置，基本上同平面图的绘图环境。如有需要，可在该样板图的基础上，结合立面图图示特点进行补充设置。

2. 绘制底层立面图

在已绘制好的底层平面图下方选择合适位置进行绘制。

（1）绘制墙体轮廓线、窗定位线。

调用"构造线（xline）"命令，确定墙体轮廓线位置。

命令：xl

XLINE 指定点或 ［水平(H)/垂直(V)/角度(A)/二等分(B)/偏移(O)］：v

指定通过点：

（分别捕捉外墙轮廓点和阳台轮廓点，如图 11-28 所示）

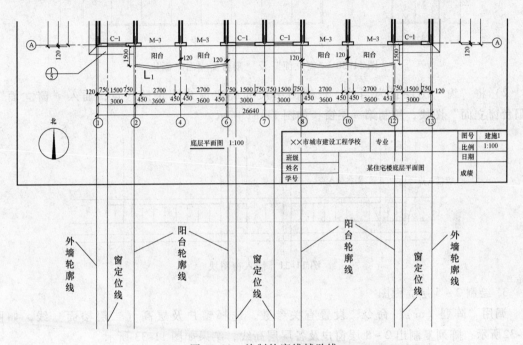

图 11-28　绘制轮廓线辅助线

（2）绘制底层各控制标高处定位线。

调用"直线（line）"命令在屏幕的合适位置绘制一条水平线作为室外地坪线，按照图中标高及尺寸偏移得出室内地面、一层窗台、层高（二层楼面）等处的定位线，如图 11-29 所示。

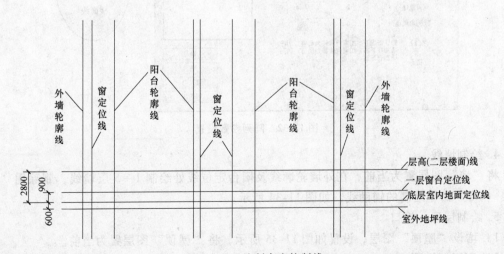

图 11-29　绘制高度控制线

（3）绘制窗户及阳台立面。

1）将"0"图层置为当前，创建"窗立面"、"阳台窗立面"图块，注意用图块的左下角点为图块插入基点，如图 11-30 所示。

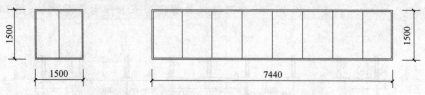

图 11-30　"窗立面"及"阳台窗立面"图块

2）将"窗"图层置为当前，根据图中尺寸确定窗户图块插入点，插入"窗立面"、"阳台窗立面"图块，绘制第一层窗，如图 11-31 所示。

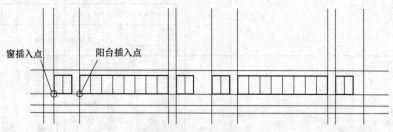

图 11-31　插入窗图块

3. 绘制 2~5 层立面图

调用"阵列（ar）"命令，设置有关参数，选择窗户及层高（二层楼面）线，如图 11-32所示；阵列复制出 2~5 层窗户及各层层高线，结果如图 11-33 所示。

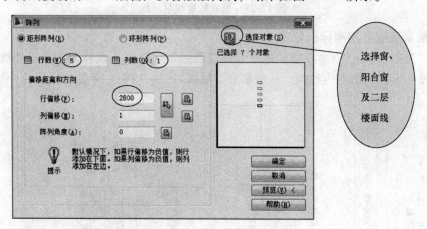

图 11-32　阵列参数设置

4. 绘制墙线

将"墙"图层置为当前，在外墙轮廓线及阳台定位线处绘制 1~5 层墙线，删除用"构造线（xl）"命令绘制的辅助线，如图 11-34 所示。

5. 绘制屋顶、檐口

1）增设"屋顶"图层，设置如图 11-35 所示，将"屋顶"图层置为当前。

2）调用"矩形（rec）"或"直线（line）"命令，按照图中尺寸和标高所表示的各部

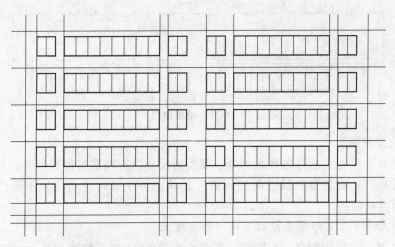

图 11-33 阵列图形效果

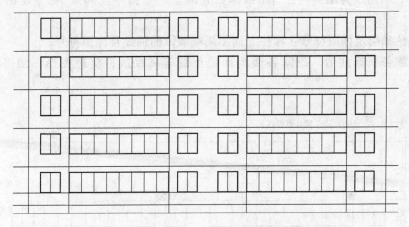

图 11-34 绘制墙线

图 11-35 "屋顶"图层设置

分相对关系,绘制屋顶、檐口。

● 调用"矩形(rec)"命令,采用"捕捉自"方式,以五层层高线和左侧外墙轮廓线角点为基点,偏移"@-500,-200"作为矩形第一角点;以五层层高线和右侧外墙轮廓线角点为基点,偏移"@500,300"作为矩形第二角点,完成檐口的绘制,如图 11-36 所示。

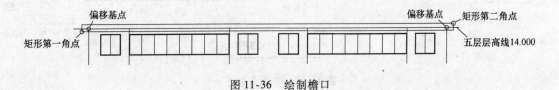

图 11-36 绘制檐口

● 调用"矩形(rec)"、"复制(copy)"、"直线(line)"等命令绘制屋顶,如图 11-37所示。

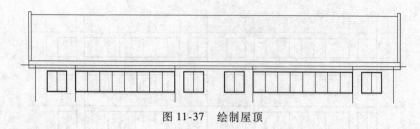

图 11-37　绘制屋顶

6. 标注及整理图形

（1）标注线形尺寸：标注各楼地面处、屋面处尺寸及有图案细部处尺寸。

（2）标注标高：设置带有属性的"标高"图块。标注室内外地坪、楼面、檐口、窗洞口上下、屋顶等处标高。

注意：标高符号三角形顶点应位于同一竖直线上。

（3）标注文字：标注图名（7 号字，字高设为 700）、有关饰面做法说明（5 号字，字高设为 500）；引出线为细实线；引出线起始处圆点用"圆环（do）"命令绘制，圆环内径设为 0。

（4）标注轴线及详图符号：标注立面图两端墙体的轴线及详图符号。

（5）完成各项标注后，删除各楼地面定位线等辅助线，整理图形，结果如图 11-38 所示。

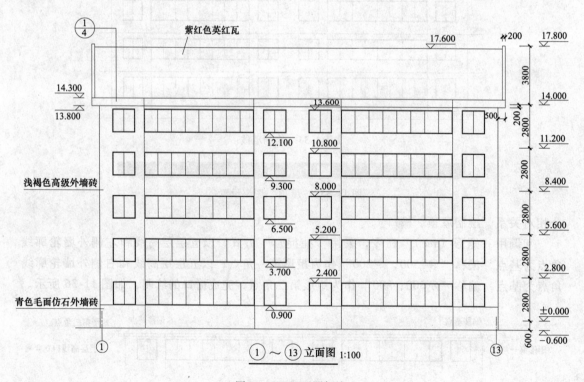

图 11-38　立面图标注

7. 填充

按照表 11-4 中设置要求进行材料图例图案填充，结果如图 11-39 所示。

表 11-4　材料图例图案填充

位置	填充图案名	比例	颜色	孤岛检测方式
屋面	AR-RSHKE	2	244	外部
墙面	AR-BRSTD	4	57	外部
勒脚	GRAVEL	60	青色	外部

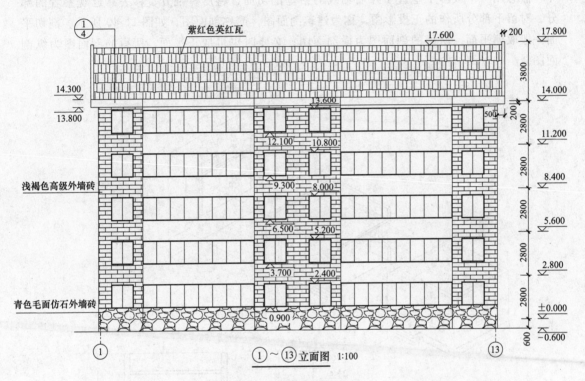

图 11-39　材料图例图案填充

8. 设置线宽

立面图最外轮廓线用粗实线 0.7mm，内部凸出、凹进处轮廓线用中粗线 0.35mm，窗棱线用细实线 0.18mm，室外地平线用特粗实线 1.2mm。设置线宽的方式可选择以下两种方法：

- 用特性工具栏中的"线宽控制"进行设置。
- 使用"编辑多段线（pe）"命令设置。

9. 插入图框

插入 A3 图框，标题栏的填写要求同建筑平面图，结果如图 11-25 所示。

【任务小结】

识读与绘制建筑立面图应注意和建筑平面图的相互对应关系，在掌握建筑立面图的图示内容和图示方法的基础上，根据图形特点合理选择 AutoCAD 的绘制方法和绘图步骤。

任务 4　建筑剖面图识读与绘制

【任务描述】

（1）学习建筑剖面图的基本知识和图示内容。

（2）通过小型建筑实例掌握识读建筑剖面图的方法。

（3）应用 AutoCAD 软件绘制建筑剖面图。

【任务实施前准备】

一、建筑剖面图的形成和用途

假想用一个或多个垂直于外墙轴线的铅垂剖切面，将房屋剖开，移去靠近观察者的部分，对留下部分所作的正投影图，称为建筑剖面图，简称剖面图，如图 11-40 所示。剖切平面一般取侧平面，所得的剖面图为横剖面图；必要时也可取正平面，所得的剖面图为纵剖面图。

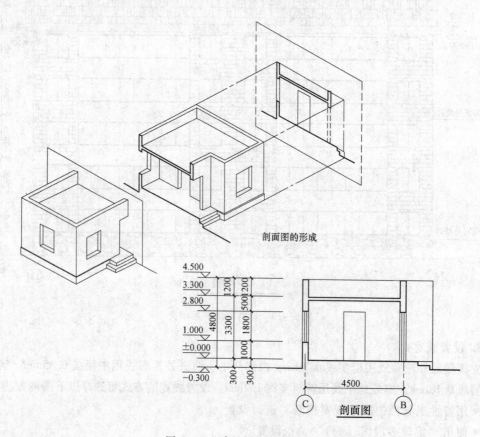

图 11-40　建筑剖面图的形成

建筑剖面图用来表达建筑物内部垂直方向的高度、楼层分层情况及简要的结构形式、构造方式、材料及其高度等。它与建筑平面图、立面图相配合，是建筑施工图中不可或缺的重要图样之一。

二、建筑剖面图图示内容与方法

1. 图名及剖切位置

剖面图的图名，应与平面图上所标注剖切符号的编号相一致，如 1-1 剖面图、2-2 剖面图等。如图 11-41 所示的"1-1 剖面图"，其剖切位置由如图 11-5 所示的"底层平面图"中 1-1 剖切符号来确定。

剖面图的剖切位置应选择在内部结构和构造比较复杂或有代表性的部位，如剖切平面通过房屋的门窗洞口和楼梯间，并应在首层平面图中标明。当一个剖切平面不能同时剖到这些部位时，可采用若干平行的剖切平面。剖切平面应根据房屋的复杂程度而定。

2. 比例与图例

建筑剖面图的比例应与建筑平面图、立面图一致，通常为 1:50、1:100、1:200 等，多用 1:100。

为了清楚地表达建筑各部分的材料及构造层次，当剖面图比例大于 1:50 时，应在剖到的构件断面画出其材料图例；当剖面图比例小于 1:50 时，则不画具体材料图例。构配件图例及常见的建筑材料图例见表 11-2、表 11-3。

3. 定位轴线

在剖面图中凡是被剖到的承重墙、柱等要画出定位轴线，并注写上与平面图相同的编号。

4. 图示内容

室外地面、底层地（楼）面、各层楼板、屋顶（包括檐口、天窗、水箱、女儿墙等）、门、窗、梁、楼梯、台阶、坡道、散水、平台、阳台、雨篷等内容。

室内外地面以下基础部分不需画出。

5. 图线

被剖切到的墙、楼面、屋面、梁的断面轮廓线用粗实线画出；室内外地坪线用加粗线（$1.4b$）表示；没剖到但可见的配件轮廓线，如门窗洞、踢脚板、楼梯栏杆、扶手等按投影关系用细实线画出；尺寸线与尺寸界线、图例线、引出线、标高符号、雨水管等用细实线画出；定位轴线用细单点长画线画出。

6. 尺寸标注与标高

（1）竖直方向上的尺寸标注。图形外部标注三道尺寸，最外一道为总高尺寸，从室外地坪起标到墙顶止，标注建筑物的总高度；中间一道尺寸为层高尺寸，标注各层层高；最里边一道尺寸为细部尺寸，标注墙段及洞口尺寸。

（2）水平方向的尺寸标注。为了便于与平面图对照，剖面图中常标注剖到的墙、柱及剖面图两端的轴线编号及轴线间距。

（3）标高。剖面图中需要用标高符号标出室内外地坪、各层楼面、楼梯休息平台、屋面和女儿墙压顶面等处的标高。

7. 其他标注

由于剖面图比例较小，某些部位如墙脚、窗台、过梁、墙顶等节点，不能详细表达，可在剖面图上的该部位处，画上详图索引标志，另用详图来表示其细部构造尺寸。此外，楼地面及墙体的内外装修，可用文字分层标注。

学习情境 1　识读某建筑剖面图

【学习目标】

（1）掌握建筑剖面图的基本知识和图示内容。

（2）掌握识读建筑剖面图的方法。

【情景描述】

识读图 11-41 所示某住宅剖面图。

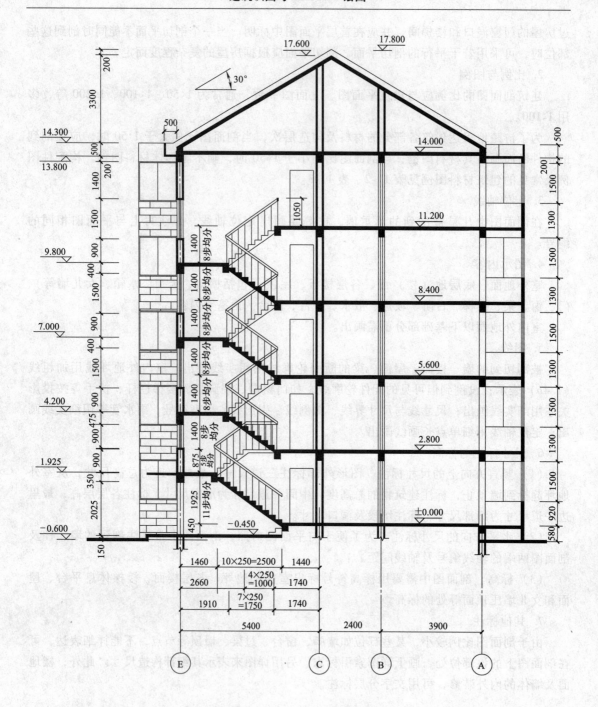

1-1剖面图 1:100

图 11-41 某住宅剖面图

【任务实施】

识读图 11-41 所示的"某住宅剖面图"的方法和步骤如下:

1. 阅读图名、剖切位置及比例

从图框图名区及图形下方标注可知，本图为"1-1 剖面图"。由图名可在图 11-5 所示的"底层平面图"中找出 1-1 剖切符号，可以看出，该剖面为全剖面图、阶梯剖，剖视方向是向右剖视，即向东剖视。其剖切位置通过大门、门厅、楼梯间，剖切后向左进行投影，得到的横向剖面图，基本能反映建筑物内部构造特征的全貌。

在图名旁，可以看出本图采用的绘制比例为 1:100。

2. 了解建筑物内部的空间划分

（1）高度方向。由图中可知该建筑物共分成五层，屋顶为带阁楼的坡屋顶形式。

（2）水平方向。剖切到的墙体有 A 轴、B 轴、C 轴、E 轴，其中 A 轴和 E 轴为外墙，E 轴外为阳台的外墙，A 轴外为阳台的剖面。

3. 阅读尺寸标注与标高，了解建筑物的内部构造及构配件的位置及相互关系

（1）根据图 11-41 中的标高及尺寸标注，了解各层楼面、屋面的标高及它们之间的关系。例如：从图中各楼面所标注的标高（建筑标高），可看出建筑物各层层高均为 2.800m，室外地坪标高为 -0.600m，室内入口处标高为 -0.450m，入口处雨篷标高为 1.925m，建筑物最高处标高为 17.800m 等。

（2）了解建筑物入口、阳台、檐口、屋顶、门窗等部位的构造尺寸及有关构配件的尺寸。例如：屋顶的坡度为 30°，檐口的宽和高均为 500mm；室外有 1 级台阶，踏步高为 150mm，室内入口与室内地坪间有 3 级台阶，由标高间相互关系可以看出每级踏步高亦为 150mm；一层入口大门高度为 2025mm；阳台栏板高度为 920mm 等。

（3）了解墙、柱的轴线间尺寸及编号，并与平面图进行对应阅读。例如：A、B、C、E 各轴间尺寸分别为 3900mm、2400mm、5400mm，其中 C 轴与 E 轴间尺寸 5400mm 为楼梯间进深。

（4）由图 11-41 可知该建筑物楼梯一层为不等跑楼梯，第一跑起步距 C 轴 1440mm，设 11 步，踏面宽为 250mm，水平投影长度为 2500mm，踢面高为（1925/11 = 175）mm，休息平台宽为（1460 - 120 = 1340）mm；自二层标高 2.800m 以上为等跑楼梯，每跑 8 步，踏面宽为 250mm，踢面高为（1400/8 = 175）mm，休息平台宽为（1910 - 120 = 1790）mm。

4. 图线

由于本图的比例是 1:100，室内外地坪线画加粗线，地坪线以下部分不画，墙体用折断线隔开。剖切到的墙体用两条粗实线表示，不画图例，表示用砖砌成。剖切到的楼面、屋面、梁、阳台和女儿墙压顶均涂黑，表示其材料为钢筋混凝土。

学习情境 2　绘制某建筑剖面图

【学习目标】

（1）掌握有关制图标准。

（2）熟练掌握 AutoCAD 软件绘制建筑剖面图的方法和步骤。

【情景描述】

绘制如图 11-41 所示某住宅剖面图。绘制要求：A3 图幅，绘图比例 1:100。

【任务实施】

1. 调用样板图

调用项目十中设置好的 A3 样板图，将"建筑制图 100"尺寸样式置为当前。如有需要，

可在该样板图的基础上，结合剖面图图示特点进行补充设置。

2. 绘制定位轴线、室内外地坪线、各层楼面线和屋面线，并画出墙线

绘制方法与立面图基本相同，此处不再赘述，绘制结果如图 11-42 所示。

3. 绘制楼梯

楼梯分上下两部分绘制。

（1）绘制一层楼梯：

1）调用"偏移"命令，将 C 轴向左偏移 1440，作为楼梯起点。

2）调用"直线"命令，绘制休息平台及平台梁。

3）调用"直线"命令，绘制第一级踏步及栏杆。踢面高为 175、踏面宽为 250，栏杆高为 1050。

4）调用"阵列"命令，将第一级踏步及栏杆阵列至一层平台；同样方法绘制第二跑楼梯。

5）绘制一层楼梯扶手，调用"修剪"等命令整理图形。

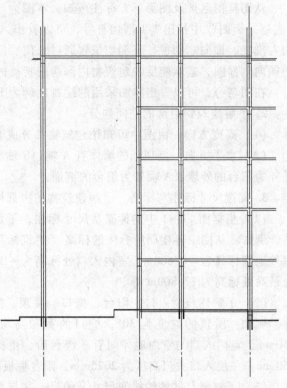

图 11-42　绘制轴线、楼面、地面、墙线

6）对剖到的梯段、平台梁、平台板等进行图案填充，如图 11-43 所示。

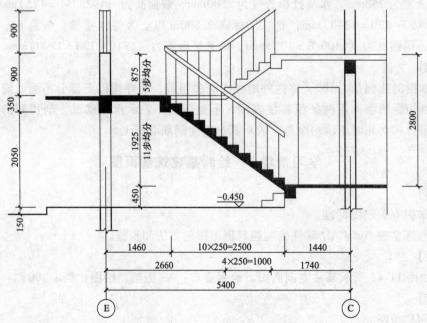

图 11-43　一层楼梯的画法

说明：图中尺寸供绘图参考，此处不用标注（下同）。

（2）绘制 2～5 层楼梯：

1）调用"偏移"命令，将 C 轴向左偏移 1740，作为楼梯起点。

2）调用"直线"命令，绘制休息平台及平台梁。

3）调用"直线"命令，绘制第三跑第一级踏步及栏杆。踢面高为 175、踏面宽为 250，栏杆高为 1050。

4）调用"阵列"命令，将第一级踏步及栏杆阵列至二层平台；同样方法绘制第四跑楼梯。

5）绘制二层楼梯扶手，调用"修剪"等命令整理图形。

6）对剖到的梯段、平台梁、平台板等进行图案填充。

7）继续调用"阵列"命令，在"阵列"对话框中设置为 3 行 1 列，行偏移为 2800，列偏移为 0，对楼梯、休息平台进行阵列，如图 11-44 所示。

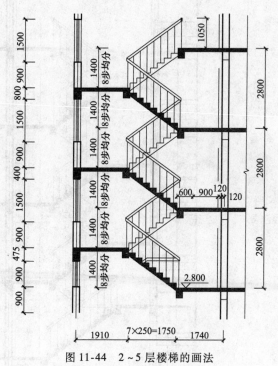

图 11-44　2～5 层楼梯的画法

4. 绘制门窗及细部构造

1）E 轴外墙一层大门高为 2025，一层休息平台窗高为 900；二层以上窗高为 1500。A 轴为开放式阳台窗高均为 1500，窗台高为 920。在"窗"图层完成窗线的划分。

2）调用"直线"命令，绘制室外平台、平台梁及台阶。

3）调用"直线"命令，绘制室外雨篷、檐沟及女儿墙，如图 11-45 所示。

5. 屋面及其他细部绘制

执行"直线"命令，绘制最上层屋面及其他细部的轮廓线，并完成坡屋面的绘制，如图 11-45 所示。

6. 对剖到的构件断面进行图案填充

对剖到的构件断面进行图案填充，如图 11-45 所示。

7. 其他

绘制标高、索引符号及尺寸标注；注写图名和比例，如图 11-41 所示。

8. 插入图框

插入 A3 图框，标题栏的填写要求同建筑平面图。

【任务小结】

建筑剖面图的识读与绘制必须建立在熟练识读和绘制建筑平面图的基础之上，另外还要有一定的建筑构造知识和空间想象力。用 AutoCAD 绘制建筑剖面图，除了楼梯部分需遵循一定的方法外，其他内容绘制的步骤和方法与立面图基本相同，本任务将重点掌握楼梯部分

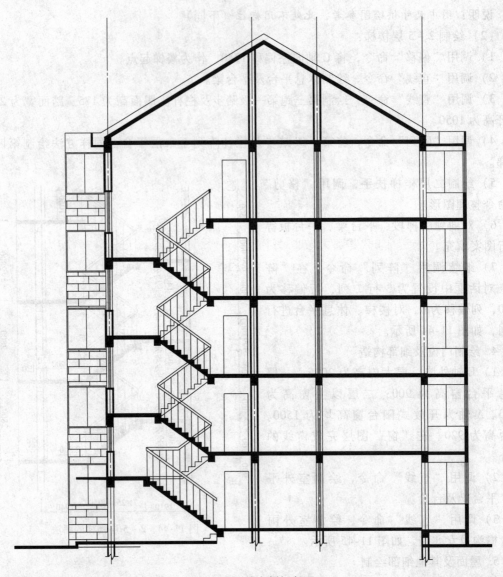

图 11-45　填充剖切断面

的绘制，绘制楼梯剖面需了解楼梯的基本组成和构造特点。

任务 5　建筑详图识读与绘制

【任务描述】

（1）学习建筑详图的基本知识和图示内容。

（2）通过小型建筑实例掌握识读建筑详图的方法。

（3）应用 AutoCAD 软件绘制建筑详图。

【任务实施前准备】

一、建筑详图的形成及作用

（1）形成。由于通常绘制建筑平面图、立面图、剖面图时所用的比例较小，建筑的细部构造难以表达清楚，为了满足施工的需要，必须将这些部位的形状、尺寸、材料、做法等分别用较大的比例详细画出图样，这种图样称为建筑详图，简称详图，有时也叫做大样图。

（2）作用。由此可见，建筑详图是建筑细部的施工图，是对建筑平面图、立面图、剖面图等基本图样的深化和补充，是建筑工程的细部施工、建筑构配件的制作及编制预算的依据。

二、建筑详图的种类

建筑详图可分为节点构造详图和构配件详图两类。

（1）节点构造详图。凡表达房屋某一局部构造、尺寸和材料组成的详图称为节点构造详图，如檐口、窗台、勒脚、明沟等。

（2）构配件详图。凡表明构配件本身构造的详图，称为构件详图或配件详图，如门、窗、楼梯、花格、雨水管等。

三、建筑详图的图示内容和方法

一幅建筑施工图通常需绘制以下几种详图：墙身详图、楼梯详图、门窗详图以及室内外一些构配件的详图，如室外台阶、花池、散水、明沟、阳台、厕所、壁柜等。建筑详图的图示内容及绘制方法有：

（1）图名（或详图符号）、比例。详图符号应与被索引的图样上的索引符号相对应，在详图符号的右下侧注写比例。

对于节点构造详图，除了要在建筑平面图、立面图、剖面图上的有关部位注出索引符号外，还应在详图上注出详图符号或名称，以便对照查阅。而对于构配件详图，可不注索引符号，只在详图上写明该构配件的名称或型号即可。详图符号、索引符号的画法及表示方法见表10-3。

建筑详图的绘制一般采用较大比例，如1:50，1:20，1:10，1:5等。

（2）表达出构配件的详细构造。详图中图示内容应详尽清楚，放大画出建筑物的细部构造。

（3）表达出构配件各部分的构造连接方法及相对位置关系。

（4）尺寸标注应齐全，表达出各部位、各细部的详细尺寸。

（5）详细表达出构配件或节点所用的各种材料及其规格。

（6）文字说明应详尽，详细说明有关施工要求、构造层次及制作方法等。

对于套用标准图或通用图的建筑构配件和构造节点，只需注明所套用图集的名称、型号或页次（索引符号），可不必另画详图。

学习情境 1　识读墙身详图

【学习目标】

（1）掌握墙身详图的图示内容和方法。

（2）掌握识读墙身详图的方法。

【情境描述】

阅读图11-46所示的墙身详图。

【任务实施前准备】

一、墙身详图

墙身详图也称为墙身大样图，实际上是建筑剖面图的有关部位的局部放大图。它主要表达墙身与地面、楼面、屋面的构造连接情况以及檐口、门窗顶、窗台、勒脚、防潮层、散水、明沟的尺寸、材料、做法等构造情况，是砌墙、室内外装修、门窗安装、编制施工预算以及材料估算等的重要依据。有时在外墙详图上引出分层构造，注明楼地面、屋顶等的构造情况，这些内容在建筑剖面图中省略不标。

墙身节点详图一般采用 1:20 的较大比例绘制。为节省图幅，往往在门窗洞口处断开，在门窗洞口处出现双折断线（该部位图形高度变小，但标注的门窗洞竖向尺寸不变），成为几个节点详图的组合。外墙剖面详图上标注尺寸和标高，与建筑剖面图基本相同，线型也与剖面图一样，剖到的轮廓线用粗实线画出，粉刷线则为细实线，断面轮廓线内应画上材料图例。

在多层房屋中，当各层的构造情况一样时，可只画墙脚、檐口和中间层（含门窗洞口）三个节点，按上下位置整体排列。有时墙身详图不以整体形式布置，而把各个节点详图分别单独绘制，也称为墙身节点详图。

二、墙身详图的图示内容

（1）墙身的定位轴线及编号，墙体的厚度、材料及其本身与轴线的关系。

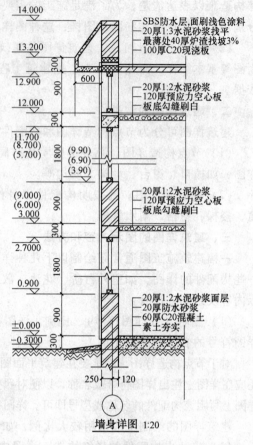

图 11-46　墙身详图

（2）勒脚、散水节点构造，主要反映墙身防潮做法、首层地面构造、室内外高差、散水做法、一层窗台标高等。

（3）标准层楼层节点构造，主要反映标准层梁、板等构件的位置及其与墙体的联系，构件表面抹灰、装饰等内容。

（4）檐口部位节点构造，主要反映檐口部位包括封檐构造（如女儿墙或挑檐）、圈梁、过梁、屋顶泛水构造、屋面保温、防水做法和屋面板等结构构件。

（5）图中的详图索引符号等。

【任务实施】

1. 了解图名、比例

由图 11-46 可知，该图为"墙身详图"，比例为 1:20。

2. 了解墙体的厚度及其所属定位轴线

该详图适用于 A 轴外墙，厚度为 370mm；偏轴（以定位轴线为中心，外偏 250mm，内偏 120mm）。

3. 了解屋面、楼面、地面的构造层次和做法

从图中可知，地面为四层构造、楼面均为三层构造、屋面为四层构造，各构造层次的厚度、材料及做法，详见图中构造引出线上的文字说明。

4. 了解各部位的标高、高度方向的尺寸和墙身细部尺寸

图中标注了室内外地面、各层楼面、屋面、窗台、圈梁或过梁以及檐口等处的标高。同时，还标注了窗台、檐口等部位的高度尺寸及细部尺寸。图中标高注写两个以上的数字时，括号里的数字向上依次表示高一层的标高。

例如：从图 11-46 的标高标注可以看出，本建筑物有四层，各层标高分别为：±0.000m、3.000m、6.000m、9.000m，第四层上面为净高 900mm 的架空层；室内外高差为 0.300m；一层窗台标高为 0.900m；檐口底标高为 12.900m 等。

5. 其他局部构造做法及其与墙身的关系

墙体为砖砌体，墙身防潮采用 20mm 防水砂浆，设置于首层地面垫层与面层交接处；本房屋圈梁兼做窗过梁，为钢筋混凝土梁，并用材料图例表示；檐口采用外天沟，挑出600mm，外天沟用斜向板封闭，面层做法在本图中未标注，可另绘详图说明；在详图中，还画出了抹灰及装饰构造线。

学习情境 2　识读楼梯详图

【学习目标】

（1）掌握楼梯详图的图示内容和方法。

（2）掌握识读楼梯详图的方法。

【情境描述】

阅读如图 11-47 所示的楼梯平面图，图 11-48 所示的楼梯剖面图，图 11-49 所示的楼梯节点详图。

【任务实施前准备】

楼梯详图：楼梯是楼房上下层之间的重要交通通道，一般由楼梯段（包括踏步和斜梁）、休息平台（包括平台板和平台梁）和栏板（或栏杆）等部分组成。

楼梯的构造比较复杂，一般需另画详图，以表示楼梯的类型、结构形式、各部位尺寸及装修做法。楼梯详图是楼梯施工放样的主要依据。

楼梯详图一般包括楼梯平面图、剖面图及踏步、栏杆、扶手等处的节点详图。

1. 楼梯平面图

楼梯平面图是用一个假想的水平剖切平面通过每层向上的第一个梯段的中部（休息平台下）剖切后，向下作正投影所得到的投影图。它实质上是房屋各层建筑平面图中楼梯间的局部放大图，通常采用 1:50 的比例绘制。

三层以上房屋的楼梯，当中间各层楼梯位置、梯段数、踏步数都相同时，通常只画出底层、中间层（标准层）和顶层这三个楼梯的平面图；当各层楼梯位置、梯段数、踏步数不相同时，应画出各层平面图，如图 11-47 所示。各层被剖切到的梯段，均在平面图中以 45°细折断线表示其断开位置。在每一梯段处画带有箭头的指示线，并注写"上"或"下"字样。

通常，楼梯平面图画在同一张图样内，并互相对齐，这样既便于识读又可省略一些重复尺寸。

2. 楼梯剖面图

楼梯剖面图实际上是在建筑剖面图中楼梯间部分的局部放大图，如图 11-48 所示。

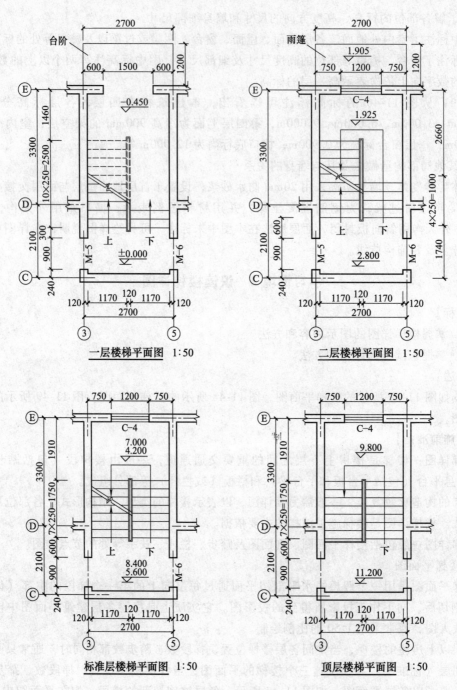

一层楼梯平面图 1:50

二层楼梯平面图 1:50

标准层楼梯平面图 1:50

顶层楼梯平面图 1:50

图 11-47 楼梯平面图

楼梯剖面图能清楚地注明各层楼（地）面的标高，楼梯段的高度、踏步的宽度和高度、级数，以及楼地面、楼梯平台、墙身、栏杆、栏板等的构造做法及其相对位置。

表示楼梯剖面图剖切位置的剖切符号应在底层楼梯平面图中画出。剖切平面一般应通过第一跑楼梯，并位于能剖到门窗洞口的位置上，剖切后向未剖到的梯段进行投影。

在多层建筑中，若中间层楼梯完全相同，楼梯剖面图可只画出底层、中间层、顶层的楼

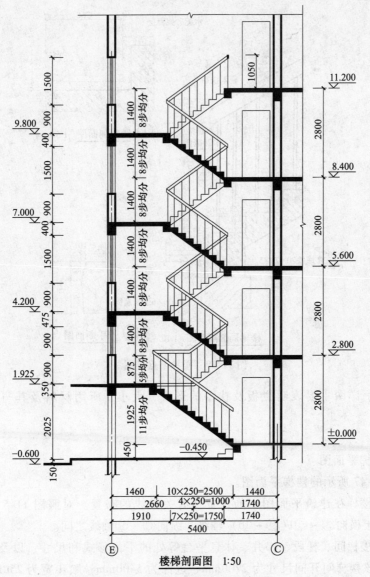

楼梯剖面图　1:50

图 11-48　楼梯剖面图

梯剖面，在中间层处用折断线符号分开，并在中间层的楼面和楼梯平台面上注写适用于其他中间层楼面的标高。若楼梯间的屋面构造做法没有特殊之处，一般不再画出。

　　在楼梯剖面图中，应标注楼梯间的进深尺寸及轴线编号，各梯段和栏杆、栏板的高度尺寸，楼地面的标高以及楼梯间外墙上门窗洞口的高度尺寸和标高。梯段的高度尺寸可用级数与踢面高度的乘积来表示，应注意的是级数与踏面数相差为 1，即踏面数 = 级数 - 1。

　　3. 楼梯节点详图

　　楼梯节点详图主要是指栏杆详图、扶手详图以及踏步详图，如图 11-49 所示。它们分别用索引符号与楼梯平面图或楼梯剖面图联系。依据所画内容的不同，详图可采用不同的比例。

　　踏步详图表明踏步的截面尺寸、大小、材料及面层的做法。

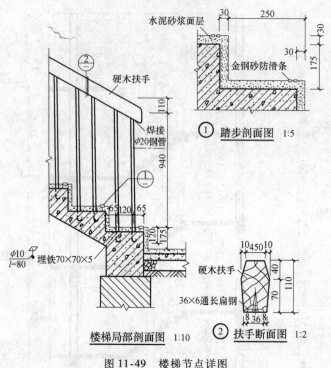

水泥砂浆面层

硬木扶手

② 焊接 φ20 钢管

金钢砂防滑条

① 踏步剖面图 1:5

φ10 / l=80　埋铁 70×70×5

硬木扶手

36×6通长扁钢

楼梯局部剖面图 1:10

② 扶手断面图 1:2

图 11-49　楼梯节点详图

栏杆与扶手详图主要表明栏板及扶手的形式、大小、所用材料及其与踏步的连接等情况。

【任务实施】

1. 识读楼梯平面图

识图图 11-47 所示的楼梯平面图。

（1）了解楼梯在建筑平面图中的位置及有关轴线的布置。对照图 11-5 底层平面图可知，此楼梯位于横向③～⑤（⑨～⑪）轴线、纵向ⓒ～Ⓔ轴线之间。

（2）了解楼梯间、梯段、梯井、休息平台等处的平面形式和尺寸，以及楼梯踏步的宽度和踏步数。该楼梯间开间尺寸为 2700mm、进深为 5400mm；踏步宽为 250mm，踏步数为16 级。

（3）了解楼梯的走向及上、下起步的位置。由各层平面图上的指示线，可看出楼梯的走向及第一个梯段踏步的起步位置。

（4）了解楼梯间各楼层平面、休息平台面的标高。各楼层平面的标高、休息平台的标高在图 11-47 中均已标出。

（5）了解中间层平面图中不同梯段的投影形状。中间层平面图既要画出剖切后往上走的上行梯段（注有"上"字），还要画出该层往下走的下行完整梯段（注有"下"字），继续往下的另一个梯段有一部分投影可见，用 45°折断线作为分界，与上行梯段组合成一个完整的梯段。各层平面图上所画的每一分格，表示一级踏面。平面图上梯段踏面投影数比梯段的步级数少 1，比如平面图中矩形部分往下走的第一段共有 8 级，而在平面图中只画有 7格。梯段水平投影长为 7×250mm ＝1750mm。

（6）了解楼梯间的墙、门、窗的平面位置、编号和尺寸。楼梯间的墙为240mm；门的编号为 M-5、M-6；窗的编号为 C-4，门窗的规格、尺寸详见门窗表。

（7）了解楼梯剖面图在楼梯底层平面图中的剖切位置及投影方向。图 11-5 中底层楼梯平面图的剖切符号为 1-1，并标出剖切位置及投影方向。

2. 识读楼梯剖面图

识读图 11-48 所示的楼梯剖面图。

（1）了解楼梯的构造形式。该楼梯为双跑楼梯，用现浇钢筋混凝土制成。

（2）熟悉楼梯在竖向和进深方向的有关标高、尺寸和详图索引符号。

（3）了解楼梯段、平台、栏杆、扶手等相互间的连接构造。

（4）明确踏步的宽度、高度及栏杆的高度。该楼梯踏步宽为 250mm，踢面高为 175mm，栏杆的高度为 1050mm。

3. 识读楼梯节点详图

识读图 11-49 所示的楼梯节点详图。

楼梯踏步的踏面宽为 280mm，踢面高为 175mm；为现浇钢筋混凝土楼梯，面层为 1:3 水泥砂浆找平，并埋有金刚砂防滑条。

栏杆与扶手详图主要表明栏板及扶手的形式、大小、所用材料及其与踏步的连接等情况。楼梯扶手采用硬木扶手，面刷黑色调和漆；栏杆用 $\phi 20$ 圆钢制成，与踏步埋铁通过焊接连接。

学习情境 3　绘制建筑详图

【学习目标】

掌握 AutoCAD 绘制建筑详图的方法与技巧。

【情境描述】

图 11-47 所示为某住宅楼梯平面图，按图示比例 1:50，绘制底层楼梯平面图。

【任务实施前准备】

建筑详图的图样表达形式可分为平面详图、立面详图和剖面详图等。因此，建筑详图的绘制方法综合了建筑平面图、立面图、剖面图的绘制方法。

AutoCAD 中绘制建筑详图主要有两种方式：

（1）利用已完成的建筑平面图、立面图或剖面图，从中截取需画详图的相应部位，对其进行修剪整理，然后按照详图比例进行放大等编辑，主要是用于绘制楼梯详图、卫生间详图等。

（2）根据构造要求直接绘制图形，如节点详图等构造做法，详图主要采用这种方法绘制。

【任务实施】

1. 调用样板图

调用"项目十"中设置好的 A3 样板图，将"建筑制图　50"尺寸标注样式置为当前。

2. 在已绘制的图形中截取相应部位绘制详图

如图 11-50 所示，该图为图 11-6 所示的某住宅标准层平面图的局部。

（1）在图 11-50 中，交叉窗口选择图中虚线框的范围内容，使用复制命令将其复制到绘图区的合适位置，如图 11-51 所示。

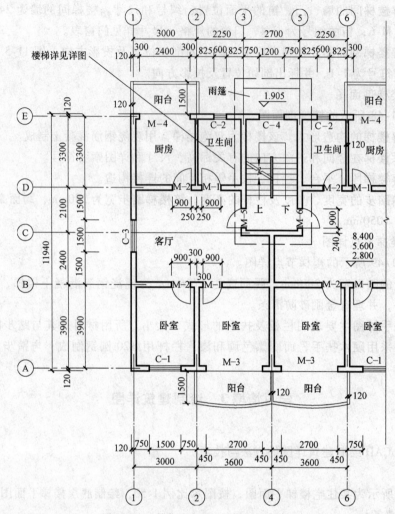

图 11-50 某住宅标准层平面图（局部）

（2）整理图形，删除多余图线、尺寸、文字等，修剪图线，绘制折断线，如图 11-52 所示。

（3）标注：

● 将"尺寸"图层设置为当前层，将"建筑制图 50"尺寸样式置为当前，进行尺寸标注。

● 调用"插入块（insert）"命令，插入"标高"及"轴线编号"图块进行标注。

注意：插入图块时，需注意设置"比例"值。当定义图块，图样按 1:1 绘制时，比例值设为 50；当定义图块，图样放大 100 倍绘制时，则比例值设为 0.5。

（4）将"文字"图层设置为当前层，标注文字。门窗编号用 3.5 号字，字高设为 175；图名用 7 号字，字高设为 350；其余文字用 5 号字，字高设为 250，如图 11-47 中"标准层楼梯平面图"所示。其余层楼梯平面图按同样方法绘制。

3. 插入图框

插入 A3 图框，标题栏的填写要求同建筑平面图。

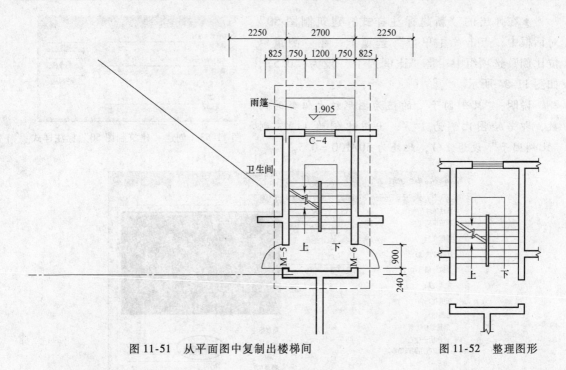

图 11-51　从平面图中复制出楼梯间　　　　　图 11-52　整理图形

4. 输出图样

输出图样时，出图比例设为 1:50，即可实现绘制 1:50 的楼梯平面图详图。输出图样的具体方法见"项目十二"。

【技能拓展】

采用不同比例绘制详图时的相关设置：下面以绘制 1:50（指图样的绘图比例，即在图样上的图样比例）的图样为例说明 AutoCAD 中的相关设置。

方法一：出图比例采用 1:50，按本任务学习情境 3 中的标注方法进行设置。此方法适合在同一图幅内图样绘制比例相同的情况。

方法二：出图比例采用常用的 1:100，操作步骤如下。

1）绘制并缩放图形。

● 按实际尺寸绘制图形。

● 调用"缩放（scale）"命令，将已绘制好的图形放大 2 倍（比例因子 = 2）。

说明：若绘图比例为 $1:X$，出图比例为 $1:Y$，对于实际长度为 L 的图形，绘图时要绘制的长度为 $(L/X) \times Y$，即按实际尺寸绘制的图形放大 Y/X。例如本例中，出图比例为 1:100、绘图比例为 1:50，按实际尺寸绘制图形，然后将其放大 100/50 = 2 倍。

2）标注文字、符号等。

按照实际尺寸放大 100 倍绘制图中的文字、符号、图框等。例如 5 号字的字高设置为 500，轴线符号圆圈直径设置为 800。

3）尺寸标注样式设置。

● 以 1:100 出图比例下创建的尺寸标注样式"建筑制图 100"为基础，创建"建筑制图 50"样式，如图 11-53 所示。

• 在弹出的"新建标注样式：建筑制图 50"
对话框中，点击"主单位"选项卡，在"测量单
位比例"选项组中，将"比例因子"设为"0.5"，
如图 11-54 所示。

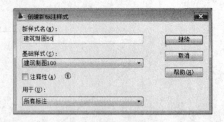

图 11-53　创建"建筑制图 50"标注样式

说明："比例因子"的值为图形放大倍数的倒
数，即若绘图比例为 $1:X$，出图比例为 $1:Y$，则
"比例因子"设为 X/Y，此处为 $50/100 = 0.5$。

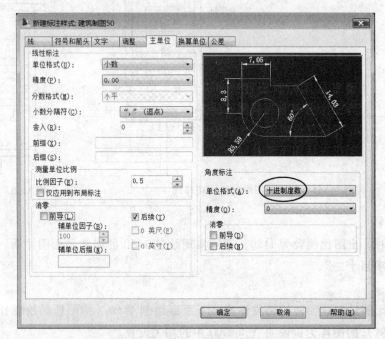

图 11-54　设置"测量比例因子"

方法二适用于在同一图幅内图形绘制比例不同的情况，比如同一图幅内既有绘制比例为
1:100 的图样，又有 1:50 或其他比例的图样。在同一图幅内图形绘制比例相同时，也可应用
此方法。

【任务小结】

建筑详图是建筑细部的施工图，是对建筑平面图、立面图、剖面图等基本图样的深化和
补充，是建筑工程的细部施工、建筑构配件的制作及编制预算的依据。识读建筑详图时应特
别注意详图符号与详图索引符号的对应关系。

在建筑工程图的绘制过程中，建筑详图绘制是最细致繁杂的部分，同时也是必不可少的
部分。绘制建筑详图通常有两种方式：一是利用已完成的建筑平面图、立面图、剖面图，从
中截取需画详图的相应部位，然后按照详图比例进行放大等编辑；二是根据构造要求直接绘
制图形。本任务采用第一种方法，通过绘制楼梯平面图来介绍建筑详图的基本知识和绘制
方法。

第四部分　图纸打印与图形输出

项目十二 图纸打印

【项目概述】

　　模型空间和图纸空间都可以打印出图。模型空间比较适合出单一比例的图。图纸空间适合任意情形出图，可以是单一比例的图，也可以是多比例的图，还可以是有复杂布局的套图。

任务1　配置打印设备

【任务描述】

　　图形输出的一种重要方式就是打印输出，在打印输出图形文件之前，需要根据打印使用的打印机型号，在 AutoCAD 中配置打印机。

【任务实施】

　　添加绘图仪的步骤如下：

　　（1）配置打印机需要用到绘图仪管理器。在下拉菜单中选择"文件"→"绘图仪管理器"，弹出"Plotters"对话框，如图 12-1 所示，窗口中显示出所有配置的打印机。

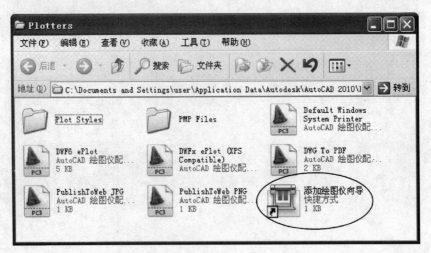

图 12-1　"Plotters"对话框

　　（2）双击"Plotters"对话框中的"添加绘图仪向导"图标，弹出"添加绘图仪-简介"对话框，如图 12-2 所示。用户可根据"向导"的提示，逐步完成绘图仪的安装。

　　（3）单击"添加绘图仪-简介"对话框中的"下一步"，出现"添加绘图仪-开始"对话框，如图 12-3 所示。选择"我的电脑"单选项，然后点击"下一步"按钮。如果选择"系统打印机"则可直接选用 Windows 系统已经安装的各种设备驱动程序。

　　（4）在"添加绘图仪-绘图仪型号"对话框中，选择"生产商"和"型号"。例如"生产商"选择"HP"，"型号"选择"DesignJet 430 C4713A"，如图 12-4 所示。

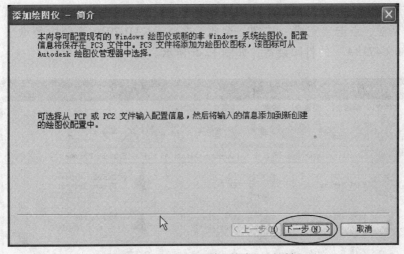

图 12-2 "添加绘图仪-简介"对话框

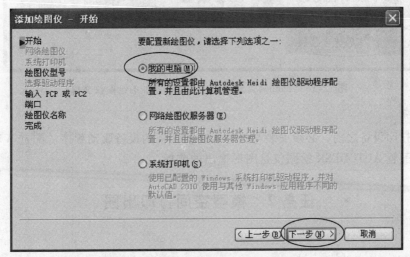

图 12-3 "添加绘图仪-开始"对话框

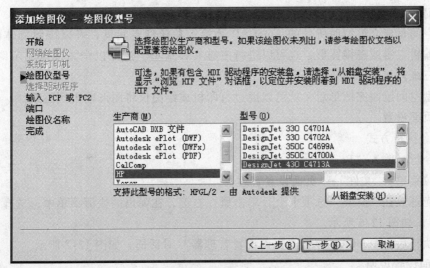

图 12-4 "添加绘图仪-绘图仪型号"对话框

（5）单击"下一步"，在随后出现的对话框中，按默认设置即可，最后弹出"添加绘图仪-完成"对话框，点击"完成"按钮。至此，在 AutoCAD 2010 系统中新增了一种名称为"DesignJet 430 C4713A"的打印设备，如图 12-5 所示。

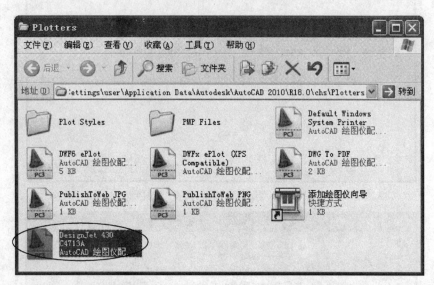

图 12-5　"Plotters"对话框中列出新添加的绘图仪文件

【任务小结】

在使用打印设备之前，必须安装与打印设备所匹配的设备驱动程序。配置 WINDOWS 系统打印机或配置 AUTODESK 绘图仪是图形输出的前提。

任务 2　模型空间打印出图

【任务描述】

熟悉模型空间的概念，掌握 AutoCAD 图形在模型空间打印输出的方法和步骤。

【任务实施前准备】

模型空间是建立模型时所处的 AutoCAD 环境。在模型空间里，可以按照物体的实际尺寸绘制、编辑二维或三维图形，也可以进行三维实体造型，还可以全方位地显示图形对象，它是一个三维环境。

在模型空间绘制完图形后，就可以通过打印机或绘图仪将图形输出到图纸。

一、页面设置

1. 命令执行方式

● 命令行：输入"Pagesetup"。

● 下拉菜单："文件"→"页面设置管理器"。

● 将光标放在"模型"选项卡上，单击鼠标右键，在弹出的快捷菜单中，选择"页面设置管理器"，如图 12-6 所示。

命令执行后，AutoCAD 弹出"页面设置管理器"对话框，如图 12-7 所示。

2. 页面设置说明

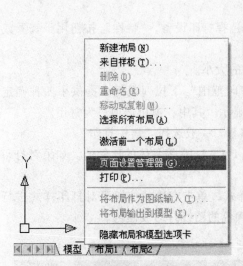

图 12-6 右键快捷菜单→"页面设置管理器"

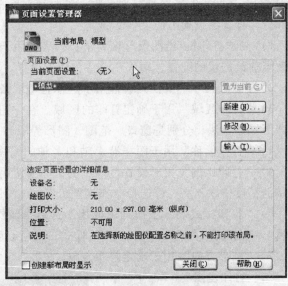

图 12-7 "页面设置管理器"对话框

（1）在"页面设置管理器"对话框中，"页面设置"选项组中"当前页面设置"列表框内显示出当前图形已有的页面设置。在"选定页面设置的详细信息"框中显示出所指定页面设置的相关信息。"置为当前"按钮的作用是将列表框中选定的页面设置置为当前；"新建"按钮用于创建新的页面设置；"修改"按钮用于修改列表框中选定的页面设置；"输入"按钮用于从已有图形中导入页面设置。

（2）在列表框内选中"模型"页面设置，单击"修改"按钮，如图 12-8 所示，Auto-

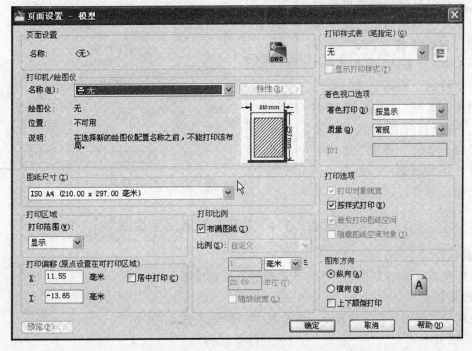

图 12-8 "页面设置-模型"对话框

CAD 弹出"页面设置-模型"对话框。通过该对话框可以完成打印设备、打印纸张、打印区域和打印样式的设置工作。

1）在"打印机/绘图仪"区，下拉列表框用于选择打印设备，"特性"按钮用于查看或修改当前绘图仪的配置、端口、设备和介质设置。

2）"图纸尺寸"下拉列表框用于选择打印纸张的大小。

3）"打印区域"用于确定打印的区域。在"打印范围"下拉列表框中提供了四种确定打印区域的方法，分别是窗口、范围、图形界限和显示。其中，窗口选项最为常用。

4）"打印偏移"用于图样沿 X 轴和 Y 轴的偏移量，一般选择"居中打印"。

5）"打印比例"用于设置打印比例，一般使用 1:1、1:10 等具体的比例值。如果对打印比例的精度要求不高，可选择"布满图纸"。

6）"打印样式表"下拉列表框用于选择打印样式，单击右边的按钮可对打印样式进行编辑。一般选择"monochrome. ctb"样式，将所有颜色的图线打印成黑色。

7）"图形方向"用于确定打印方向。

二、打印出图

页面设置完毕，下一步就是打印。如果是单张打印，建议执行"Preview"命令或单击"标准"工具栏上的打印预览按钮，就可预览打印效果。预览时注意用好"实时缩放"和"实时平移"命令，仔细观察。如果效果满意，可通过右键快捷菜单执行打印命令；否则退出。如果是多张打印，建议执行"Plot"命令或〈Ctrl + P〉命令或"文件"菜单的"打印"命令，通过弹出的"打印-模型"对话框（图12-9），选择打印份数和指定页面设置后，单击"预览"按钮进行预览。效果满意后，单击"确定"按钮，即可打印出图。

图 12-9　"打印-模型"对话框

学习情境　打印"某住宅底层平面图"

【学习目标】

熟练掌握 AutoCAD 模型空间打印出图的方法和步骤。

【情境描述】

在模型空间中，打印项目十一中绘制的"某住宅底层平面图"。

【任务实施】

（1）打开项目十一中绘制的"某住宅底层平面图"。

（2）单击"文件"菜单中的"页面设置管理器"命令，弹出"页面设置管理器"对话框。

（3）单击"新建"按钮，弹出"新建页面设置"对话框（图 12-10），在"新页面设置名"文本框中输入"建筑平面图"，单击"确定"按钮。

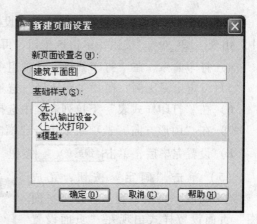

图 12-10 "新建页面设置"对话框

（4）系统弹出"页面设置-模型"对话框（图 12-11），在该对话框中，根据打印需求做如下设置：

1）选择打印机。在"打印机/绘图仪"选项组"名称"下拉列表框中，选择任务 1 中配置的打印机名称"DesignJet 430 C4713A"。

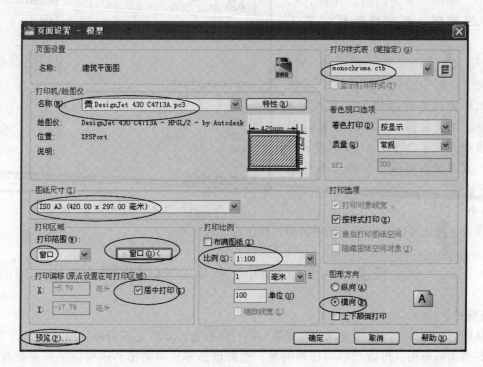

图 12-11 "页面设置-模型"对话框

2）选择纸张大小。根据绘制"某住宅底层平面图的"的 A3 图幅，在"图纸尺寸"下拉列表框中选择"ISO A3（420.00×297.00mm）"。

3）指定打印范围。在"打印区域"选项组中，单击"打印范围"下拉列表框，选择"窗口"，系统切换到绘图区，命令行中提示：

命令：_PAGESETUP
指定打印窗口
指定第一个角点：指定对角点：（在绘图区分别选择底层平面图图框的左上角点和右下角点）

指定打印窗口后，页面切换回"页面设置-模型"对话框，此时在"打印区域"选项组中，出现 <u>窗口(0)<</u> 按钮，单击该按钮，可重新指定打印窗口。

4）打印偏移。在"打印偏移"选项组中选择"居中打印"复选框。

5）设定出图比例。在"打印比例"选项组的"比例"下拉列表框中选择"1∶100"。

6）在"打印样式表"下拉列表框中选择"monochrome. ctb"样式。

7）在"图形方向"选项组中单击"横向"单选框。

8）设置完毕后，单击 <u>预览(P)…</u> 按钮，预览设置效果，如不满意，修改有关设置。

（5）单击"确定"按钮，完成"建筑平面图"页面设置。"建筑平面图"页面设置样式出现在"页面设置管理器"中，如图 12-12 所示。

（6）单击"置为当前"按钮，把"建筑平面图"页面设置样式置为当前。

（7）执行"文件"菜单的"打印"命令，打印前可再次预览打印效果。如果需调整打印效果，返回第 4 步，修改相关设置；如果对预览打印效果满意，单击"确定"，按"建筑平面图"页面设置样式，打印"某住宅底层平面图"。

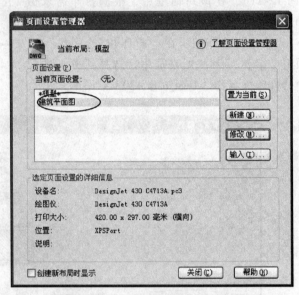

图 12-12　"页面设置管理器"对话框

【任务小结】

模型空间比较适合出单一比例的图，操作也比较简单。

任务 3　图纸空间（布局）打印出图

【任务描述】

从图纸空间打印可以更直观地看到最后的打印状态，即所见即所得。图纸空间（布局）适合任意情形出图，可以是单一比例的图，也可以是多比例的图，还可以是有复杂布局的套图。

【任务实施前准备】

图纸空间类似于现实中的一张图纸，图纸空间的"图纸"是基于实际图幅尺寸的纸面空间，是二维环境。在图纸空间，可以设置、管理视图的 AutoCAD 工作环境。图纸空间通常不用于绘图工作。

在模型空间完成建模或图形绘制工作后，通过"模型/布局"选项卡切换到图纸空间。在 AutoCAD 中，每个布局都代表一张单独的打印输出图纸。

一、创建和管理布局

在 AutoCAD 2010 中，可以创建多种布局，每个布局都代表一张单独的打印输出图纸。

创建新布局后就可以在布局中创建浮动视口。不同视口中的视图可以使用不同的打印比例，并能够控制视图中图层的可见性。

1. 创建布局

默认状态下，当开始一张新图后，AutoCAD 创建了两个布局，名称分别为"布局 1"、"布局 2"。用户还可通过"布局"命令创建新的布局以及复制已有的布局、重命名布局、删除布局、保存布局。

调用布局命令的方式如下。

• 下拉菜单："插入"→"布局"→"新建布局"。

• 工具栏：单击布局工具栏"新建布局"图标 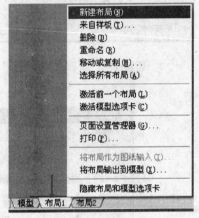。

• 命令行：输入"layout"。

• 将光标放在任一"布局"选项卡上，单击鼠标右键，在弹出的快捷菜单中，选择"新建布局"，如图 12-13 所示。

另外，也可通过下拉菜单："插入"→"布局"→"创建布局向导"来创建布局。

2. 激活布局

单击某一布局选项（如"布局 1"）卡，就可激活该布局将其置为当前。

打开布局后，AutoCAD 会自动在该布局中创建一个矩形视口，将模型空间绘制的图样全部显示于该视口中。

3. 布局的页面设置

启动"页面设置"命令的方式如下。

• 下拉菜单："文件"→"页面设置管理器"。

图 12-13 布局快捷菜单

• 工具栏：单击布局工具栏中的"页面设置管理器"图标 。

• 将光标放在已存在的"布局"选项卡上，单击鼠标右键，在弹出的快捷菜单中，选择"页面设置管理器"。

调用页面设置命令后，打开"页面设置管理器"对话框，如图 12-14 所示。

在"页面设置管理器"对话框中列出了当前文件中所包含的所有布局，并详细显示当前激活的布局的页面设置。单击"新建"按钮，打开"新建页面设置"对话框，如图 12-15 所示，输入"新页面设置名"，如"建筑立面图"；单击"确定"按钮，弹出"页面设置-布局 1"对话框，如图 12-16 所示，可以在其中对布局的页面进行设置，各项设置基本同模型空间的页面设置，注意有以下区别：

1）在"打印区域"选项组中的"打印范围"默认为"布局"选项。

2）"打印偏移"偏移量默认为 0.00。

3）"打印比例"默认为 1:1。

通常情况下，可采用以上默认设置。

页面设置完闭，在布局 1 上看到的虚框就是打印范围，超过虚框的图形不能打印。

二、使用浮动视口

在默认情况下，系统为每一个布局自动生成一个浮动视口。在创建布局图时，浮动视口

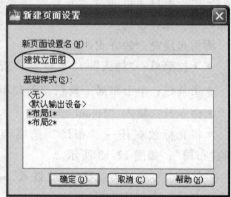

图 12-14 "页面设置管理器"对话框

图 12-15 "新建页面设置"对话框

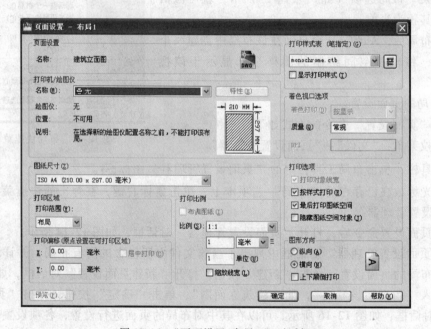

图 12-16 "页面设置-布局 1"对话框

可以视为图纸空间的图形对象，通过它可以观察模型空间。同一个布局中可以包含若干个浮动视口，这些浮动视口可以相互重叠或分离，还可以使用 AutoCAD 中的修改命令移动视口或改变其大小。

在图纸空间中无法编辑模型空间中的对象，如果要编辑模型，必须激活浮动视口，进入浮动模型空间。激活浮动视口的方法如下。

• 命令行：输入"MSPACE"（或"MS"）。

- 单击状态栏上的"图纸"按钮 图纸 。
- 双击浮动视口区域中的任意位置。

返回图纸空间的方法如下。

- 命令行：输入"PSPACE"（或"PS"）。
- 单击状态栏上的"模型"按钮 模型 。
- 双击浮动视口区域外的任意位置。

1. 创建视口

启动视口命令的方式如下。

- 下拉菜单："视图"→"视口"→"新建视口"。
- 命令行：输入"VPORTS"。
- 工具栏：单击布局工具栏中的"视口"图标按钮 。

执行命令后，AutoCAD 弹出"视口"对话框，如图 12-17 所示。利用该对话框可以设置多个视口及其排列方式，如图 12-18 所示在图纸空间中新建的 3 个浮动视口。

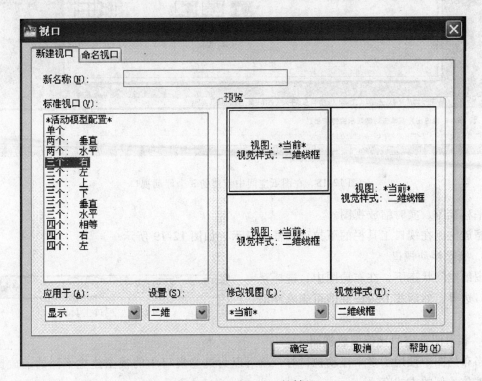

图 12-17 "视口"对话框

视口图线所在的图层应关闭打印机（非打印），否则打印时会出现视口图线。可设置专用的视口图层。

2. 选择和使用当前视口

模型空间状态下，使用多个视口时，要将一个视口置为当前视口，可在该视口中单击。切换视口还可重复使用〈CTRL + R〉组合键。对于当前视口，光标显示为十字而不是箭头，并且视口边缘亮显。此时可以从布局视口访问模型空间，以编辑对象，还可在布局视口内部

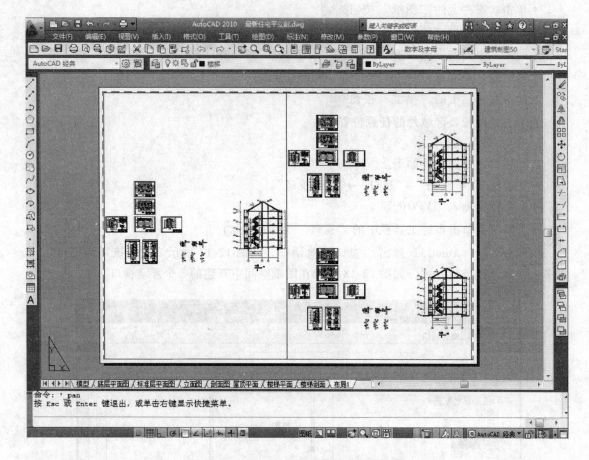

图 12-18　在图纸空间中新建的 3 个浮动视口

实时平移视图、实时缩放视图。

　　缩放比例在视口工具栏的下拉列表框中显示，如图 12-19 所示。

　　3. 删除浮动视口

　　图纸空间状态下，在布局图中，选择浮
动视口边界，然后按 Delete 键即可删除浮动
视口。

图 12-19　视口工具栏

　　4. 相对图纸空间比例缩放视图

　　当布局图中使用了多个浮动视口时，就可以为这些视口中的视图建立不同的缩放比例。
设置缩放比例的方式有：

　　选择要修改其缩放比例的浮动视口并激活。

　　● 在状态栏的"视口比例" 下拉列表框中选择某一比例，如图 12-20 所示。

　　● 在视口工具栏中"视口缩放控制"下拉列表框中选择某一比例。

　　● 对其他的所有浮动视口执行同样的操作，就可以为每个浮动视口设置一个想要的
比例。

　　● 命令行：输入"ZOOM"。

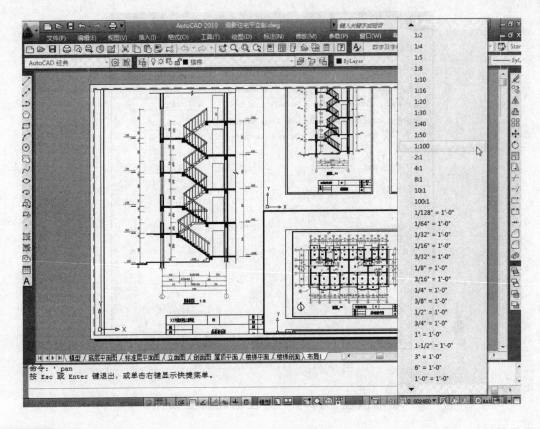

图 12-20　比例缩放视图

命令：ZOOM

指定窗口的角点，输入比例因子（nX 或 nXP），或者

［全部（A）/中心（C）/动态（D）/范围（E）/上一个（P）/比例（S）/窗口（W）/对象（O）］＜实时＞：s

输入比例因子（nX 或 nXP）：1/100 xp　　　　　　　（指定相对于图纸空间的缩放比例）

三、插入图框

已设置好页面的布局，还只是一张空的图纸，接下来是在这张图纸上绘制图框标题栏。执行"Insert"命令，在"图框"图层插入已定义好的图框块文件。

一般地，绘制建筑施工图时，常常在模拟空间中绘制好图形后，直接插入已定义好的图框图块。

四、打印图形

布局设置完毕后，点击某一布局卡，单击菜单栏"文件"菜单的"打印"命令，打开"打印-布局"对话框，如图 12-21 所示。在"页面设置"项的"名称"下拉列表框中，选择在页面设置中设置的"建筑立面图"；在打印输出图形之前，单击"预览"按钮，可以预览输出结果，如无问题，单击"确定"按钮打印图形。

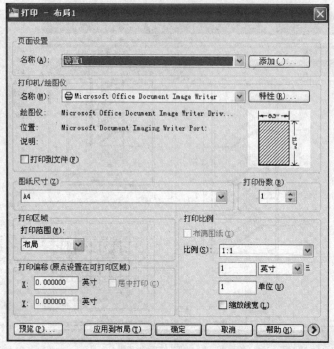

图 12-21 "打印-布局"对话框

学习情境 打印"某住宅建筑立面图"

【学习目标】

熟练掌握 AutoCAD 图纸空间打印出图的方法和步骤。

【情境描述】

在模型空间中打印项目十一中绘制的"某住宅①~⑬立面图"。

【任务实施】

（1）打开项目十一中绘制的"某住宅①~⑬立面图"。

（2）新建一布局，将其重命名为"建筑立面图"。

（3）激活"建筑立面图"布局。

打开布局后，AutoCAD 会自动在该布局中创建一个矩形视口，模型空间中绘制的图样全部显示于该视口中，如图 12-22 所示。

（4）调用页面设置命令，打开"页面设置-布局"对话框，相关设置如图 12-23 框中所示，其余按默认设置。

（5）新建"视口"图层，并将"视口"层设为不打印，将布局中的视口边界放置在该层上。

（6）调整布局中的视口大小，使用充满图纸打印区域。

（7）在视口边界内任意位置双击，进入"模型"空间，将视口缩放比例设置为 1:100。

（8）调用"平移"命令，将"①~⑬立面图"平移到视口合适位置，如图 12-24 所示。

（9）在视口边界外任意位置双击，切换至"图纸"空间，选中视口边界，单击鼠标右键，在弹出的快捷菜单中，选择"选择锁定"→"是"，锁定视口，如图 12-25 所示。

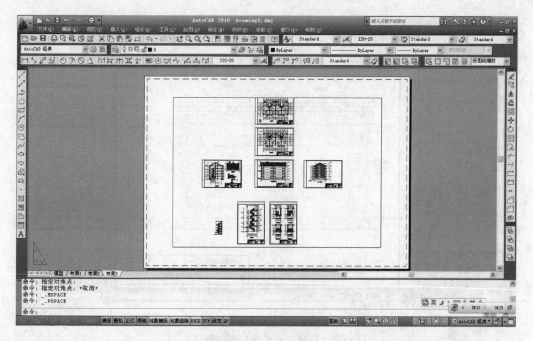

图 12-22　激活布局

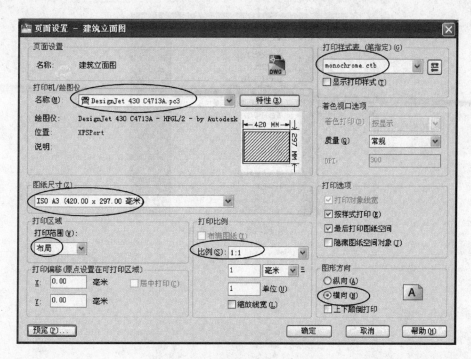

图 12-23　"页面设置-布局"对话框

　　（10）打印出图。

【任务评价】

　　在图纸空间（布局）打印出图，可以实现复杂图纸的打印，但设置较复杂。从图纸空间打印可以对图纸的位置和比例进行较好的控制。

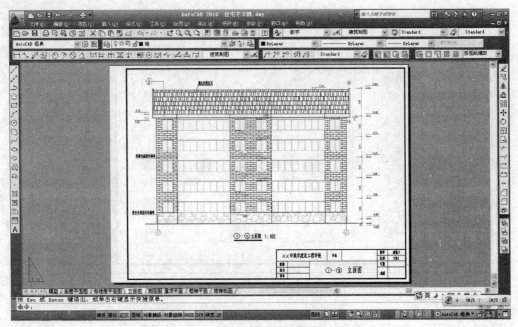

图 12-24　设置视口内的图形

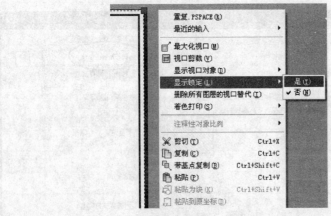

图 12-25　锁定视口

附 录

AutoCAD 中常用命令别名

命令别名	命令名	功能
L	LINE	直线
C	CIRCLE	圆
A	ARC	圆弧
REC	RECTANG	矩形
POL	POLYGON	正多边形
CO	COPY	复制
M	MOVE	移动
O	OFFSET	偏移
MI	MIRROR	镜像
RO	ROTATE	旋转
TR	TRIM	修剪
EX	EXTEND	延伸
CHA	CHAMFER	倒直角
LA	LAYER	打开图层特性管理器对话框
MA	MATCHPROP	特性匹配(格式刷)
LI	LIST	查询对象信息
R	REDRAW	重画
RE	REGEN	重新生成
Z	ZOOM	视图缩放

参 考 文 献

[1] 杨谆. AutoCAD 培训教程 [M]. 北京：清华大学出版社，2010.

[2] 齐玉来，牛永胜，马婕，等. AutoCAD 建筑制图基础教程（2006 版）[M]. 北京：清华大学出版社，2006.

[3] 郝相林，钟新安，等. AutoCAD 建筑制图标准教程 [M]. 北京：清华大学出版社，2010.

[4] 朱翠红，马进中，黄海力，等. AutoCAD2009 中文版建筑设计基础入门与范例精通 [M]. 北京：科学出版社，北京科海电子出版社，2009.

[5] 孔德志，谭晋鹏. AutoCAD 建筑制图实用教程 [M]. 北京：中国建筑工业出版社，2009.

[6] 步砚忠. 建筑工程制图 [M]. 北京：中国建筑工业出版社，2010.

[7] 朱育万，卢传贤. 画法几何及土木工程制图 [M]. 北京：高等教育出版社，2010.

[8] 何倩玲，冯强，蔡亦武，等. CAD2010 教程 [M]. 北京：中国建筑工业出版社，2011.

[9] 中华人民共和国住房和城乡建设部. GB/T 50001—2010 房屋建筑制图统一标准 [S]. 北京：中国建筑工业出版社，2011.

[10] 高丽荣. 建筑制图 [M]. 北京：北京大学出版社，2009.

[11] 朱玉萍，顾秋娟. 土木工程识图 [M]. 上海：华东师范大学出版社，2010.